世界のどこでも生き残る
異常気象
サバイバル術

トーマス・M・コスティジェン

米国オレゴン州東部で、山火事の爆風から逃れる消防士たち。

世界のどこでも生き残る
異常気象サバイバル術

トーマス・M・コスティジェン

NATIONAL GEOGRAPHIC

米国カンザス州中部を襲った幅1.6kmにも及ぶ竜巻。

CONTENTS

本書の使い方 … 6

備える … 8

PART 1
雨による災害 … 14

CHAPTER 1　雷雨 … 18
CHAPTER 2　洪水 … 50
CHAPTER 3　ハリケーン・台風 … 86
CHAPTER 4　竜巻 … 122

PART 2
乾燥による災害 … 154

CHAPTER 5　干ばつ … 158
CHAPTER 6　山火事 … 190

PART 3
猛暑による災害 … 222

CHAPTER 7　気温上昇 … 226
CHAPTER 8　熱波 … 260

PART 4
寒さ・雪による災害 … 294

CHAPTER 9　寒波 … 298
CHAPTER 10　ブリザード … 334

実践する … 364

協力機関・参考資料一覧 … 368
図版クレジット … 372
索引 … 374

本書の使い方

本書はくつろいで読むも、熟読するも、必要に応じて参照するも、どんな読み方でもよいが、とにかく頻繁に手に取ることをお勧めする。本書に書かれている情報やアドバイスは、たとえば電気が止まり、さまざまな対処を同時に迫られ、本を手にすることもできないような、一刻を争う事態にこそ役立つからだ。まずは、今後あなたが直面する可能性が高い異常気象を扱うチャプターを読み、その内容を理解し、いざ災害に見舞われたときすぐに役立つように、基礎的な知識と本書の構成をしっかり頭に入れておこう。本書は米国の事例を参考としつつ、日本における事例やデータを加えた。以下に、各チャプターにおける特徴を紹介する。

本書に収録した情報は、刊行時点で明らかになっているものです。本書中で紹介している状況や行動は、災害という特殊な環境下のものであり、危険を伴うことがあります。そのため、本書の情報を活用する場合は個別の状況や危険性を考慮し、自己責任において慎重な判断を行ってください。また、最新情報はそのつど確認をしてください。本書掲載の情報によって生じた不利益、損害、危険について、著者および出版社は責任を負いません。

チャプター（CHAPTER）
各チャプターにつきひとつの異常気象を扱っている。

緊急時の心得
豊富な知識を持つ専門家や専門機関による、緊急事態に役立つアドバイスを掲載。

異常気象の基礎知識
各異常気象について気象学的に説明するとともに、気象予測における最新技術・理論を解説。

コラム
「豆知識」「緊急時に役立つアイデア」「道具と装備」など、緊急事態への対処に役立つ情報を簡潔に紹介。

被災者の証言
災害の生存者や災害対策に従事した人物から得た実体験談。

専門家の見解
各チャプターで扱っている異常気象の現状および今後について、科学者や専門家の見解を質問形式で紹介。

HOW TO
各チャプターの最後に「備え」「生き残るために」「災害からの復旧」それぞれについて、チェックリストを収録。

するべきこと、してはいけないこと
チェックリストは「するべきこと」「してはいけないこと」に分けている。

米国ノースダコタ州、スーリス川の氾濫により冠水した道路。

備える

　台風が迫っている。さて、あなたはどうすべきだろうか？　自宅から離れるべきか、それともとどまるべきか。住んでいる地域の警戒情報をどうやって入手するか。そこが自宅ならば、安全なのは2階なのか、1階なのか。庭は片付けてあるだろうか。自宅を離れなければならない場合の避難先はどこか。停電を乗り切るために非常用のライトは持っているだろうか。家族の安全確保と安否確認をどうするか。ペットはどうしたらよいか。

　恐らくあなたは今までに、自然災害における非常事態を経験したことがあるだろう。しかし、その時に準備はできていただろうか。そもそも、万全の準備を整えるにはどうすればよいのかを知っていただろうか。多くの人が直面するこうした課題について、何よりも大切なのは、その答えを「嵐がやってくるずっと以前から」綿密に考え抜いておくことだ。そこで本書はその方法を10の気象現象について基本から説明している。読み進むにつれて、今後増加するであろう異常気象による災害に対して、いかに備えて、乗り切り、復旧を図ればよいかが、理解できるはずだ。

　近年、異常気象はより激しく、しかも頻繁に起こるようになった。記録的な異常気温や激しい嵐、建造物の被害規模の拡大に加えて、かつてないほどの犠牲者が出ており、大惨事を伝えるニュースが後を絶たない。

　2012年に発生したハリケーン・サンディは、米国ニューヨーク州とニュージャージー州に甚大な被害を与え、2013年の巨大台風ハイエンは、フィリピンに大規模な被害をもたらした。さらに2014年には北極や南極の上空にできる大規模な気流の渦「極渦」の影響により、冬のシカゴの気温が夏の南極の気温を下回るという驚きの現象が生じた。こうした例以外にも、多くの地域で夏はより暑く、冬はより寒くなってきており、気象に関する新しい記録は世界中で更新されているような状況だ。

　これらの破壊的現象の原因は何だろうか？　なぜこれらの異常気象は、以前より頻繁に起こるようになったのだろうか？　気候の変動のせいだろうか？　もしそうなら、それらはどういった原因で、そしてどのような形で起こっているのか？

　本書を読み進めれば、これらの疑問の答えと、今世界で起きている現実を知ることができるだろう。

↘ Did You Know? 豆知識
あなたのための防災セット

　以下は、一般家庭で準備したい基本的な防災セットのチェックリストだ。たとえどんな自然災害に見舞われても、これがあれば役に立つだろう。そして準備を終えたら、家族の誰もが見つけられる、安全で取り出しやすい場所に設置しよう。

　また、防災セットは自分たちのニーズに合うようアレンジしておく必要がある。高齢者や幼児用品、ペット用品、個人的な医薬品なども必要に応じて準備する。さらに、居住地域の環境よっても内容は変わる。地域によっては雨具、防寒具なども必要だ。最悪の状況を想定し、そのうえで必要な防災セットを準備しておこう。

基本的な防災セットの中身
- ☐ 家族全員分の水。1人につき1日あたり約4ℓ。避難する場合は目安として3日分。自宅に閉じ込められた場合用には2週間分。
- ☐ 基本的に保存がきき、手間をかけずに食べられる食料。長期保存が可能な非常用缶詰や調理済み乾燥食品が望ましい。水と同じく、避難する場合は3日分を用意し、自宅に閉じ込められた場合は2週間分。
- ☐ 最低1本の懐中電灯と予備の電池。
- ☐ 電池式、もしくは手回し充電式ラジオ。緊急警報放送の受信に対応しているラジオ、緊急警報放送発信時に自動的に電源が入るラジオであればベストだ。米国では気象情報や警報を24時間聞ける「米国海洋気象局（NOAA）ウェザーラジオ」があり、その周波数を聴けるラジオもある。
- ☐ 救急セット。最初からセットになっている市販のものが望ましい。傷薬や各種包帯、医療テープ、抗生物質や応急手あて用品、応急処置の説明書までそろっているものがある。
- ☐ 家族のそれぞれに必要なすべての医薬品。最低7日分備え、使用期限切れになる前に交換する。
- ☐ スイス・アーミーナイフやレザーマンのような多目的ナイフ。
- ☐ ホイッスル、もしくは同様に甲高い音を出せる道具と、明るい色のバンダナ。その他、合図や信号を出すのに役立つ道具。
- ☐ マッチ、もしくはガスライター。
- ☐ 2週間分の衛生用品。トイレットペーパー、せっけん、生理用品など。
- ☐ 出生証明書、パスポート、保険証書、予防接種記録、重要な医療記録書類（アレルギー、治療中の病気、過去の大きな病気・手術など）のコピー。
- ☐ フル充電された携帯電話。予備のバッテリーと充電器。
- ☐ 緊急時の連絡先。
- ☐ 現金、銀行口座番号やクレジットカード番号のメモ。
- ☐ 予備の毛布。
- ☐ 避難所や避難経路が記された自宅周辺地域の地図。

これだけは確かに言える。私たちを取り巻く"異常"気象は、もはや"通常"となっている。何が起こっても不思議ではないと、肝に銘じておく必要があるのだ。「災害時のための計画を立て準備しておかなければ、非常事態を切り抜け、そこから立ち直ることはできない」とよく言われるが、実際にその通りである。そして、どんな異常気象に見舞われても、以下３つを守れば安全を確保できるだろう。１つめは「情報を得る」こと。２つめは「防災セットを作っておく」こと。そして３つめは、「避難計画を立てる」ことだ。

　本書は、これらの３つの行動をやり遂げるために、大いに役立つはずだ。次章以降では、あらゆる異常気象への備え方、生き残る方法、災害からの復旧方法を学んでいく。台風への備え方、浸水を防ぐ防潮堤の造り方、嵐が去ったかどうかのシグナルを自然から見て判断する方法、竜巻から避難するための準備。さらに、厳しい暑さのしのぎ方、ブリザードやホワイトアウトのなかでの運転方法などだ。

安全確保の手段

　まず、家族全員で基本的な行動計画を話し合っておく必要がある。全員の意見が一致した計画であれば、非常時にも安心だ。いざというときに「この計画に沿ってさえいれば、自分も家族も助かる」と思えれば、心の平静を保てる。そのためまず家族会議を開き、非常時のベストな対応を話し合おう。その際には、想定されるさまざまな問題に対して、家族一人ひとりに注意を促すことも大切だ。

　家族それぞれの役割を確認し、非常事態が起こった場合に、どのように協力するかも話し合っておこう。たとえば、洪水で家が浸水した場合、誰が家具を水に濡れない場所に移動させるか。電源を切るのは誰で、排水ポンプを動かすのは誰か。竜巻の発生が報じられた場合、誰が家族全員の所在を確認するのか。ペットについては誰が面倒をみるのか。熱波が押し寄せてきた場合、自分だけで家族の高齢者を保護できるか。もしそれが難しい場合、誰がサポートをするのか。これらを事前に決めておくことで、実際に災害に遭ったときに、迅速で確かな対応をスムーズに行うことができる。

　また、非常事態の最中に家族と離ればなれになった場合の行動計画や、合流する場所を決めておかなければならない。たとえば、自宅の周囲で火事が起きたらあらかじめ決めておいた場所へ行く、その場所が避難に向いていない状況ならば次の場所へ行く、というようにいくつもの合流場所を決めておく必要がある。

　さらに、携帯電話に緊急時の連絡先として、「緊急連絡先」及び「ICE（in case

of emergencyの頭文字)」と明記し保存しておくとよいだろう。米国などの救急隊員は、携帯電話を見たらICEの文字を探すよう、訓練を受けているからだ。

より入念に備えるには、家族全員が避難計画を確認したうえで、それぞれの役割を確実に理解する必要がある。具体的には、避難順序や合流場所への道順と手段だ。徒歩か自転車か、車が利用できない場合に落ち合う場所など、いくつもの状況に応じた計画を共有しておく必要がある。地元に避難所があるのなら、あらかじめ、その場所を確認しておくことも大切だ。また、1年に2回は避難の手順をおさらいしておこう。これらを先延ばしにしてはならない。今すぐに計画し、準備にかかることだ。

どんな非常事態においても、テクノロジーが非常に役に立つことを忘れてはならない。スマートフォンやタブレット端末では、最新の天気情報を提供するアプリケーションを見られる。また、メールを利用して地元の避難所を探すこともできる。各社携帯電話、通信サービス会社が提供するソフトやアプリを使って、家族に自分の無事を知らせることもできるのだ。

また、十分に準備ができていれば、災害に遭った際にパニックに陥らず、感情をうまくコントロールすることができる。救急隊員は緊急時、冷静に集中して対応できるかどうかが、生死を分ける鍵になることを知っている。「火事になったら、まず動くことをやめ、身を伏せてから口を布などで押さえ、這うか転がって移動する」、「竜巻が起きたら高架橋の下に避難してはいけない」など、命を守るための知識を得て役立てられるようにしておけば、最も大事なときに勇気を奮い起こし、落ちついて行動できるはずだ。

もちろん、異常気象は実際に遭遇するまで何もできないが、十分な情報を基にした計画について話し合い、訓練を積むことで、それに対処する準備ができる。そして、危険性を軽減するための対策を講じることが可能になる。たとえば、本来は毎月行うべき火災報知機の検査、また定期的な交換を多くの人は適切に行っていない場合が多い。さらに、庭に置いてある家具などが嵐の強風によって飛ばされ、凶器にもなることに気づいていない人がいる。こうした小さな事実を知ることが、自分や家族を含んだ多くの人の命を救うことにつながるのだ。

異常気象による災害が増加の一途をたどる今、私たちは新たなサバイバルに備えなければならないないだろう。異常気象の実体、備え方、生き残る方法。そして、災害からの復旧方法を学ぶことは、好むと好まざるとにかかわらず、21世紀に生きる私たちにとって不可欠なテーマなのである。

度重なる干ばつにより干上がった湖。

雨 による災害

PART 1

CHAPTER 1　CHAPTER 2　　　CHAPTER 3　　　CHAPTER 4
雷雨　　洪水　　ハリケーン・台風　　竜巻

"水はますます勢いを
およそ天の下にある高い

雨

　雨は爽やかだ。地球を循環し活性化させる要素のひとつである雨は、新鮮な水をもたらし、それによって私たちの飲料水が確保され、作物が実り、家畜も育つ。また、雨は川の流れを促し、湖や貯水池に水を満たしてくれる。しかし、極端な大雨は人々の生活を脅し、生き物や自然に大混乱を巻き起こす。あまりにも大量の雨は暴風を伴って洪水をもたらし、大災害にもなり得る大きな要素となるのだ。

　地球の平均的な年間降水量は990mmで、1カ月あたり76mmである。しかし、雨は地球全体にまんべんなく降るわけではない。地球上の部分、部分を継ぎはぐように降り注ぎ、時にはある地域にだけ非常に激しく降ることもある。毎年豪雨に見舞われる地域がある一方で、1年中乾燥している地域もあるのだ。たとえば、米国ハワイ州のなかでもカウアイ島にそびえるワイアレアレ山は、年間の降水量が1万1400mmを超えるが、ハワイ島北西部の沿岸に位置するプアコの年間平均降水量は約200mmである。

　さらに、降雨の付随現象である稲妻やハリケーン、竜巻は、発生件数の地域差が著しい。地表から蒸発した水分に熱が加わり大きな上昇気流が生まれると、暴風雨発生の完璧な条件がつくり出されるため、温度の高い水域、特に外洋に近接した地域や高山地帯では、他のエリアよりも稲妻が多く見られるのだ。また、ハリケーンや台風は水温の高い海洋上空で発生発達し、大陸に上陸するとその勢いは弱まるが、沿岸部に被害を与えた後、内陸部でも暴風雨として猛威を振るう恐れがある。そして、「スーパーセル」と呼ばれる強い上昇気流を伴った特殊な積乱雲からは雷雨が発生し、さらに一定の条件が加わると竜巻が発生するのだ。北米大陸はこの条件を生み出しやすい地形であり、地球上で発生する竜巻のおよそ80％は、米国とカナダの平原で起こっている。

増して地上にみなぎり、山はすべて覆われた"

―― 旧約聖書7章19節

　この先、雨は増えていくのだろうか？ さらに激しい暴風雨や洪水をもたらすのだろうか？ その確実な答えは誰にもわからないが、データによると地球の降水量は過去100年間でわずかながら増加しており、米国本土では降水量が1901年より平均5％増加している。

　しかし、この降水量の増加が必ずしも厳しい災害に結びつくわけではない。暴風雨が自然や人間に与える影響という点では、降水量よりも風の強さ、進行ルート、停滞時間や通過スピードなどを予測できているか否かが、より重要な意味を持っているのだ。そして、何よりも日頃の備えで、家や家族が受ける被害の大きさも異なってくるのである。

激しい雷雨が米国ネバダ州の砂漠のハイウェイを横切っていく。

山頂に落ちる雷。

CHAPTER 1

雷雨

　ある暖かな春の日、日没後の野外フェスティバルの会場では、多くの家族連れが食事を楽しみ、ゲームやライブ演奏に興じていた。しかし、その和やかなムードは急激に悪化した天候よって、突然幕を下ろされた。風速30m/sの強風とともに、まるでグレープフルーツのような大きさの雹（ひょう）が大量に降り、会場はパニックに陥ったのだ。

　親たちは子どもを守ろうと体に覆いかぶさり、その親の体を巨大な氷の塊が容赦なくたたきつけ、車のフロントガラスは砕け散り、逃げ込んだ人々の頭上にそのガラス片が降り注いだ。そして、家族は混乱の中で離れ離れになった──。

　これは、1995年5月5日、スーパーセル型雷雨（25ページ参照）が、米国テキサス州フォートワースで毎年開催されているメイフェスト（5月の祭り）の会場を横断したときの実話だ。この雷雨で400人が負傷し、そのうち60人が入院。4人が危篤状態となった。幸いにもメイフェストの来場者の中には命を落とした人はいなかった。しかし、この雷雨がダラス郡に移動するに従い、スーパーセルの後方から迫った「スコールライン」＝「不安定線（寒冷前線に先駆けて出現し、小規模だが激しい気象現象をもたらす前線）」がスーパーセルに追いつき、さらに激しい雷雨群に発達したのだ。30分で76mmの雨を降らせ、ダラス北部の一部地域では1時間の雨量が230mm近くに達する降水量を記録し、その結果、川は増水し大規模な鉄砲水が発生。多くの家やオフィス、そして車は、雹や強風の大きな被害を受けた。ダラス郡の家庭では、誕生会に参加していた男の子が落雷で死亡し、ある工場では屋根が崩壊。さらに、洪水のため地域にある病院の2件が、救急救命室の閉鎖を余儀なくされた。

緊急時の心得　➡　豪雨時は車道から離れて停車する
FEMA（米国連邦緊急事態管理庁）

車の運転中に豪雨に遭遇した場合、すぐに道路から離れたところで車を止めよう。そして、ハザードランプを点滅させ、豪雨が過ぎ去るまで車内にとどまることだ。雷による感電を防ぐために車体はもちろん、車内の装備品でも金属など電気を通すものには絶対に触れないようにする。

この一連の雷雨で20名が死亡し、数百人が負傷したが、死者のほとんどが溺死で、2人が落雷による死亡だった。

米国・国立気象局（NWS）は、この1995年の雷雨を「竜巻を伴なわない雷雨として米国史上最大、おそらく世界史上最大規模の被害をもたらした激しい雷雨」と表現し、さらに経済的損失は、20億ドル近くに達した。

このように雷雨は他の気象現象に比べ狭い範囲で起きることが多く、その持続時間は短い。それはまるで、気象マップ上に現れるひと塊の交通渋滞エリアのようなものだと考えればいいだろう。平均的な雷雨

緊急時の心得 ➡ ケガをしないために
FEMA（米国連邦緊急事態管理庁）

豪雨に伴なって発生する雷や雹、鉄砲水や竜巻に注意しよう。雷発生時は落雷でケガをしないように、安全な建物内に避難することが大切だ。しかし、開けた場所でピクニック場にある休憩所や小屋のような、壁のない通電しやすい建物に避難してはいけない。避難できる建物が見つからない場合は、高台や水辺、高い木、電気を通す恐れのある金属物から離れる。

冠水した道路を車で通行するときは細心の注意が必要だ。

この写真のように猛烈な雷雨が突然襲ってくることもある。雷雨がもたらす危険（突然の激しい雷、鉄砲水、強風、竜巻、雹によるケガ）への知識と注意が必要だ。

の範囲は直径が24kmほどで、通常ひとつの地域を通過する所要時間はわずか30分。その後、雷雨は移動を続けるか消滅してしまうからだ。

しかし、規模が小さく持続時間が短いとはいえ、雷雨は壊滅的な破壊力を持つことがある。米国では1年間に発生するおよそ10万件の雷雨のうち、約10％が深刻な被害をもたらす強力なものなのだ。

雷雨とは何か？

基本的に雷雨とは、にわか雨に雷鳴と稲妻が付随したものである。しかし、雷雨をこれほど危険なものにする要因とは何か？

雷雨は大気が持つエネルギーを強力にし、時としてさらに猛烈な力に変える。そして、その発生から消滅までに3つの段階を経て成長するのだ。

まず発達期には、暖かく湿った空気が上空に向かって柱状に立ち上る。この上昇気流により積雲が発達し、上に伸びていくと上昇気流が流れ込み続け、高い柱状の「雄大積雲」になる。この時点での気象は比較的穏やかで、時に稲妻が走り雨も降るが、降ったとしても小雨である。

その後も発達を続け成熟期に入ると、引き続き上昇気流が雲を押し上げていく。このときの雲全体を見ると、雄大積雲の頂上が平たく金床状に広がった積乱雲が確認できる。ここでついに雨が降り始め、雨によって冷やされた空気は下降気流となる。そして、下降気流が地上に到達し周囲

PART 1 雨による災害

米国中西部と中部では雷雨発生の条件がそろいやすい。

に流れ広がると、積乱雲の周囲では上昇気流を伴った小規模な前線が発生し、局地的に激しい突風を伴う「ガストフロント（突風前線）」が生じるのだ。さらに発達が進むと、稲妻と雷鳴、雹や大雨、強風、場合によっては竜巻といった、ほとんどの雷雨現象を引き起こす条件が整い、これらの現象は雷雨が成熟期に入ったサインとみなすことができる。

その後、十分な量の雨が降り終わると上昇気流が減衰し下降気流のみとなって、雷雨はついに衰弱期を迎えるのだ。そして地上ではガストフロントが雷雨発生地点から遠くまで広がり、雷雨を発達させる暖かく湿った空気を遮断する。このため稲妻が走ることはあるが雨は弱まり、やがて雷雨は完全に消滅する。

また、米国ではさまざまな雷雨の中で、以下の条件にひとつでもあてはまる雷雨は「非常に激しい雷雨」に分類されている。その条件とは、直径2.5cm以上の雹、秒速25.7mを超える風、あるいは竜巻を伴う雷雨である。

雷雨の種類を知る

雷雨の形態はさまざまだ。そこで、警報を聞いたときや発達する雲を見たとき、その先に起きる現象を予測できるように雷雨の種類を知っておこう。

シングルセル（気団性雷雨）：単一のセル（空気の塊）による雷雨は、一対の上昇気流と下降気流で構成されている。このタイプは一般的に持続時間が短い。雹や強風をもたらす場合があるが、その多くは大きな被害をもたらすものではない。

▼ Did You Know? 豆知識
雷鳴に関する注意　〜距離を計算する〜

雷鳴は、積乱雲の放電現象である雷によって生じる音である。雷は空気中を通過する際に空気を急速に暖めるが、この暖められた空気の温度は約2万8000℃にも達する。なんと、太陽の表面温度の5倍の温度になるのだ。そして、この熱で膨張した空気が急速に冷やされたときに発生する振動と音波が、雷鳴として聞こえるのである。

稲妻が光ってから雷鳴が聞こえるまでの秒数を数えることで、自分の居場所から落雷地点までの距離を計算することができる。光ってから雷鳴が聞こえるまでの秒数に340mをかけた数字が、落雷地点までの距離だ。たとえば、稲妻が光ってから雷鳴が聞こえるまでの時間が20秒だとすると、20×340＝6800となり、落雷地点からは約6800m、もしくは6.8km離れていることになる。

通常、雷鳴が聞こえる距離範囲は落雷地点からおよそ16kmといわれている。つまり雷鳴が聞こえたら危険な雷の影響を受ける範囲内に居ることになるため、すぐに避難場所を探すことが必要なのだ。

マルチセル・クラスター（マルチセル型雷雨）：雷雨は成長段階の異なる多くのセルが合体しマルチセルとなって、クラスター状（複合体）にまとまることが多い。クラスターに含まれるセルはそれぞれ個別に動きながらも一種の連鎖反応を起こし、風下に移動する成熟したセルの上に別のセルが形成されるというプロセスを繰り返すのだ。また、ひとつのクラスターの中にいくつセルがあるかは、雷鳴に耳を澄ましていればわかる。まず、最初の雷鳴が聞こえる方向に注意しよう。雷鳴は近づくにつれて大きくなり、通り過ぎると小さくなるが、この最初に聞こえた方向から近づいてきた雷鳴が遠ざかっていく一連の流れが何回起こるかで、セルが何個あるかがわかる。

マルチセル・ライン（スコールライン型雷雨）：時に雷雨は左右に広がり、横に数百キロにわたって線状に延びる場合がある。

スーパーセル型雷雨は猛烈な強風をもたらし数時間持続することがある。

これがスコールライン（不安定線）だ。基本的には自らが移動を続けることで発達し、新しいセルがスコールラインの先端部で次々と生まれ、雷雨の持続時間が長くなる。上昇気流と下降気流が非常に強くなることもあり、大きな雹や強いガストフロントをもたらす。スコールライン上で竜巻が発生する場合もあるが、スコールラインの先

↘ **Did You Know?**　**豆知識**

雷雨の空に現れる棚雲とロール雲

　長い雷雨をもたらすスコールラインの先端部沿いによく見られる、積雲や積乱雲の下部に発生するアーチ状・弓状に見える雲のことを「棚雲」と呼ぶが、棚雲ほど不気味な雲はあまりないだろう。

　雷雨の先端部には暖かく湿った空気があり、その後ろには雷雨がもたらした雨で冷やされた空気がある。この冷たい空気が暖かい空気を持ち上げた結果、くさび形の大きな雲の壁ができ、さらに暖かい空気が凝縮すると、雷雨に接するように棚雲ができるのだ。

　この棚雲の数少ない仲間がロール雲で、ロール雲は空に沿って広がり積雲や積乱雲が巨大なチューブに巻かれているように見える。ロール雲は棚雲が変化してできる場合があるが、棚雲と違い雨が降っている場所から完全に離れたところにできる。

雷雨

不気味なスコールラインが海から迫っている。オーストラリア北部、ティモール海。

端部の方がガストフロントによる直線的風害が発生する頻度が高い。

スーパーセル（スーパーセル型雷雨）：スーパーセルは気流の回転運動がある巨大なセルで、自ら進んでその寿命を永らえさせることができる。強力で持続時間が長く、上昇気流の風速は毎秒45m近く、ダウンバースト（激しい下降気流）で物的・人的被害を及ぼす恐れがある雷雨だ。さらに、大量の雹と強い竜巻をもたらすことがあり、米国で発生する竜巻の多くは——そしてゴルフボールより大きい雹の多くも——、スーパーセルから生まれている。

スーパーセルが発生する仕組みはこうだ。まず、風が高く上るに従って反時計回りに方向転換することで風速と風向きが変化し、雷雨の中の上昇気流が地上近くから高所までらせん状に回転しはじめる。この積乱雲中の回転を伴う低気圧が「メソサイクロン」である。すべてのスーパーセルがこの原理によって生まれるが、外観的特徴から主に3つのグループに分類される。低降水型で雨が弱く、進行方向後ろに上昇気流ができるスーパーセル、高降水型の古典的スーパーセル、高降水型で前面に上昇気流があるスーパーセルだ。

スーパーセルの多くは典型的タイプで広範囲に広がる分厚い雲底を持ち、通常雲底の一部から雨や雹が降る。そして、上昇気流の境近くの雲底から下に延びる壁雲が見られるが、スーパーセルが引き起こす竜巻は、この壁雲の内部で発生することが多いため、壁雲は竜巻の前兆とされている。

大雨の中で傘はほとんど役に立たない。

今後、雷雨はさらに激しくなる？

　地球温暖化が進むなか、より強力な雷雨が、より頻繁に発生するかどうかは、専門家の間でも意見が分かれている。しかし、そうなる恐れは大いにある。大気は暖められると、冷たい空気よりも多くの水蒸気を保持できるからだ。

　熱と湿気は雷雨を活発にするエネルギーを供給し、エネルギーが増幅すれば雷雨もより強力になり、水蒸気が増えれば激しい雨が降る可能性があるのだ。

　では、私たちはこの先、さらに激しい雨に見舞われる機会が増えるのだろうか？気候変動に関する政府間パネル2013年の報告書には、「最近の傾向から判断して、恐らくそうなる」との見解が示されている。報告書では「1950年ごろから陸地で大雨が降る回数が減るどころか、多くの地域で大雨が降る回数が増えている。このことから、今後雨が激化する可能性があり、その確率が最も高いのは北米大陸中部。そこでは、さらに激しい雨に見舞われる傾向が非常に強い」と述べられている。

　しかし、さらに雨が激化したところで、必ずしも通常の雷雨が破壊的なスーパーセルになるわけではない。その理由は、激しい雨はスーパーセルのらせん状に上昇しようとする風、いわゆる「鉛直ウインドシアー（メソサイクロンを生み出す垂直方向の風の変化）」の力を奪うからだ。

将来の気候予測に関するいくつかのモデルでは、温暖化する地球で鉛直ウインドシアーが減少することを示している。これによりスーパーセルの数は減るが、一方で通常の雷雨はさらに強力になり、より多くの雨をもたらすことになるだろう。

2013年のある気候モデルに関する研究では、北米大陸ロッキー山脈の東で鉛直ウインドシアーが減少するケースのほとんどが、スーパーセルの形成に必要なエネルギーが大気中に不足しているときに起きていることがわかった。つまり、スーパーセルの形成に必要なウインドシアーが存在するとき、スーパーセルに必要なエネルギーも存在するということだ。もしこの研究が正しければ、私たちは今後スーパーセルだけでなく、より多くの種類の雷雨や激しい雨に見舞われる可能性があるのだ。

（30ページへ続く）

緊急時の心得 ➡ デレチョ警報
NATIONAL STORM DAMAGE CENTER（全米暴風雨被害対策センター）

米国では広範囲に停滞し、雷雨を伴って直進する暴風雨のスコールラインを「デレチョ現象」と呼ぶ。この暴風雨に対する「デレチョ警報」を特別に聞いたことはなくても、日本でも激しい雷雨や強風に関する各警報を聞いたことがあるだろう。そして、デレチョや暴風雨が発生した場合、多くのがれきが高速で周囲にたたきつけられるため、屋内に避難しドアや窓からは離れることが大切だ。できれば、地下室や竜巻用の地下シェルターに避難することが望ましい。雷雨が通り過ぎた後も、強風でがれきが飛んできたり木が根こそぎ倒されたり、屋根が飛ばされ雨どいが壊れたりするなど、建物も倒壊しやすくなるので注意が必要だ。

米国では住民に電線の垂れ下がっていることを警告するテープが引かれる。

PART 1　雨による災害

冠水した場所から避難する人々。タイ、バンコク。

異常気象
STORM FLOODING
雷雨による洪水と被害

・2009年9月、数日間降り続いた雷雨は、米国・ジョージア州、アラバマ州、テネシー州の一部地域に500mmもの雨を降らせ11人が死亡した。

・2012年の夏、米国で発生した雷雨と強風は11の州にわたって約30億ドル相当の被害を出した。

・2012年12月、オーストラリアのメルボルンで起きた激しい雷雨で鉄砲水が発生し、水位はわずか数時間で2mも上昇した。

・1987年8月、高知県東部で発達した局地的な激しい雷雨により、海上への落雷でサーファー6名が死亡。直撃を受けた1名の死亡者以外の5名は、感電によるショックで気絶したことによる溺死であった。

稲妻がもたらす危険

　稲妻はたとえそれが目に見えていなくても、あらゆる雷雨で発生している。印象的な稲妻の姿や、それがもたらす被害は十分知られていても、稲妻が発生する原理は完全にはわかっていない。たとえば、雷雲が最初にどのようにして電荷するかは、まだはっきり解明されていないのである。おそらく何らかのプロセスによって空気や雲粒、氷の粒がマイナスの電荷を持った分子とプラスの電荷を持った分子に分離し、氷の粒は互いに衝突し合って電荷を帯びる。そして、小さい氷の粒子はプラスの電荷を帯びて、大きい氷の粒子はマイナスの電荷を帯びる傾向が強くなると考えられている。

　そして次に、小さな粒子は上昇気流に乗って上に移動し、大きな粒子は下に落ちて蓄積され、プラスとマイナスの電荷を持った粒子は完全に分離する。その結果、雲頂付近はプラス、雲底付近はマイナスに帯電し電位差が生じ、雲はコンデンサーのように電気を蓄え、やがてその電気は空気放電される。このときプラスとマイナスの電荷の引き合う力が電気の流れを妨げる空気の絶縁性能を上回り、プラスとマイナスに帯電したエリアの間で膨張（爆発）するのだが、この放電現象の際に光る光電が稲妻である。

　ちなみに私たちは普段、雲から地上に達する放電（落雷）を見ることが多いが、最も

↘ Gear and Gadgets　道具と装備
避雷防護設備

　雷雨が起こりやすい地域に住んでいる場合、避雷防護設備の設置を検討しよう。典型的な避雷防護設備は避雷防護用アースと呼ばれ、雷を受けやすい屋根の高い位置に取り付ける避雷針（ひらいしん）と雷電流を抵抗の少ないケーブルを通じて、地面に逃がす接地設備でできている。この被雷防護用アースの電圧（電位）はゼロとされており、電気を吸い込むスポンジの役割を果たしているのだ。また、同時に電気を引き寄せる恐れのある物質から電気を引き離すこともできる。このほか避雷設備には、住宅の過剰電気制御設備のサージプロテクターが含まれることが多い。

　避雷設備は住宅の大きさや形状に合わせて適切に計画し、その規模を決める必要があり、設置する場合は守るべき基準や手順が多いため、経験のある業者か地元の消防署に協力してもらうことが重要だ。適切に設置すれば、避雷設備はあなたの家を火災などのダメージから、さらには、あなたとあなたの家族を感電から守ってくれるだろう。

ビクトリア朝様式の小塔の上に立つ避雷針。

雷雨

グランドキャニオンの峡谷上空にマイクロバーストが発生している。

最大風速45m/s以上の巨大なデレチョが、うなりを上げて米国カンザス州を飲み込んでいく。

一般的なタイプの放電は雲の中で発生している。そして1回の稲妻には、100ワットの白熱電球を3カ月以上点灯させるほどのエネルギーがあるのだ。米国では落雷が原因で毎年平均53人が死亡、約300人が負傷しており、こうした事故の多くは夏の午後や夜の外出時に起きている。夏の強い日射しが地上を温め、水分子が変化する際の熱エネルギーである潜熱により上昇気流が発生し、積乱雲を発達させて「熱雷」を起こすため、熱の放出（潜熱伝達）が最大になる夕方ごろ、最も気温の高い時間帯に被害が発生することが多いからだ。

ダウンバーストと竜巻

スーパーセルを筆頭に激しい雷雨は竜巻を引き起こす（竜巻はすさまじい破壊力を持つ災害であるため、本書ではチャプターを設けて紹介：チャプター4参照）。しかも、雷雨は特定の地域を移動する際、並外れた被害をもたらす「ダウンバースト」という気流も生じさせている。

航空機に被害を及ぼすことでも知られているダウンバーストとは、積乱雲から局地的に吹き降ろされる強い下降気流だ。雲の中空及び上空から冷気を落下させ、地表に衝突した気流が水平に広がり圧縮されることで激しい突風を起こすのだが、気象学者らはこのダウンバーストを「マイクロバースト」と「マクロバースト」の2種類に分類している。

マイクロバーストは、ダウンバーストの広がりが直径4km以内、5～15分続くものをいい、小規模ながら最大風速75m/sほどの

破壊的な突風を生み出す。そして、マクロバーストは、ダウンバーストの広がりが直径4km以上、5〜30分続くもので、最大風速60m/sの猛烈な強風を発生させるのだ。

この２つのダウンバーストは竜巻と同等の破壊力を持っており、しばしば竜巻と混同されることが多い。しかし、竜巻は風が中心に向かってらせん状に吹き上げ、過ぎ去った後の残骸があらゆる方向に散らばっているのに対し、ダウンバーストは外側へ直線的に風が流れるため、多くの残骸が直線状に残るのだ。この理由からダウンバーストは別名「直線の嵐」とも呼ばれている。

また、竜巻の方がより頻繁にメディアに取り上げられるが、発生率は竜巻よりダウンバーストの方が高く、ひとつの竜巻被害が伝えられる間にダウンバーストはおよそ10回も発生しているといわれているほどだ。

降水強度（ある瞬間の雨の強さ）が強い部分が弓状に分布しているボウエコーは、破壊的な強風を引き起こす可能性がある。

デレチョとボウエコー

デレチョとボウエコーという２つの現象はあまり知られていないが、この２つの現象も樹木をなぎ倒したり、屋根をはがすほどの強い力を持っている。デレチョは雷雨の持続時間が長く、しかも動きの速いスコールラインで、最低風速でも秒速26m。およそ

↘ Did You Know?　豆知識

落雷の危険性が高い地域と時期

　地球上のあらゆる場所のなかでも、米国のフロリダ中部は落雷が起こりやすい地域である。その大きな要因は、東海岸と西海岸、それぞれから異なる海風を受けていることが関係している。この２つの海風が混じることで雷雨の勢力は強くなり、落雷によって死亡する人数も、米国内ではフロリダ州が最も多い。さらに、学校が休みとなる７月は死亡者数が多く、特に人々が外出している７月４日の合衆国独立記念日に犠牲者が多いのだ。

　米国では１年間でおよそ２千200万回の落雷が発生しているが、地球規模では雲中放電を含めた落雷は、１日に約300万回以上発生していることもある。また、ルワンダ共和国は世界的に落雷が多く発生する地域として知られており、その発生回数はフロリダ州の2.5倍に及ぶ。その一方で、最も落雷の影響を受けない地域は北極と南極だ。また日本において年間の平均雷発生件数が最も多い都市は金沢、最も少ないのは釧路である。

雷雨の基礎知識
水が雷雨を引き起こす

　水は地球上や大気圏において、継続的に循環を繰り返している。大気中の水分は雨となって地上に降り注ぎ、地表や地中を流れた後、蒸発して気体となって大気中に戻るのだ。こういった物質の状態が変化する際には熱エネルギーを必要とするが、この熱エネルギーの総量を潜熱という。潜熱には個体が液体に融ける溶解熱、液体が蒸発するための気化熱、液体が固体になるための凝固熱がある。個体から液体、液体から気体になる場合は周囲から熱エネルギーを吸熱し、逆に凝固する場合は熱を放出するのだ。暑い日にかいた汗が蒸発し、皮膚の表面が涼しく感じるのはこの吸熱のためだ。

　大気中においては通常、水蒸気からは熱が放出され凝結して雲粒になるか、もしくは昇華して氷晶（小さな氷の粒子）へと変化する。しかし、水滴が凍結して氷になる際に発熱する凝固熱が増え続けると、水蒸気となるために熱が吸収されるはずの空気が冷却されず、水や氷などを含む湿度のある暖かな空気は水分が少ない乾燥した空気よりも高く、速く上昇することになる。この循環が進むと雲頂部が氷晶から成る積乱雲、そして雷雨が形成されるのだ。

　このため地表付近の空気は熱く湿気があり、一方で上空の気温が極端に低いときほど潜熱の循環が活発となり、より勢力が強く破壊力のある雷雨が発生する。

雷雨を予測する

　気象学者でも「いつどこで、どのような雷雨が形成されるか？」といった正確な予測はできない。しかし、発生の1～2日前になれば、激しい雷雨が起こる条件が整う地域とその時間を、かなり正確に予測することができる。雷雨予報に気づいたら、雷雨が発生する恐れのある間は雷が落ちても安全な避難場所、たとえば落雷をアースする配線・配管設備がある建造物や自動車などから、あまり離れた場所に行かないように心がけよう。また、雷雨注意報が発令された場合、避難場所のすぐ近くに居ることが大切だ。各国の気象局は雷雨が特定の地域に近づくと、警報を出すことになっている。

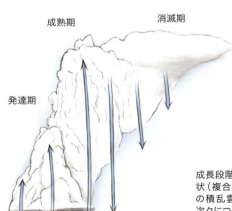

成長段階の異なる多くのセルが合体してクラスター状（複合体）になるマルチセル型雷雨では、消滅期の積乱雲、成熟期の積乱雲、発達期の積乱雲が次々につながっている。

雷雨により上空から落下したピンポン玉の大きさの雹が地面を覆っている。

386kmにわたる広範囲を通過する。デレチョの風速が極めて強くなるのは、たくさんの雷雨から生じるダウンバーストのエネルギーが風の勢いに加わり、これがスコールラインを押し出すためである。そしてデレチョは、上空の乾いた空気に流れ込むか、押し出していた風が収まれば消滅する。

一方ボウエコーは、とりわけ危険な雷雨が曲線状に分布した状態で、弓状の雷雨群の上空や中心付近で破壊的な強風が生み出される。気象レーダーに弓矢の弓のような形に雷雨群が映し出されることから、ボウエコーという名がついた。

このボウエコーは時として、単一のスーパーセル雷雨がもたらす突風によって発生することもある。しかし、デレチョのようなスコールラインが原因となっていることが最も多く、実際には、ほとんどのボウエコーはデレチョによって発生し、爆発的な強風が起こる恐れもある。

> ↘ **Did You Know?**　**豆知識**
>
> ## 自然からのシグナル
>
> 気象情報以外にも、身近な自然から雷雨の到来を察知することができる。たとえば、さかのぼること12時間ほど群れをなしていたブヨや蚊は、雷雨が起こる1～2時間前には姿を消す。なぜかといえば昆虫は湿気を好むが、雨や雷に打たれることを避けるため本能的に避難するからだ。

グランドキャニオン北部のウールジービュートを直撃する雷。

雹から身を守るには

　2010年、サウスダコタ州で重さ0.9kg、直径20cmという、米国で過去最大の雹が観測された。人間が雹で死亡するケースはまれだが、米国内の雹による作物被害は推定で毎年13億ドルほどにのぼり、深刻な被害を受けている。

　雹とは地上に降下する直径5mm以上の氷の粒で、通常はマルチセル型雷雨やスーパーセル型雷雨、寒冷前線に先行するスコールラインと関係がある。積乱雲の中心部でわずかなサイズの霰に水滴が付着することで徐々に雹は生成されていくのだが、その仕組みはこうだ。まず、霰と水滴は上昇気流によって気温の低い雲の上空へ舞い上げられると結合して凍り、氷の粒はさらに大きくなる。大きく成長した氷の粒は、地球の引力と下降気流によって落下し、そこでさらに水滴を付着させ、また上昇気流によって雲の上部へ吹き上げられて氷の粒と水滴は結合して凍る。このように上昇気流と下降気流の中を漂うことで、雹は巨大化する。巨大な雹が降ったということは、積乱雲の内部で非常に強力な上昇気流と下降気流の動きがあったことになり、勢力の強い雷雨の存在を示しているのだ。

　山岳地帯では山脈よって気流が上昇気流と下降気流に分断されやすく、雹を伴う嵐が起こりやすい。また、雷雨が山々から移動してくる地域は特に発生しやすいため、米国ではコロラド州、ネブラスカ州、ワイオミング州は「雹の通り道」と呼ばれている。

このように、世界各国内で雹が発生しやすい地域の差はあるが、日本では5～6月に降雹が多く、最大の雹被害は1933年6月、兵庫県で暴風雨を伴った降雹により10名が死亡している。

ペットを守るために

ペットにとって雷雨発生時に最も大きな脅威となるのが、ペット自身の恐怖心だ。雷恐怖症（下の補足情報を参照）のペットの多くは、小さくうずくまり震えながら「クンクン」と鳴き、どこかに隠れようとする。また、パニックを起こして外へ逃げ出そうとすることも多い。そのとき雷雨でフェンスが破壊されたりでもしたら、さらにペットの恐怖心に拍車をかける恐れもある。ペットの感情をコントロールして安心させ落ち着かせるために、以下のことを心がけよう。

→ 雷雨が近づいてきたらペットを屋内に入れる。

→ 万が一ペットが逃げ出した後で捜索するときのために、ペットに首輪やマイクロチップを付け、ペットが写っている最近の写真を控えておく。

→ 安全な場所を作ってあげよう。ほとんどのペットはそれぞれ好きな隠れ場所があるはずだ。

↘ Did You Know?　豆知識
人もペットも脅かす雷恐怖症

雷雨が接近する音を聞くと恐くてたまらず、戸棚に駆け寄って中に身を隠したくなるほどのおびえを感じるだろうか？　心当たりがある人は、雷鳴や稲妻に恐怖を感じる「雷恐怖症」の恐れがある。その症状は恐怖感による発汗や体の震え、不安により泣き叫ぶパニック発作など広範囲に及ぶ。雷恐怖症で苦しむ人々は、頭を隠して音を遠ざけたり、安心感を得るためにベッドカバーの下や狭い空間に避難場所を探すなどの対策をとるとよいだろう。不思議なことに雷恐怖症は、人間と動物の両方にみられる数少ない恐怖症のひとつであり、幸いにも人間も動物も治療が可能だ。

被災者の証言：米国フロリダ州マナソータキーの住人　デビッド・スミス

雷雨との遭遇

夜空を照らす稲妻の閃光。

　ある時、米国フロリダ州の沖で全長6mのモーターボートに乗っていたデビッド・スミスが、雷雨に襲われた。スミスは雷が接近しているのを知っていたが、彼と10代の息子は自宅近くのボート置き場に置いてあるボートを水に降ろし、早くドックに移動させたかったのだ。ドッグはほんの15分ほど水上を走れば着く距離にあったため、戻るにはそれほど時間を要しないと思っていた。
　「10歳からボートに乗っていたので、操縦の腕には自信があったのです。しかも、悪天候によって不意のトラブルに見舞われることなど今まで一度もなかったし、自分が望みでもしない限り、悪天候に遭遇したこともありませんでした」
　しかし、その自信も2008年に起こった猛烈な雷雨の前に崩れ去った。フロリダキーズ諸島北部で発生した熱帯性暴風雨フェイは強い雷雨を伴い、フロリダ北東部へと移動しつつあり、スミスが住むマナソータキーと至近距離にあるサラソータ市は、ほぼフェイの進路直下になっていたのだ。
　「想定外だったのは、干潮時にボートを出した後に雷雨がやってきたことでした。私たちは干潮のため水深が浅くなっている場所を、ボートのモーターを上方へ傾けた状態で水深の深い水域まで近づくしかなかったのです。さらに、私たちは徐行区域にいたので、たとえモーターを水平の状態にできたとしても、違反にならない程度の速さでしかボートを動かせなかったのです」
　スミスはやっと、自分がかなり厄介な状況に至っていることを悟った。
　「ボートを走らせながら空を見ると雷雨が迫っていて、かなり激しそうだということも想像できました。巨大な雷雨が接近しているという予報も知っていたのですが、すでにどうしようもなく、ただひたすら浅瀬をゆっくり進むしかなかったのです。あと90mほど沖へ出さえすれば徐行区域を抜け、モーターを降ろして全速力でドックに戻ることができると、祈るような気持ちでボートを動かしました。

しかし、雷雨は思った以上のスピードで近づいてきて、風速は毎秒25〜27mくらいだったと思います。一瞬の突風で水深1mほどの浅瀬から、私たちはボートごと海中の砂州の上に持ち上げられました」

砂州に打ち上げられたことで溺れる心配はなくなったが、スミスは、息子と共に雷に打たれるのではないかという新たな不安を持ったのだ。

「一番怖かったのは落雷です。あんなに無数の稲妻を見たのは生まれて初めてでした。海の上なら激しい風が吹いていても、風の動きを捉えてボートを操縦し、波に乗りながら進むことができます。しかし、砂州に閉じ込められたうえに、いくつもの落雷が襲いかかってくる光景を見たら、絶望しか感じられませんでした。あちこちで閃光が弾け、その状態は45分間も続いたのです。

さらに、あまりにも風が強かったので、仮に砂州から出ようとボートを押し出したところで、どうすることもできなかったでしょう。砂州に取り残された私たちは身動きがとれず、雷が頭上に来てもなす術がなかったのです。辺りには強力な風が吹き、雨は横殴りに降っていました」

幸いにもスミスと息子は、救命胴衣を着用していた。

「突風の影響で風よけも吹き飛ばされてしまい、たたきつける豪雨は痛いほどでした。私たちにとって救命胴衣は、防弾チョッキの役割も果たしてくれたのです」

彼らは雷雨が通過するのを土砂降りの雨に打たれながら、約1時間じっと待ち続けた。そして、ようやく風が収まり嵐は過ぎ去った。

「雷雨が過ぎたことを確認し、私たちは浅瀬へボートを押し出して沿岸までボートを走らせ、桟橋まで戻ることができました。もしも私たちがあそこで死んでいたら、女房にもう一度殺されていたでしょうね」

この困難な状況のなかで最も彼を不安にさせたのは、猛威を振るった雷雨ではなく、実は妻の怒りだったと、スミスは笑って話していた。

しかし、何はともあれ、雷雨が来るタイミングを読み誤れば命に関わるということを、スミスは身をもって経験したのだ。「もう二度とあのような、危ない橋は渡らない」と。

> "砂州に閉じ込められたうえに、いくつもの落雷が襲いかかってくる光景を見たら、絶望しか感じられませんでした"

進むこともできずに立ち往生する数隻のボート。米国フロリダ州、マイアミ沖。

専門家の見解：メアリー・アン・クーパー

落雷から身を守るための対処法

落雷に打たれて折れ曲がった木。雷雨の時に樹木の下に避難することは絶対に避ける。

メアリー・アン・クーパー医学博士：救急医療を専門とするイリノイ大学シカゴ校名誉教授であり、落雷による損傷に関する研究プログラムの元ディレクター。

→ 落雷によるケガは、米国ではどのくらい起きているのか？

近年、米国で落雷によって死亡したのは約30人。数十年前に比べると死亡者数は3分の2に減ってきています。長い年月をかけて、ようやく人々の間で「雷が鳴ったら屋内に避難しろ」という予防意識が広まってきたのでしょう。

→ 落雷時に最も危険なのは、開けた土地、樹木の下、水泳や船遊び、ゴルフ場だといわれてきたが？

ゴルフ中に落雷で死亡する人の割合は、全体の死亡者数のうちでわずか2〜3％で、ゴルフ場での被害はそれほどでもないといえます。今日、落雷による死亡の多くは注意不足によるもので、芝生刈りや洗車に気をとられている間に事故に遭うことが多いのです。死亡者の多くは、安全な建物から9〜15mとあまり離れていない場所で被害に遭っています。ある死亡者はショッピングモールの中では携帯電話の電波が悪かったため、建物を出て駐車場に向かっている途中で雷に打たれました。

→ 雷に打たれても死なない確率は？

90％の確率で致命傷を免れますが、負傷者数は死亡者数の10倍となります。しかし、落雷の直撃を受けた人数はごく少数のため、この確率と比率になるのです。

→ ケガの多くは落雷の間接的な被害だと聞くが、たとえば、雷が近くの樹木に直撃し、その電流が地面を通じて広がって感電するというようなことが多いのか？

そのとおりです。小石を湖に投げると波紋が広がるように、電流は地中や波など周辺の領域に広がっていくため、電流が地面に抜ける途中で感電する被害が多いのです。

→ 意外にも、落雷に遭ってもやけどしない場合もあるのか？

雷が間接的に体に触れると、エネルギーの大部分は体を通り抜けます。深刻なやけどを生じさせるほど長時間にわたって体に接触するわけではないため、実際にやけどしても、ほとんどの場合が二次的なものです。たとえば、体の表面にある汗や雨水が熱い蒸気に変化したり、金属製のネックレスが熱せられて皮膚をやけどするといったものです。

→ 落雷によって受ける損傷で多いのは？

死亡者は少数ですが、心停止になる人が多いです。このほか多くみられるのは神経系の損傷が脳損傷につながる例です。症状は脳震とうと同様で、苛立ちや注意力の欠陥、言葉の読み取り能力の欠如や記憶障害などがあります。神経損傷を起こす可能性もあり、神経過敏の症状が収まると興奮状態に陥ったり、感覚麻痺や脳への伝達障害など、慢性症状が生じる場合もあります。

→ 後遺症のなかには、注意を要する症状もあるのか？

落雷で損傷を受けた本人は、自分では何ともないと思っているかもしれません。雷に打たれた記憶はあるのですが、後遺症に関しては自覚がない人も多いのです。彼らは冗談を言われても理解できず、意味もなくイライラして、急に友人が訪れなくなった理由すら理解できないのです。さらに困ったことに、何か異変があっても、それが雷に打たれた後遺症なのか、ほかに原因があるのかを判断することは難しいのです。仮にあなたに落雷の被害に遭った10代の子どもがいたとして、いつも寝ていて、短気で忘れっぽく、自分の後始末もできない子であったとしても、それが脳損傷によるものか、それとも10代特有の態度なのか区別がつくでしょうか？

→ 落雷の生存者を支援するグループはあるのか？

世界各国でさまざまなグループが生存者をサポートし、多くの分野で貢献しています。たとえば米国では『落雷＆エレクトリックショック・サバイバーズ・インターナショナル（http://www.lightning-strike.org）』などがあります。

HOW TO：雷雨への備え

するべきこと

[屋内]

- [ ] 雷雨による非常事態を想定し、春になったらすぐに準備を開始しておく。最も雷雨が発生しやすいのは、5月から9月にかけてである。
- [ ] 防災セットを手元に用意しておく。
- [ ] 「雷の30/30安全ルール」に従う。これは、稲妻を見た瞬間から数を数え始め、30数える前に雷鳴が聞こえた場合は屋内に入る。そして、雷鳴が聞こえなくなるまで30分は、室内にとどまるというものだ。
- [ ] 家族や同居者と共に、雷雨の際の安全策について再確認しておく。
- [ ] 家の中での集合場所を決める。窓や天窓、ガラス戸から離れた場所を選ぶ。
- [ ] 窓とドアは全て閉める。雨戸やブラインド、日よけやカーテンも同様に閉める。
- [ ] すぐに使う必要のない電子機器、電化製品のコンセントを抜く。
- [ ] あなたの住む自治体に、激しい雷雨の恐れが発生した場合、緊急警報を発するシステムがあるかを確認しておく。また、緊急警報放送が受信可能なラジオを受信可能な状態にセットしておくこと。
- [ ] 負傷者が出た場合を想定し、応急手当の資格を取っておくとよい。

[屋外]

- [ ] 屋外の物が風で飛び被害が発生しないように、しっかりと縛って固定する。
- [ ] ペットや家畜の安全を考え納屋や小屋を点検し、必要に応じてペットを屋内に入れることも検討する。
- [ ] ハイキングやキャンプをしているときは雷雨に遭うことを想定し、常に避難場所を確認しておこう。同じグループの全員にも、その場所がわかるようにしておく。

雷雨　43

雷雨が近づいてくるのを観察している農場主。悪天候による被害を軽減させるには、備えが大切だ。

してはいけないこと

[屋外]

- 屋外の固定していない物や積み重なった廃品などを放置しない。また、枯れ木や朽ち木も暴風で飛ばされ大ケガの原因や家屋に被害を与える可能性があるので、見過ごさず固定するか伐採しておく。
- 暴風雨警報が出たら、屋外での活動はしない。
- 勝手な判断で避雷針を取り付けない。まずは地域の消防署に相談し、消防法上の問題がないかを確かめる。
- 庭の手入れを怠らない。適度に剪定された健康な木は、風に対しても強い。
- 雷雨に遭ったらどうすればよいか、子どもたちと話し合う機会を先延ばさない。
- 空が暗くなる、風が強くなるなど、雷雨の前兆を見落とさない。

HOW TO：生き残るために

するべきこと

[屋内]

- 暴風で飛ばされる恐れのある物置き、トレーラーハウスや簡易避難所にいた場合、土台のしっかりした頑丈な建物に移動する。
- 天気予報や地域の最新情報で雷雨の状態を監視する。
- 室内にとどまり、窓やドアから離れる。玄関の外に出て様子を見るのは危険だ。
- すべての窓、ドア、雨戸を閉める。
- 使っていない電化製品のコンセントを安全な方法で抜く。コンピューターや冷暖房も同様である。

[屋外]

- 車を運転中の場合、道路から退避して車を止める。車内にとどまり、雷雨が過ぎ去るまでハザードランプをつけておく。
- 徒歩の場合、近くの頑丈な建物に避難する。しかし、周囲に遮蔽物のない小さな建物に避難するのは危険だ。
- 周囲にある物を確認する。安全な場所のように思われても、トラクター、農機具、オートバイ、ゴルフカート、ゴルフクラブ、自転車など電気を通しやすいものが近くにあると、落雷の恐れがある。
- キャンプをしている場合、谷や渓谷などで低い場所を見つける。しかし、鉄砲水の危険性にも警戒しなくてはならない。テントでは雷から身を守ることはできないので、頑丈な建物がないか探す。
- 水分は電気を伝えやすいので、水辺や湿った場所から離れる。雷の落ちた場所が遠く離れていても、水を通して感電する危険があるので注意が必要だ。
- 小さなボートに乗っている場合、できるだけ早く岸に上がる。上陸できない場合は錨を下ろし、可能な限り低い姿勢で船底に伏せる。米国海洋大気庁（NOAA）によると、ボート上で雷の被害に遭う死傷者のほとんどが、船室のない小さなボートに乗っているケースである。大型船の船室、特に雷対策の施された船は、雷から身を守る上で比較的安全である。とはいえ船上では船室からは出ず、金属には触れないようにし、緊急でない限り無線も操作しないこと。

雷雨 45

上空から見たトレーラーハウス。これらは暴風の被害を受けやすい。

してはいけないこと

[屋内]

- □ コード付きの電話や電子機器を使わない。コードレスやワイヤレスの電話を使うとよい。また、機器類を壁の差し込み口に直接つながないようにする。
- □ 電化製品やコードに触れない。落雷により電圧の急激な上昇が起き、深刻な損傷を引き起こす危険がある。
- □ 洗面所や浴槽、シャワーなどの水道管に触らない。手を洗ったり、シャワーを浴びたりしない。皿洗いや洗濯も避ける。水を使う配管や浴室設備には、電気が伝わりやすいからだ。
- □ 金属類を持たない。

[屋外]

- □ 高台や周囲に何もない場所に立っている樹木に近づかない。
- □ 開けた場所で、壁のないピクニック小屋や退避壕、納屋など低い場所に行かない。
- □ 海辺や野原などの開けた場所にとどまらない。
- □ 金属類や表面が金属で覆われた物は電気が伝わりやすいので触らない。特に車の内部の金属製品やボディに触れていると危険だ。
- □ 雷雨がまだ近づいていなくても、安心していてはいけない。雷鳴が聞こえたら直ちに安全な場所に避難する。

HOW TO：雷雨からの復旧

するべきこと

［屋内］

- ☐ 雷雨が確実に過ぎ去ったことを確かめるために、天気予報のチェックを続ける。雷鳴が聞こえなくなっても、30分は室内にとどまるというルールを守る。
- ☐ 窓やドア、煙突など、家屋に損害がないかチェックする。
- ☐ 地下室が浸水していないか、屋根に落雷の被害がないかチェックする。
- ☐ 落雷により火災が発生する恐れもあるので注意する。
- ☐ 雷雨に続いて土石流や鉄砲水が発生する可能性もあるので注意する。

［屋外］

- ☐ 被災した場所から離れる。
- ☐ 自分自身の安全を確保した上で、身の回りにいる危険な状態の人を助ける。
- ☐ 雷に打たれた人がいたら、早く救援を求める。落雷によって心臓麻痺を起こすことがあるため、必要であれば救急隊員の到着を待つ間に心肺蘇生(そせい)を行う。
- ☐ 落雷の被害者の心音と呼吸が確認できれば心肺蘇生を行う必要はないが、骨折していないか、視覚や聴覚が正常に機能しているか、外傷はないかなど、全身の状態を確認する。
- ☐ ニュースで道路の閉鎖状況をチェックし、封鎖されていれば代わりのルートを検討する。また、「洪水注意報」や「洪水警報」もチェックする。「注意報」は洪水が起きる可能性があることへの注意喚起、「警報」は洪水が発生しているか、もしくは発生寸前の状態で発令される。
- ☐ 雷鳴や稲妻は動物を極度におびえさせるため、ペットの様子に気を配る。
- ☐ 家族や友人に自分の無事を知らせる。

浸水被害を受けた地下室。

倒れた木が駐車していた車を直撃している。

してはいけないこと

【屋内】

- [ ] 家屋の壁や天井に現れた少量の漏れや染みを見落とさない。それは見た目より深刻な構造上の損傷の表れかもしれない。迅速に対応すれば、修理も最小限ですむ。
- [ ] 雷雨の直後、ペットを外に出さない。
- [ ] 次の雷雨が来る可能性もあるので、地域の天気予報のチェックを中断しない。
- [ ] 雷雨が完全に静まったと確認できるまで、電化製品のコンセントを差さない。雷鳴が聞こえなくなっても、30分は様子をみる。

【屋外】

- [ ] 落雷による負傷者に触れることをためらわない。触れても感電することはない。
- [ ] 冠水している場所を車で通らない。電気を帯びている可能性があるため迂回する。
- [ ] 二次災害を防ぐため、雷雨の被害を受けた場所に近づかない。自身を危険にさらすような行動は避ける。
- [ ] 垂れ下がった電線に近寄らない。そのような電線を見つけたら、必ず地域の電力会社、消防署、警察に報告する。
- [ ] 雷雨が過ぎ去ったからといって安心しない。土石流や鉄砲水の危険性もあるので、すぐに被災地域から離れる。

PART 1　雨による災害

米国ニューメキシコ州の平原上に現れた雷雨による稲妻の閃光。

異常気象
DEVASTATING THUNDERSTORMS
甚大な被害をもたらした雷雨

- 1995年5月、米国テキサス州フォートワースで起こった雷雨は、多額の損害と多くの犠牲者を出した。ソフトボール大の雹が降り、風速31m/sの暴風が壊滅的な被害を与えた。

- 2013年、米国中西部で発生したスーパーセル雷雨は、最大風速134m/sに達し、複数の竜巻を発生させた。

- 2014年8月、広島県がマルチセルによる激しい雷雨に見舞われた。この集中豪雨で河川の氾濫や土石流が発生し、74名の命が奪われた。

- これまでの雷雨に伴う竜巻の最大風速は、1999年米国オクラホマ州で記録された風速134.5m/sである。

浸水した場所には何があるかわからない。通行するときは細心の注意が必要だ。

CHAPTER 2

洪水

　その大洪水は、ゆっくりと始まった。
　2013年9月10日、米国コロラド州ボルダーに25mmの雨が降り、翌日は51mmの雨となった。そして3日目には、さらに強烈な土砂降りの雨に変わった。雨量は24時間で、それまでにこの街で記録された最多降水量記録の2倍以上に達し、228mmを超えたのだ。道路は冠水し通行できなくなり、地下室は浸水。電話回線も遮断され、学校は休校を余儀なくされた──。

　ロッキー山脈のふもとにあるボルダーは、そびえ立つ山々の風景、絵画のように美しい渓谷で知られる風光明媚な場所だ。しかし、地形的に洪水が発生しやすく、これまでにも度々洪水を経験していた。
　ボルダーだけではない。この雨はロッキー山脈ふもとの各丘陵地帯で、史上最多の降水量を記録したのだ。デンバー市内の一部では降水量が24時間で356mm以上に及び、雨水が山の斜面を下ってサウスプ

緊急時の心得 ➡ 洪水保険
FEMA（米国連邦緊急事態管理庁）

　米国において洪水保険は多くの場合、加入してから適用されるまでに30日が必要だ。洪水被害が起きてから考えるのでは遅い。洪水保険の内容はさまざまだが、一般に現金、貴金属、重要書類は保証されないことが多い。しかも、被災後の仮住まいにかかる費用、プールや車など屋外の資産も通常は対象外だ。保険金額や保険適用の範囲は、洪水被害地域によっても家屋の建築年数などによっても異なり、あらゆる条件が関係してくる。
　FEMAのページ（http://hazards.fema.gov/femaportal/prelimdownload/）にアクセスすると、洪水危険情報や洪水被害地図を見ることができる。住所を入力すれば、その地域での洪水危険度がすぐに検索でき、インターネット上で参加できるFAMA主催の無料セミナーでは、洪水や保険に関して質問をすることも可能だ。
※日本では台風や暴風雨によって発生する洪水、高潮、土砂崩れなどの被害は、各種火災総合保険に水災補償が付加していないと補償されない場合が多い。近年では近くに海や河川がない地域でも、突然の豪雨によって下水などがあふれ浸水する都市型の洪水も増えている。床下、床上浸水など適応保障範囲、保険金の支払い要件等を含め確認が必要だ。

米国コロラド州ジェームズ川流域で起きた洪水で破壊された家。

ラット川の支流に流れ込んだ。未曾有の降雨でボルダー、セントブレイン川、ビッグトンプソン峡谷、キャッシュ・ラ・パウダー川は姿を変え、フロント山脈とその丘陵地帯に新たに出現した滝のような水路が24の郡を襲った。そして、9名の命が奪われ、道路は寸断し、街全体が破壊されたのだ。

この災害によって、概算でコロラド州の1万1655㎢が被害に見舞われ、約2000戸の家屋が全壊し、2万6000世帯以上が被災した。120カ所の橋が崩落、もしくは損傷を受けて修復工事が必要となり、被害総額は20億ドルにも上ったのだ。

この大災害が起きた要因は、不運にもいくつかの異常気象が重なったことにある。並外れて大きな高気圧が張り出し、太平洋北西部とカナダの南西部にまたがって停滞し、勢力が強く、ゆっくりとした動きの雷雨が南側に閉じ込められた形となって、局地的に雨が降り続いてしまったのだ。また、周囲の大気の流れによって非常に湿った空気がメキシコから次々に運ばれ、目に見えない膨大な水蒸気が形成され、その水蒸気が山に向かって柱状に押し上げられた。そして、膨れ上がった湿った大気は高度を上げることで冷却され、大量の雨に形を変えたのである。

しかし、2013年のコロラド大洪水は、米国においても毎年頻繁に起こる洪水の一例でしかない。米国連邦緊急事態管理庁（FEMA）は、「洪水は米国で最も多い災害のひとつであり、さまざまな形で引き起こされている」と指摘している。

洪水は雨の降り出しから発生までに時間がかかり、防災準備を十分に整えられる場合もあれば、雨の前触れさえなかったのに

数分で洪水にまで発展してしまうケースもある。いずれにせよ、非常に大きな破壊力を持つ危険な災害であることに変わりはないのだ。その対策にはまず、あなたのオフィスや住んでいる場所の環境と気象を把握し、洪水に対して何を予想し、どのような準備するかを事前に考えておくことが、最大の防災となることを忘れてはならない。

洪水、その秘めたる破壊力

洪水とは降雨により水があふれ、乾いた土地を水浸しにすることである。

有史以来人類を悩ませてきたこの問題は、多くの民族文化のなかで神話のテーマとなり、南北アメリカやインド、中国、ほかのアジアの民間伝承にも影響を与えてきた。その大きな理由は、洪水は劇的に破壊的現象を及ぼすからだ。押し寄せる膨大な水を前にして、人類はもちろん海浜も川岸も、人工の防護壁さえも無力なのだ。

水は巨大な岩や木々、乗用車や家屋、さらに街自体を押し流す。建物の基礎からじ

↘ Good Idea 緊急時に役立つアイデア
すぐに電力供給を止める

　大規模な洪水(もしくは他の気象現象)で、家庭への電力供給が影響を受けると予想される場合。また、洪水の発生により感電の危険があると判断した場合には、まず電力を遮断しよう。すでに電力会社の判断で地域の電力供給が止まり、事故によって停電となった場合でも同様に電力を切っておくと安心だ。

電力を手動で止める手順
1. 分電盤の場所を確認する。
2. 濡れている場所に立って操作しないように、周囲や足場を確認する。
3. 可能であれば、まずブレーカー全体のメインスイッチを切る。通常は分電盤の外側に「入／切」のレバーが出ている。スイッチを切るときは、感電しないように棒やほうきの柄を使うとよい。
4. すべてのスイッチが分電盤内にある場合も木の棒を使って分電盤を開き、メインスイッチを切る。
5. ブレーカーの各回線を注意して一つひとつ遮断する。すべてスイッチで構成されている場合は、棒を使ってすべてのスイッチを「切」にする。
6. 洪水被害が収まった後、ブレーカーのスイッチを再び入れて電源を復旧する。

分電盤のスイッチには、世界各国さまざまなタイプがある。あなたの家や渡航先のスイッチの形態を確認しておこう。

春の雪解け水と降雨が重なり洪水となって、線路が水没した。

わじわと浸食して増水したかと思えば、瞬く間に激流となって車両や重機さえ容易に流し去ってしまう。

災害の専門家やマスコミは一定期間内における洪水の発生率に応じて、洪水規模のランクを表している。たとえば「百年洪水」なら、"百年に一度しか起こらないと予想される洪水"といった具合だ。そのランク付けで2013年にコロラド州で起きた洪水は、「千年洪水」と判定された。つまり、"千年に一度しか起こらない大洪水だった"ということである。しかし、残念なことにボルダーの街に大きな被害をもたらしたような千年洪水は、近年の気候変動により、以前よりも頻繁に発生するようになってきていることも事実だ。

緊急時の心得 ➡ 洪水発生後の行動ルール
FEMA（米国連邦緊急事態管理庁）

被災地には安易に近づかない

洪水の後は災害時のルールに従い、正しく行動することが大切だ。現地で活動する緊急要員の活動を妨げないよう、被災地や被災地へ通じる道には近づかず、警戒情報に耳を傾けて安全宣言が出るまで家に戻ってはいけない。家に戻る際は建物が壊れていたり、場合によっては倒壊が進む恐れがあるため十分注意が必要だ。また、水が引き始めたとしても、濁流や浸水した水中には危険が潜んでいるため、安易に近づいてはならない。

サイクリストが浸水した場所を自転車で移動している。しかし、写真のような状況のときは、外出を避けることが賢明だ。

将来の予測、洪水の頻発化

この10年の間、世界中で記録的規模の洪水や異常洪水の年間発生件数が著しく増加している。

これは、人類の生活様式が起こした気候変動が原因だと考えられている。気候変動に関する政府間パネルによると、その第5次評価報告書の中で「水循環が変化することで気候が温暖化し、地球全体の降水量は21世紀を通じて徐々に増加する」と予測されている。しかし、各地域の平均降水量の変化は一律ではなく、雨が増加する地域もあれば、逆に減少したり、ほとんど変化しない地域もあるという。また、高緯度地方では対流圏の気温が上昇するため、より多くの水分が運ばれて降水量が増加する可能性が高くなっている。

2013年6月、オバマ大統領はジョージタウン大学で学生たちにこう語った。
「干ばつや山火事、洪水も昔から存在した

↘ Did You Know?　緊急時に役立つアイデア
自然からのシグナル　〜ミミズの教え〜

豪雨だけが洪水発生のシグナルではない。小川や放水路の水位上昇も洪水の兆候であり、水質も泥によって茶色く濁ってくる。仮に上流から地鳴りや大きな音が聞こえたら、鉄砲水の発生が近いと考えられる。また、土の地面でミミズを探してみよう。地下水の上昇があれば、ミミズは地上に這い上がっているはずだ。

急に水が泥で茶色く濁ってきたら、洪水が近づいている恐れがある。

米国アリゾナ州、リトルコロラド川の濁流がグランドフォールズを流れ落ちる様子。

現象だ。しかし、世界がかつてなく暖かくなった今、地球温暖化はあらゆる気象事象に影響を与えている」

専門家たちの共通した見解では、気候変動を伴う地球温暖化によって、干ばつと山火事の発生頻度と深刻度は増しており、この2つの出来事がさらに深刻な洪水を引き起こすかもしれないという。干ばつは土壌を干上がらせて硬化させるため土壌への水の浸透が悪くなり、山火事によって森林が喪失すれば保水力が失われる。その結果、多量の雨が降れば土地や森の保水能力の限界を超え、洪水となって一気に流れ下ることになるのだ。

洪水の種類を知る

大地と人々に押し寄せる洪水にはいくつかの種類がある。あなたの住む地域は、どの洪水が発生する可能性があるだろうか？

河川が氾濫して起こる洪水：河川の氾濫による洪水は、最も一般的なタイプの洪水で、降雨や雪解け水によって河川が増水し、あふれることによって発生する。周囲の土地が広く平坦であるほど浸水域は広範囲に広がり、押し寄せる速度も比較的ゆっくりである。一方、山間部では、落差のある急な峡谷、幅の狭い岩の間を水が一気に流れてくるため、より短時間で洪水が起こる。

（61ページへ続く）

PART 1　雨による災害

米国ノースダコタ州、スーリス川の氾濫によって水に漬かる住宅群。

異常気象
RECORD-BREAKING FLOODS
記録破りの洪水の数々

- 1927年に米国で発生した壊滅的な大洪水の浸水域は、ミシシッピ川流域のアーカンソー、イリノイ、ケンタッキー、ルイジアナ、ミシシッピ、ミズーリ、テネシーの各州に及んだ。

- 1947年9月、日本を襲ったカスリーン台風による豪雨は関東・東北地方の各河川を決壊させ、各地で大洪水が発生。関東の平地部はほぼ全面浸水し、38万4700戸以上が床上、床下浸水した。

- 2013年9月、米国コロラド州で発生した未曽有の大洪水は、およそ5000km²の範囲に被害をもたらし、約2000戸の住宅を破壊した。

- 2013年12月、60年ぶりの巨大な高潮が英国の東海岸に押し寄せ、1万5000世帯以上が避難した。

洪水の基礎知識
洪水が起こる要因

　洪水は雨の降り方が地中に染み込むスピードを上回ったときや、冬に積もった雪が急激に解けて河川に流れ込むなどして、河川の処理能力を超えたときに起こる。そのため、雪解けの時期と数日から数週間にわたって降り続く春の豪雨が重なると、多くの場所で河川が氾濫し、洪水が発生することが多いのだ。また、局地的な豪雨や雷雨は、鉄砲水が起こる最大の要因となる。そのため、衰弱期のハリケーンが内陸の山々に豪雨を降らせたときなど、上流の小さな沢で発生した鉄砲水をきっかけに下流が氾濫し、洪水が発生することもあるのだ。

精度を増す洪水予測
　米国立気象局の高度水分予測サービス（AHPS）は、洪水や干ばつの予測を行う中心機関だ。ここでは米国地質調査所（USGS）などで自動測定した水位データ、気象観測所の降雨量のデータを収集し、気象局内部とその他の予測機関や緊急事態管理者の間で共有できるようになっている。
　気象局では13カ所ある河川予報センターを通じて氾濫による洪水を予測し、主要な河川流域一帯に注意報や警報を発令する一方で、地方出張所から各地に鉄砲水情報を発表している。最近では雲内部の降水粒子の移動速度を観測することで、雲内部の風の動きを知ることができる「気象ドップラーレーダー網」の改良により、雲中に含まれる雨の検知精度が高まり、洪水が発生する前に鉄砲水警報が発令できるようになった。

アンテナからマイクロ波を発振し、降水強度や雷雨の位置を検知する。

鉄砲水：急激な増水によって一時的に起こる現象が鉄砲水だ。集中豪雨によって雨が降り出した数分後に発生する場合もあれば、数時間経ってから発生することもあり、通常は降雨量が河川敷や道路、渓谷の吸収できる水量の限界を超えた場合に起きるが、雨以外の原因で発生することもある。たとえば、堤防やダムの決壊、あるいは川の流れをせき止めていた氷が崩れて水が勢いよく流れ出してしまう「アイスジャム洪水（62ページ参照）」のような場合だ。

さらに鉄砲水は強力な水圧のため、水深15cmで人は立っていられなくなり、水深30cmでは、ほとんどの車が浮いてしまう。このため鉄砲水は豪雨災害による死亡原因のトップであり、米国では毎年140人以上の死者を出し、死者の半数以上が車に乗ったまま巻き込まれた人々である。道路を覆う水は一見浅く見えてしまうが、米国海洋大気庁（NOAA）が出しているスローガンは、「引き返せ、溺れるな」だ。

→ 水深15cmの場合、水は一般的な乗用車の床の高さにまで達する。ハンドルが効かなくなり、エンジンも止まる恐れがある。
→ 水深30cmで多くの車の車体が浮き上がる。
→ 水深60cmで流れが速ければ、車高の高いSUV車やピックアップトラックでも流される可能性が高い。

↘ **Gear and Gadgets** 　**道具と装備**

排水ポンプ

洪水発生時に備えて排水ポンプを用意しておくといいだろう。排水ポンプには以下の2つのタイプがある。

陸上ポンプ：かつて一般的に使用されていた型のポンプ。水中には入れず、汚水面より上方に設置してホースを入れて使用する。
水中ポンプ：直接水の中に入れて使用することができ、今では広く使われている。

どちらのタイプにしてもフロートタイプのスイッチではなく、電子センサーがスイッチに使われているものを選ぶといいだろう。

機械式のフロートスイッチは浮遊物で動きが妨げられたり、勝手に電源が入る場合もあって、モーターが酷使され故障の原因にもなる。一方、電子センサーは小型で精度が高く、スマートフォンやスマートホームシステム、警備システムと連動できるものもあり、問題が起きればすぐにわかる。また、新製品の中には始動時に力を加えれば回りだす、コンデンサー分相形単相誘導（PSC）モーターを内蔵し、省電力で素早く水を排出するものもある。さらに洪水によって停電が起きた場合に備え、バッテリーパックや発電機で予備電源を確保しておけば言うことはない。

さらに水流や川に直接面していない周辺地域でも多くの人が亡くなっている。米国立気象局によれば、突然の激しい雷雨は、水深30cmの小さな流れを1時間以内に水深3mの川に変え、鉄砲水を発生させる可能性があると警告している。

アイスジャム洪水：寒い季節は川面の氷が集まって固まり、自然のダムを造ることがある。この氷のダムが引き起こす洪水が、アイスジャム洪水だ。まず、氷のダムの上流で水位が上がり、あふれた水は流域の平坦な土地に流れ出す。そして、氷のダムが壊れると鉄砲水となるのだが、大きな氷の塊があった場合は危険性がさらに増す。氷が急流で流されると、進路上にある建物へのダメージは当然大きくなるからだ。

沿岸洪水（高潮）：2012年にハリケーン・サンディが襲来した際、米国民が注視したのは沿岸洪水の危険性だった。沿岸洪水は通常海岸沿いで発生するもので、ハリケーンや台風などの熱帯低気圧、津波によって起こる高潮が原因になることが多い。また、冬の嵐に起因する場合もある。

高潮は暴風雨の周囲を回転する風が岸

↘ Good Idea　緊急時に役立つアイデア
浸水から家屋を守る

　世界をのみ込むほどの大洪水でなくても、建物は深刻なダメージを受ける恐れがある。水を迂回させることが、地下室を含めた家屋全体を守るための賢い予防措置だ。

流出した水を迂回させるための方法

- 家屋の周りを掘り上げて小さな水路を造り、その土に草木を植えて小さな土塁を築く。出来上がった堤は水位が増す前に、水の流れを変えてくれる。
- 水を導き入れ、ためておける空井戸を掘っておくのもいいだろう。側溝や雨どいの近くに掘ることで家の周囲に水がたまったり、他の場所へ流れ込んでしまうことを防ぐことができる。
- コンクリートやアスファルトのように水が流れやすい滑らかな舗装は、片寄った場所に水が流れていかないよう水平にする。また、材質を砂利や石、透水性舗装材など、水はけの良いものに変更すれば、水がその隙間から排出される。
- 浅い溝を掘り、砂利を側面に傾斜をつけながら敷き詰める。これは「フレンチ・ドレーン」と呼ばれるもので、水は砂利の抵抗で速度を下げながら溝に沿って流れていく。
- プレハブ配管などの既製品を排水路として利用する解決策もある。比較的容易に設置ができ、水の流れを変える効果もある。もっと大規模で複雑なものが必要であれば、専門家に依頼するのが一番だ。

冠水した道路を走る車。水深30cmになれば車は浮いてしまう。

に向けて海水を押し出し、海水面が上昇することで発生し、沿岸地域に深刻で壊滅的な洪水をもたらす。満潮時刻が重なれば、高潮の高さは6mを超えることさえあるのだ。さらに、沿岸地域は歴史的にも洪水に不慣れな土地が多いため、今後海水面が上昇し続ければ被害が大きくなる危険性が高い。そこで、世界各国で、沿岸洪水マップを作成更新して危険の状況を把握し、避難計画の作成が進められている。

日本の国土交通省「ハザードマップポータルサイト」(http://disapotal.gsi.go.jp/)では、洪水、内水、津波、高潮による浸水被害が予測される各地域の高潮ハザードマップの有無を検索することができる。また、http://www.bousai.go.jp/fusuigai/pdf/takashio.pdf から、高潮災害とその対応についてのパンフレットがダウンロード可能だ。

洪水に関する注意報・警報

洪水から身を守るために、各国の行政機関で注意報・警報の内容が定められ、気象状況によって発表されている。以下に洪水に関する日本気象庁の各注意報・警報を紹介する。ラジオやテレビ、自治体のスピーカーから以下の言葉が聞こえたら、水害の危険が迫っているサインだ。いつでも避難できる準備をしておこう。

洪水注意報：大雨、長雨、融雪などで河川が増水し、氾濫、堤防の損傷や決壊などの災害が発生する恐れがある。

洪水警報：大雨、長雨、融雪などで河川が

増水し、氾濫、堤防の損傷や決壊などによる重大な災害が発生する恐れがある。
大雨特別警報：数十年に一度の強さの台風、温帯低気圧、集中豪雨によって大雨になると予測され、浸水や土砂災害など重大な災害が発生する恐れが著しく大きい。
指定河川洪水予報：洪水によって大きな被害を生じる指定河川の氾濫の可能性と状況を、河川名と共に「氾濫注意報（洪水注意報）」から「氾濫発生情報（洪水警報）」まで、4段階で発表する。
土砂災害警戒情報：大雨による土砂災害発生の危険度が非常に高まったとき、各市町村長が避難勧告等を発令する際の判断、住民の自主避難の参考とするために、都道府県と気象庁が共同で発表する。
高潮注意報：高潮により災害が発生する恐れがある。
高潮警報：高潮により重大な災害が発生する恐れがある。
高潮特別警報：警報の発表基準をはるかに超え、数十年に一度の強さの台風や同程度の温帯低気圧により、高潮になると予想される。

洪水の原因は？

水位が上昇し、普段は乾いている地面が水底に沈む。洪水の原因はさまざまで、特定の地域に定期的に巡ってくる場合もあれば、めったに起こらない地域もある。洪水が頻発化している今、その原因を知っておくことは重要だ。

↘ Good Idea 緊急時に役立つアイデア
井戸水の汚染を防ぐために

洪水に伴う大きな危険のひとつが水質汚染だ。洪水の水流によって、がれきや有機物が浮遊拡散するためである。なかでも井戸水は特に危険にさらされることになる。

屋外に掘られた井戸を守るために実行するべきこと
・井戸の周囲に土のうを積み上げる。
・井戸を密閉できる防水キャップがあるかどうか確認しておく。
・井戸の周囲に畜産廃棄物や肥料、農薬が置いてある場合、別の場所に移動する。
・洪水が起きたら井戸の取水ポンプの電源を切る。
・近くに使われていない井戸があれば、そちらも封印する。井戸は地底の水脈でつながっている場合も多く、ひとつの井戸から汚染物質が入れば、あなたの井戸まで汚染される恐れがあるからだ。

洪水発生時は井戸を防水キャップで密閉すること。

洪水により道路標識の一部が水没している。米国ミズーリ州。

PART 1　雨による災害

積乱雲がもたらす嵐は、激しい豪雨や鉄砲水を引き起こす恐れがある。

ハリケーン・台風（熱帯低気圧）による洪水：ハリケーンや台風などの熱帯低気圧が発生すると洪水の被害は倍加する。高潮が発生し沿岸地域を水没させたかと思えば、豪雨は数百キロも内陸で河川を氾濫させ洪水を引き起こす可能性があるからだ。

　ハリケーンや台風は力を弱めると熱帯低気圧へと変わるが、進行速度が弱まったために1カ所に停滞した場合、とりわけ恐ろしい豪雨と洪水をもたらす。2001年の熱帯低気圧アリソンに襲われた米国ヒューストンでは、わずか数日間のうちに760㎜以上の雨を観測し、7万世帯が浸水、2744戸の家屋が倒壊した。

春の融雪：大地が凍結していると、解けた雪や春の大雨を吸収できなくなる。その結果、何が生じるのか？　春の洪水を招くのである。ぎゅっと詰まった雪の塊が解けると膨大な量の水となって、湖や川、小川に流れ込んでいく。そして、しばしば水辺からあふれ出て春の洪水を引き起こすのだ。日本気象庁は積雪地域の日平均気温や雨量の上昇によって「融雪注意報」を発表し、米国海洋大気庁（NOAA）は毎年、春の洪水予測を3月の第3週にウェブ上で公開している。

豪雨：米国内の各地域では、その地域特有の気象現象によって洪水の危機が高ま

っている。北西部ではラニーニャ現象、北東部ではノーイースターが及ぼす豪雨のために、それぞれに高い洪水のリスクを抱えているのだ。

　雨の強さはさまざまで、小雨であれば1時間に数ミリ、普通の降り方であれば1時間に1.3㎜程度、強い雨ならば1時間に50㎜。これが豪雨となると1時間に50㎜を超え、洪水の危険性が増す。

堤防とダムの決壊：予期せぬ大量の雨は水をコントロールする目的で造られた堤防やダムでさえ圧倒し、悲劇的な結果をもたらす場合がある。堤防の経年劣化、あるいはさまざまな影響により生じた損傷が原因となって、氾濫や破損につながることもあるのだ。

　もしもの時、危険を減らすことはできても、完全に回避することは不可能だ。あなたが堤防やダムの近くに住んでいるのであれば、その地域における洪水の影響や詳細な緊急避難計画について、事前に家族と情報を共有しておくことが大切だ。

洪水に対する損害保険

　住宅所有者を対象とした保険契約では、洪水によって生じた損害は補償対象に入っていないものがある。洪水による損害に対しては特約を付けるか、新規加入が必要だ。異常気象が続くなか、現在住宅を所有している人、あるいは将来取得する予定のある人は、居住地域の洪水リスクに関して常に新しい情報を得るようにしておこう。

　洪水の危険性を調べ、それに対する保険の内容と支給率を知ることは、住宅保有者にとって自分の家に対する最高の洪水対策となりえるのだ。住宅を借りている人は家財保険への加入を検討しよう。

ハリケーン・カトリーナが襲った後の堤防。米国ニューオーリンズ。

進む地域コミュニティーの防災対策

　洪水のリスクを話し合うことは、地域コミュニティーの大きな課題だ。多くの住民による大規模なコミュニティーがより強く連携すれば、実際に洪水の危機が迫った際、スムーズかつ効率的に対応し、復旧へと導けるだろう。米国には全米洪水保険制度に関する米国連邦緊急事態管理庁（FEMA）のウェブサイト「賢い洪水対策（FloodSmart.gov）」がある。そのなかにはコミュニティー向けの情報セクションがあり、コミュニティーとしての洪水に対する防災について、幅広い情報を提供している。なかでも「洪水対策ツールキット（Flood Outreach Toolkit）」は、近くにある堤防の状況、変化しつつある洪水ゾーンの地図やその危険度の調査結果など、個々のコミュニティーが抱えている問題の対処に役立っている。さらにFEMAは、地域で選出された役員を対象に「あなたのコミュニティーの洪水問題」と題してリンクを張っているが、市民に対しても閲覧できるデータを提供している。

非常時の通信手段

　携帯電話であれ固定電話であれ、水をかぶれば使用不能となって、家族はもちろん救助隊が到着するまで救命活動を行ってくれるファースト・レスポンダーと連絡が取れなくなる。だからこそ、防水加工の通信機器も含めた念入り

▼ Did You Know?　豆知識
情報は的確に、短く明確に伝える

　「差し迫った危険の警告」「安全であることの周知」などの緊急を要するメッセージのやり取りは、災害時において非常に重要である。そして、メッセージが正しく伝わったかどうかで、生死を左右することもある。重要なメッセージはパニック状態であっても落ち着いて、しっかりと手短に伝える必要があるのだ。

　強いストレスを受けた場合、人が理解できるメッセージは3つまでだということも覚えておこう。相手に何か言われても、最初と最後の言葉しか記憶に残っていないということも多い。そのためにメッセージは短く、わかりやすいものでなければならない。そして、最も重要なメッセージである、「その場で自分たちが取るべき重要な行動」を最初か最後に言えば、相手は覚えることも復唱することも容易だ。

　精神的な動揺は、人間の情報を記憶する能力を80％以上も減退させてしまう。だからこそ異常気象に襲われた時には、その情報がリレーしても失われないように、はっきりと手短な内容で伝えることが重要なのである。

洪水 69

スマートフォンは命を救うデバイスだ。地域の警戒警報を常に伝えてくれる。

な情報伝達計画を事前に立てることが必要だ。

防水加工された送受信兼用の携帯型無線機は、耐久性に優れ、携帯電話の混線や不通の心配なく交信可能である。家族一人ひとりに無線機を持たせておき、チャンネル設定やグループ化をして、必要時にお互いが交信できるようにしておくのもいいだろう。

洪水専用アプリの活用

現在、米国をはじめ世界各国でアイチューンズ（iTunes）やグーグルプレイ（Google Play）からスマートフォンにダウンロードできる自然災害用アプリが開発されている。次のアプリは、日常や旅行時の洪水の危機に際して役立つだろう。

→ 日本では『関東洪水ハザードマップ』（iTunes）をはじめ、各地域の洪水や避難所などの情報を発信しているアプリがある。また、各自治体からの警報発令時、避難勧告などを携帯電話やスマートフォンに送信してくれるシステムもあるので、各市町村に問い合わせて、あなたの住む地域に対応したアプリがあるか調べてみよう。

→『フラッド・ウォッチ（FloodWatch）』では、米国地質調査所（USGS）や米国立気象局（NWS）のデータを基に、過去から現在の川の水位や総降水量、洪水時の水

位についての情報を提供している。データはグラフで表示されているため、水位の上昇や下降がはっきりとわかる。このアプリは、米国の郵便番号を入力することで、地域にある川や小川の状態をモニターできる。英語。

→『フラッド・ワーニング（Flood Warning）』はアンドロイド搭載のスマートフォンへ、米国立気象局（NWS）より出された米国本土49州の洪水情報や全米の予報、警報を24時間提供してくれる。英語。

→『フラッドマップ・モバイル（FloodMap Mobile）』は、特定地域の詳細な地図や情報を得ることができる。これには標高や洪水危険地域、川の水位などの貴重な情報が含まれている。英語。

→『シェルター・ビュー（Shelter View）』は米国赤十字社が開発した洪水時の避難所に関するアプリで、洪水被害者が利用できる避難所とその場所のリストを提示してくれる。また、写真や地図も交えて、最新の重要な情報を自動的にユーザーに送り届ける。英語。

洪水からペットを守る

愛するペットを洪水から守りたければ、事前に安全対策の準備をしておくのがベストだ。

↘ **Gear and Gadgets**　道具と装備
あなたの財産を守るモニターセンサー

凍結や洪水の際、あなたの家のモニター情報をセキュリティーシステムにつなげれば、家屋や財産を守るための付加サービスを提供してくれるものがある。たとえば、最近発売されたホーム・セキュリティー・システムの画期的な商品のひとつに、小型で簡単に取り付けられるセンサーがある。このセンサーを設置しておけば、家の温度が低下し過ぎて水道管が凍結し破裂され、家の中が水浸しになる可能性がある時、洪水で地下室や床に水がしみ込む危険性がある時などに警告を発してくれるのだ。

このシステムはモニターやセンサーからの信号をメンテナンス会社、もしくはあなたのコンピューターやスマートフォンに直接送信可能で、今話題となっている「スマートハウス」の一環として開発が進められている。確かに、緊急時に必須とされる迅速さを兼ね備えたスマートなシステムは、あなたの留守中、自宅をチェックできないときには実に頼りになるだろう。

自然災害に備え、リモートコントロール式ホームシステムも進歩を続けている。

洪水 71

洪水からペットと避難する被災者たち。

→ ペットのための災害対策に欠かせないものは、ペット用のキャリーケースだ。これがどれほどありがたいものかは、避難時にわかるだろう。そして事前に、普段からあなたもペット自身も、キャリーケースを使い慣れておくことも大切だ。これはペット専門店や大規模小売店で手に入る。

→ ペットを何匹飼っているかを示すステッカーを、家の入り口の近くに貼って周囲に知らせる。米国動物虐待防止協会（ASPCA）が提供している「ペット安全セット」には、無料のステッカーが入っているが、日本ではペットレスキューステッカーが市販されている。

→ 洪水警報発令中にペットを家に置き去りにしてはいけない。たとえ家が無事であったとしても道路が通行止めになり、ペットの元へ戻れなくなる恐れもあるからだ。特に警報発令中にペットをつないだまま、あるいはケージに入れたままの状態で置き去りにすることは厳禁だ。この状態だと仮にあなたが戻れない場合、ペットは自分で安全な場所へ移動することができなくなってしまう。

→ 住んでいる地域が実際に洪水に襲われたら、ペットと離れないこと。大人が歩けるほど浅い水深でも、ペットは流されてしまう可能性がある。

→ 洪水の後、ペットを家の中に入れる前に、招かれざる生き物があなたの家を避難場所として使っていないかチェックしよう。特にヘビやワニは、即刻退去していただこう。

窓から救出される猫。洪水のときはペットの安全も確保しよう。

→ 洪水の後、家に戻ったらペットが災害後の環境に慣れるように、少しずつ手助けしてあげよう。ペットがこれまで頼っていた匂いや目印は洪水によって流され、壊れている。こうしたものがなくなると、ペットは道に迷う可能性も高くなる。犬を散歩させる際も数日間はリードでつなぎ、環境の変化に慣れさせよう。

洪水後の清掃

　洪水に襲われただけでも大変な経験だが、その後の清掃となるとさらに過酷だ。

悪臭や損傷、肉体を酷使する作業。糸状菌や白カビ、バクテリアなど目に見えない敵もいる。それがもたらす病気や厄害については、言うまでもないだろう。

米国の非営利団体「フラッド・セーフティー」では、洪水に関する知識の普及や情報の提供を行っているが、浸水した家を清掃する人々のために、次のような重要な防衛対策を提唱しているので参考にしてほしい。

1. 洪水で浸水した物の中で作業する際は、必ずマスクを着用すること。
2. 泥を押し出し除去してから家や家具などに水をかけ、完全に泥を洗い流す。
3. 壁や床の表面部分を拭きあげてから消毒する。熱湯と強力な家庭用クレンザーを使用し、その後、水3.8ℓあたり4分の1カップの塩素系漂白剤を溶かしたもので消毒する。
4. 毛布や家具、服やベッドは、できるだけ早く外に出して風に当てて乾かす。
5. 室内装飾家具、マットレス、動物の剥製などは水がしみ込んでいるので、処分する必要があるかもしれない。
6. 書類や写真は泥を洗い流した後、プラスチック製の袋に入れて冷凍する。その後ゆっくりと慎重に乾かす。
7. 少なくとも浸水した高さまでの壁板、漆喰、羽目板は交換する。
8. 電気回線や回路のテストと修理は、壁や配線が完全に乾いてから行う。
9. 地下室にたまっている水は、水位が1日に60〜90cm程度下がるように水をくみ出す。水圧は壁の内側より外側へ強くかかり、急激に圧が変わることで壁にひび割れが生じる可能性があるからだ。
10. もしあなたの家が独自の下水システムを利用しているならば、下水の流れを妨げているたまった水がないかチェックしよう。汚水が停滞し、それが飲料水に混入する可能性もあるからだ。

緊急時の心得 ➡ 子供たちの遊び場を洗浄する
CDC（米国疾病対策予防センター）

洪水により、それまで浸水していた裏庭や遊び場、スポーツ競技場は、危険な細菌の温床になっている可能性がある。そのため、屋外にあるすべての器具も、殺菌処理を施さなければならない。また、砂場の砂や遊び場に敷かれているクッション素材は取り除き、交換する必要がある。さらに、子供の水遊び場や運動場もきれいな水で洗浄する。新しい芝生や草の種を植えることは、病原体にさらされるリスクを減らすよい対策だろう。そして、洗浄作業後は必ず手を洗うことをお忘れなく。

被災者の証言：米国動物愛護協会の南部地区担当者　ローラ・ビーバン

災害時のペット救出現場で

子犬を救うために洪水に襲われたミシシッピ川に乗り出したカップル。

　米国動物愛護協会でペットの救護を担当するローラ・ビーバンが、ペットたちを立ち往生させた異例の大洪水について語ってくれた。
「1994年に熱帯低気圧アルベルトがジョージア州アトランタの南部に停滞した時、州のほぼ全土に24時間で610㎜もの雨を降らせたのです」
　この豪雨でビーバンはボートに乗船し、洪水の中でペットを助けるために漕ぎ出した。そして、この救出作業のさなかに、精神的にも肉体的にも辛い光景を目の当たりにし、ビーバンは悪夢にさいなまれるほどの深い心の傷を負ったのだ。

「地域の住民の1人が、救護のために平底船を貸してくれました。私たちはその船を先頭にカヌーと小型ボートを引いて、水位が異常に高くなったフリント川を下り、浸水している住宅地へ進んでいったのです。カヌーとボートは短いオールで漕ぎながら捜索用として使い、大きな平底船はポールを立てて係留し、救出した動物たちを乗せるために浸水した道路に待機させました。
　洪水の中で動物の救出に乗り出した私たちは、五感を研ぎ澄ましました。普通に考えれば、動物たちは助けに来た人間を見かけると、吠えてくれると思いがちです。しかし、それは大間違いだからです。

救出は不気味なほどの静寂のなかで続けられました。私たちは植え込みの中のかすかな動きにも目を凝らさなければなりません。そのかすかな動きは、不安定な状態で枝の上に乗っている犬や猫によるものかもしれないのです。また、住宅の脇を流れる水の中から引き上げた黒い敷物のようなものが、実は大きな黒い犬であったりもしました。玄関脇の茶色の突起物に見えた物が、ポストにつながれた状態で水面から顔だけを出し、手すりにつかまっている子犬だったこともあります」

捜索には細心の注意力も必要だが、多くのペットに接した経験や技量も役に立ったという。ビーバンはあるシーンを語ってくれた。

「雑草の生い茂っている裏庭に古いライトバンが止まっていて、ハンドルのあたりで窮屈そうに縮こまっている犬を発見しました。パートナーが最初に見つけ、私たちはカヌーで近づいていきました。チャウチャウの雑種で毛色は車や周りの汚水と同じ色でしたが、毛が抜けて皮膚病にかかっていて、洪水に遭う前からあまり手入れをされていなかったことがすぐにわかりました。おそらくその犬は、水位が上がったときに泳いで車の中に入ったものの、閉じ込められてしまったのだと思います。水圧でドアは開けられない状態で、私たちは窓からやさしく引き出そうとしました。しかし、自分は安全だと思っているのか、その犬は助けなど必要ないという様子でした。

結局、パートナーが首のあたりをつかんで素早く窓から救出しましたが、その犬を引き出した瞬間、カヌーが揺れて危うく転覆するところでした」

救われたペットたちの境遇を知ると心が痛むが、発見されない場合の方が問題はより深刻だ。

「鎖につながれた犬たちが一番かわいそうです。犬小屋の屋根に何とかよじ登る犬もいますが、力尽きるまで犬小屋の周りをぐるぐると泳ぎ続ける犬もいます。

カヌーで裏庭の方へ進み犬小屋が見えても、そこで飼われていた犬が飼い主と一緒に避難したのか、自分でひもをかみ切って逃げたのか、あるいは水の底に沈んでしまっているのかはわかりません。そして、置き去りにされたほとんどの動物たちの生死を分けるのは、首輪が簡単に外れるくらい緩ければ、子犬の脚があと3㎝長かったら……と思うほど、紙一重の差なのだと痛感しました。こういった光景が後に、私の悪夢として頭をよぎることになったのです」

"洪水の中で動物の救出に乗り出した私たちは、五感を研ぎ澄ましました"

猫と飼い主の再会。

専門家の見解：ジェニファー・ピパ

洪水時の避難所について

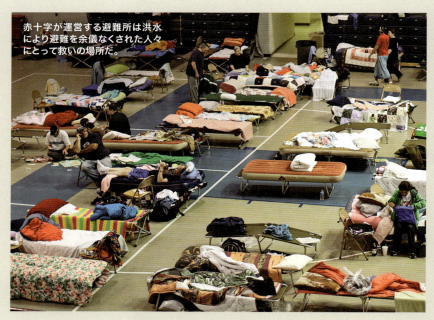

赤十字が運営する避難所は洪水により避難を余儀なくされた人々にとって救いの場所だ。

ジェニファー・ピパ：米国赤十字社のボランティア動員及びサポート責任者。ワシントンD.C.を拠点に活動。

→ 洪水緊急事態発生から避難所が設置されるまでにかかる時間は？

通常、災害発生から数時間以内に避難所を開設します。そのため、被災した地域を確認後ただちに、被災地から極力近い場所に避難所を設置するための場所を探します。

→ ベッドや毛布の数はどれくらい用意が必要か？

通常人口の10%を目安にしたサポートが必要だと考えられていますが、各地域における備えはその予測数より少ない場合が多く、ある程度余裕があった方が安心です。赤十字社の支部は地域ごとの人口統計をもとに災害計画を立て、避難所で必要となる物資を正確に把握しています。

→ 避難所で提供する物は？

避難時は着の身着のままという人が多

く、夜中にパジャマ姿で避難しなければならなかった人々のために、衣類や靴などを提供する必要もあります。しかし、私たちがまず確認するのは人々の安全と食事です。そして、治療が必要な場合に備えて避難所には資格を持つ看護師を配置し、薬を持たずに避難してきた人々が代わりの薬を必要とするきに備えます。

→ 洪水がもたらす難題は？

洪水時に問題となるのは、雨が上がるまで被災した地域の様子がわからないことです。進行速度の速い洪水の場合は発生後短時間で収まりますが、進行速度の遅い洪水の場合、問題はより複雑になります。

→ 米国コロラド州で起きた洪水時の避難所数は？

コロラド州全域で約20カ所の避難所を開設し、または各地でサポートをしました。地元の教会や地域パートナーなどが最初に避難所を開設しましたが、実際はさらに高度なサポートや運営の専門知識が必要とされるケースが多かったのです。

→ 実際に避難所を利用した人は？

水位が急激に上昇したため、家族全員で避難してきたという多世代同居家族も多くいました。山岳地域に住んでいる人々も大勢避難してきましたが、彼らは比較的自立していて立ち直りも早かったのが印象的でした。しかし、安全な避難場所と食料を求めて、ほんの数日間援護を受けるつもりで来たのに道路も橋も被害を受けていたため、山岳部に帰れず思ったより長く滞在することになったのです。

→ 避難所の設置期間は？

コロラド州の洪水時は約21日間で、1晩だけの利用者は約5000人です。私たちは「セーフ・アンド・ウェル（http://safeandwell.communityos.org/cms/index.php）」という米国赤十字のウェブサイトも利用し、慌てて避難したため家族に無事であることを伝えられなかった人に、このウェブサイトで現在の居場所を登録してもらいました。「今、赤十字の避難所にいて無事だ」「また電話する」といったメッセージを家族に伝えることができるからです。

→ ボランティアは何人必要とされたのか？

地元のボランティアの人々をはじめ、ピーク時で800人を上回るボランティアを配備しました。洪水発生の夜、地元ボランティアの人々が最初に避難所を開設したのです。そして、これは大変な事態になると考えた彼らは、追加のサポートを私たちに求めてきました。はるばるアラスカやハワイからも支援のために人々が集まってくれました。

HOW TO：洪水への備え

するべきこと

[屋内]

- [ ] あなたの住む地域の危険性を診断する洪水ハザードマップをチェックする。
- [ ] その後、どのような洪水保険に加入すればいいかを判断する。米国の場合、洪水の起こりにくい地域の保険料は安い。
- [ ] 洪水災害の危機的問題について学び、あなたの家が洪水に対してどのような弱点があるかを考える。日本では各自治体の災害対策サイトなどで情報が提供されている。国土交通省HP「水害対策を考える」(http://www.mlit.go.jp/river/pamphlet_jirei/bousai/saigai/kiroku/suigai/suigai.html)
- [ ] 防災セットを備え、家族との連絡手段を事前に取り決めて、洪水時や洪水後にすぐに使えるようにしておく。
- [ ] 電池式ラジオと携帯電話、携帯型無線機は常に充電しておく。
- [ ] 避難計画をまとめて家族と共有する。さらに、洪水に備えた訓練を行っておくとよいだろう。
- [ ] 水に濡れると感電の恐れがある暖房器具や温水器などが、水が届かない場所に設置されているかを確認する。
- [ ] 地下室の壁と窓に防水処理を施し、水が流れ込まないように防壁を工夫する。
- [ ] 洪水を引き起こす河川や下水溝、峡谷、その他、周囲の低地域を把握しておく。
- [ ] 洪水時に下水管からの逆流を防ぐため、逆流防止バルブを付けておく。

[屋外]

- [ ] 暴風雨警報が発令される前に、家周辺の洪水地帯の様子を把握しておく。
- [ ] 雨の予報が出ていなくても、洪水が起きやすい地域へ行くときは避難経路を計画しておく。
- [ ] 小雨のうちに周囲からどのように家の方へ水が流れてくるか、水がたまる場所がないか水流経路をチェックする。
- [ ] ハイキングやキャンプをする場合、洪水時の避難路や装備を念入りに考えておく。実際に洪水に遭遇した場合、通常の野外活動よりも長時間、外で耐えることになるからだ。
- [ ] ラジオなどで気象予報をつけておき、豪雨の予報に注意する。
- [ ] 屋外にある家具をすべて屋内に入れるか、またはしっかり固定する。

米国ミシシッピ川の増水から家を守ろうと堤防を造る居住者たち。

してはいけないこと

[屋内]

- たとえ洪水になりにくい地域に住んでいても、その危険性を無視してはならない。洪水はどこででも起こりうる。
- 盛り土や基礎を高くして補強を施すなどの予防措置をせず、氾濫しやすい平野に家を建ててはいけない。
- 排水管の掃除を怠たらない。葉や泥などの詰まりを定期的に点検する。

[屋外]

- 降雨の恐れがある場合、火事により焦土と化したことのある地域へ行ってはいけない。一度焼けた土は水を吸収しないので、洪水が発生しやすい。
- 河川や湖、または水路の水位上昇を無視してはいけない。堤防の決壊などにより、洪水が発生する場合もある。
- 雨期にキャンプやハイキングに行く場合、谷や低地帯は避ける。

HOW TO：生き残るために

するべきこと

[屋内]

- ☐ ラジオ、テレビ、またはスマートフォンで、天気や洪水情報を常にチェックする。
- ☐ 各災害注意報に注意する。
- ☐ 大切な物は上の階へ移動しておくなど、避難に備えて家財を守る。
- ☐ 鉄砲水の可能性が出た場合、直ちに避難する。
- ☐ 指示があれば、水道、ガス、電気をすべて止める。
- ☐ ブレーカーなど本電源を切り、ガスの元栓も締める。
- ☐ 家中の電化製品のコンセントを抜く。
- ☐ すでに水が家の中に流れ込んできていたら、2階やそれより上の階、屋根裏、さらに屋根の上に避難する。
- ☐ せっけんや消毒水、消毒液で頻繁に手を洗う。特に流れ込んできた水に触れた場合は、しっかり手洗いをする。

[屋外]

- ☐ 車の運転中に洪水が発生し水位が上昇してきた場合、車を止めて外に出る。わずか15cmの水位でほとんどの車のエンジンはストップし、ハンドルの制御が効かなくなる。
- ☐ ペットや家畜の安全を考え納屋や小屋を点検し、必要に応じてペットを屋内に入れることも検討する。
- ☐ ハイキングやキャンプをしているときは洪水に遭うことを想定し、グループの全員に避難場所を伝えておく。

防水性の携帯用ラジオは、屋外での避難時にも情報を得ることができる。

冠水した通りを歩く男性。水の中を歩くときは十分な注意が必要だ。

してはいけないこと

[屋内]

- [ ] ためらってはいけない。洪水の恐れがあれば直ちに避難する。
- [ ] できれば、流れのある水の中を歩くことは避ける。たとえ水位が15cmでも水流で転倒してしまうこともある。どうしても水の中を歩かざるをえない場合、流れのない場所を選びながら歩く。
- [ ] 水の中に立っているとき、水に濡れているときは、決して電線や電気設備に近寄らない。
- [ ] 水に浮いている物を拾わない。洪水時にケガをすると、汚染された水による細菌感染の恐れもある。

[屋外]

- [ ] 浸水した地域を車で通り抜けない。破壊的な洪水は車両を押し流してしまう。
- [ ] 洪水の恐れがある場合、水路や河川、海や湖の入江近くにキャンプや駐車をしてはいけない。水域から少なくとも60m以上離れる。
- [ ] 地面に垂れ下がった電線はもちろん、電気に関するものには一切近寄らない。水は電気を伝導する。電線に触れなくても感電死する可能性がある。
- [ ] 歩き慣れた道だからといって、洪水時も同じように歩けると思ってはいけない。

HOW TO：洪水からの復旧

するべきこと

[屋内]

- 避難した場合、必ず地域自治体による安全確認がされてから家に戻る。
- 再び家に入る前に、電線が緩んでいたり切れて垂れ下がっていないか、ガス管が壊れていないかなど、生活に支障となるあらゆる被害を確認する。
- 玄関に近づく際は注意する。ベランダや屋根、張り出し部分を点検し、崩壊の恐れがないか確認する。
- 周りに野生動物がいないか確認する。特に爬虫類が流されて家の中に入り込んでいる可能性がないか注意する。
- 天然ガス、あるいはプロパンガスが漏れていないか、臭気とシューという音が聞こえないか耳を澄まして確認する。臭いや音が確認できたら、ガスが漏れている可能性が高い。ガス漏れだと感じたら、直ちに家を出て消防署に連絡する。
- 危険なものに近づかせないように、子どもたちやペットから目を離さない。
- 洗浄剤やペンキ、電池や燃料、その他、破損して危険物となったものは、地域自治体の処分方法に従って処分する。
- 水が汚染されてないことを確認するために、上下水の状態と処理について調べ、自治体の指示を受ける。
- 家に井戸があり、そこから水道水を引いている場合、井戸の消毒をする。まずは少なくとも15分間、もしくは圧力がなくなるまで放水する。その後、井戸に約1ℓの塩素系液体漂白剤を入れ、少なくとも4時間放置する。そして、家の蛇口を開けて塩素の臭いが漂ってくるまで水を流す。塩素の臭いを感じたら水を止めて4時間、水道管に塩素水が満たされたままにしておく。4時間経ったら塩素の臭いが完全になくなるまで水を流し続ける。
- 片付けの作業は、マスクを着用し体を防護できる服装で行う。

[屋外]

- 水が引いたように見えても洪水警報に注意する。
- 水で浸食された場所は危険だ。歩き慣れた道路や歩道でも、固い地面の上を注意して歩くようにする。がれきの下には、動物の死骸や割れた瓶など、危険なものが隠れているかもしれない。
- 構造物の中に入る際は、最大の注意を払う。深刻な構造的損傷は、見た目ではわからないことがあるからだ。

洪水　83

洪水の後、家々の掃除をサポートする災害対応グループ。

してはいけないこと

[屋内]

- ☐ 切れて垂れ下がった電線がある場合、感電死する恐れがある。近くの水たまりやよどんだ水に足を踏み入れない。

- ☐ 洪水直後、水道水はトイレを流す以外に使用しない。飲むのはもちろん食器洗い、洗濯、掃除、入浴にも使わない。

- ☐ 水道局か保健所の指示があるまで、ペットボトルに入った飲料水以外の水は飲まない。

- ☐ 洗浄が済んでいないものを使わない。

- ☐ 洪水の水に接触した食品は缶詰であっても、瓶詰めでも食べてはいけない。

[屋外]

- ☐ 警察、消防署、または専門要員に要請されない限り、他の人を救助しようと洪水で被災した地域に入ってはいけない。

- ☐ 緊急作業員の邪魔になるので、むやみに出歩かない。

- ☐ 流れている水の中には入らない。水の引いた地域への移動も注意する。洪水のため路面が傷んでいたり、崩れたりしている場合がある。

- ☐ 必要な予防措置なしで、浸水した建物に入ってはいけない。

堤防の補強工事に向かうため、波を立てて浸水地帯を走り抜けるトラック。米国ノースダコタ州。

異常気象
THE DAMAGE LEFT BEHIND
洪水が残した大きな損害

- 2005年、ハリケーン・カトリーナは、風速63m/sの暴風と6mの高潮を伴い米国ニューオーリンズ市一帯の堤防を破壊し、市街に洪水をもたらした。

- 2012年、米国ミシシッピ川の堤防は破壊され、ミズーリ州の農地526km²が浸水した。

- 2012年、ハリケーン・サンディは、米国ニューヨーク州とニュージャージー州沿岸域に洪水をもたらした。その影響で2万3000人以上が避難所に保護を求め、850万以上の世帯で停電となった。

衛星写真が捉えたハリケーン・カトリーナの台風の目。2005年8月に壊滅的な被害をもたらした。

CHAPTER 3

ハリケーン・台風

　2005年8月23日、西インド諸島のバハマ上空で熱帯低気圧が発生した。この熱帯低気圧は勢力を強め、翌日の早朝には風速18m/sに達しカトリーナと命名され、さらに8月25日に米国フロリダ州南部に上陸するころには、カテゴリー1（風速33〜42m/s）のハリケーンに成長した。

　カトリーナは多少の洪水と数人の死者をもたらしたが徐々に勢力を弱めて、再び熱帯低気圧となった。しかし、その後大きな上空の高気圧に押さえつけられる形で海上にとどまり、その間にとてつもなく大きな勢力を蓄えたのだ。そして、8月28日には風速78m/sの暴風を伴ったカテゴリー5のハリケーンにまで再び成長していた。

　ルイジアナ州沿岸地域に向かって北に進路を変えたカトリーナは、カテゴリー3（風速50〜58m/s）にまで弱まったが、8月29日にはルイジアナ州とミシシッピ州の境界付近を襲ったのである。

　さらにカトリーナは、ミシシッピ州のガルフポート市とビロクシ市に向かって突き進み、両市に大きな被害を与えた。ミシシッピ州のこの2つの市に比べニューオーリンズ市は当初、被害を免れたかのようにみえた。しかし、8月31日には市の80％が水没し、水深が実に6mに及んだ地域もあったのだ。

　ニューオーリンズ市は平均海抜マイナス2mの街だ。その低い土地を囲むように大規模な堤防システムは完備されていたのだが、カトリーナの威力にはまったく太刀打ちできなかった。高潮によって、いたる所で堤防が決壊したが、その原因の多くは堤防を乗り越えた水が陸地側、つまり内側から堤防や洪水防御壁の基礎を侵食し

緊急時の心得 ➡ ガラス窓への対策
NOAA（米国海洋大気庁）

窓にテープを貼ってもハリケーンや台風の被害を防止できないだろう。結局はガラス片が大きなまま飛散するだけで、かえって危険である。窓にテープを貼るよりも、雨戸の設置に向けて長期的な計画を立てよう。また、差し迫った状況なら、ベニヤ板か金属板、あるいはポリカーボネートの板を窓枠の外側から覆い固定するだけでもよい。

> **Did You Know?　豆知識**

ハリケーンのカテゴリー分類

　ハリケーンは大西洋の北部、南太平洋、および東経180度より東の北太平洋で発生発達した熱帯低気圧で、東経180度より西の北太平洋や南シナ海で発生発達した熱帯低気圧を台風（タイフーン）、それ以外の地域ではサイクロンと呼ばれる。ここで、米国立気象局ハリケーンセンターが述べている、ハリケーンのカテゴリーに関する定義の全文を紹介する。日本気象庁による台風の強さと照らし、台風の被害を想像してみよう。
※ハリケーンは1分間平均の最大風速（シンプソン・スケール）によって強度がカテゴリー分けされ、台風は中心付近の10分間平均の最大風速によって強さを分類しているため、同じ熱帯低気圧でもおよそ2割ハリケーンの風速が大きく表現される。

カテゴリー1：最大風速33〜42㎧（33㎧以下"台風"、33〜44㎧"強い台風"）

「非常に危険」な暴風とされ、かなりの被害をもたらす。頑丈な木造家屋の屋根、屋根板、プラスチック製の外壁、雨どいに被害が及ぶことがある。大きく広がった樹木の枝が折れ、根の張り方が浅い樹木は倒れる恐れがある。電線や電柱に広く被害が及び、2〜3日から数日間にわたって停電が続く可能性が高い。

カテゴリー2：最大風速43〜49㎧（33〜44㎧"強い台風"、44〜54㎧"非常に強い台風"）

「極めて危険」な暴風とされ、広範囲にわたって被害をもたらす。頑丈な木造家屋の屋根や壁板に大きな被害が及ぶ。根の張り方が浅い樹木の多くが折れ、根こそぎ倒れて道路をふさぐ可能性がある。ほぼ全域で停電が発生する可能性が高く、数日から数週間にわたって停電が続く場合がある。

カテゴリー3：最大風速50〜58㎧（44〜54㎧"非常に強い台風"、54㎧以上"猛烈な台風"）

「大きな被害」が発生する。頑丈な木造家屋のルーフデッキや切妻型屋根の壁まで大きな被害を受けたり、飛ばされたりするほどだ。多くの樹木が折れ、根こそぎ倒れ、道路をふさぐことも、ハリケーンの通過後、数日から数週間にわたって停電や断水が発生することもある。

カテゴリー4：最大風速59〜69㎧（54㎧以上"猛烈な台風"）

「壊滅的な被害」が発生する。頑丈な木造家屋に深刻な被害が発生し、屋根の骨組みや一部の外壁、あるいはその両方の大部分が飛ばされる。多くの樹木が折れ、根こそぎ倒れ、電柱も倒れる。倒れた樹木や電柱によって、住宅地が孤立する場合もある。停電は数週間から数ヵ月にわたることもあり、ほとんどの地域で数週間から数ヵ月にわたって居住が不可能となる。

カテゴリー5：最大風速70㎧以上（54㎧以上"猛烈な台風"）

「壊滅的な被害」が発生する。屋根や壁が全壊、倒壊する木造家屋の割合がカテゴリー4より高くなる。倒れた樹木や電柱によって住宅地が孤立する。停電は数週間から数ヵ月にわたることもあり、ほとんどの地域で数週間から数ヵ月にわたって居住が不可能となる。

ハリケーン・ウィルマがもたらした風速45m/s近い強風が、ヤシの木に吹きつける。米国フロリダ州マイアミ。

たことにあった。この堤防システムはカトリーナのような強力な暴風雨を想定しておらず、耐えられるように設計されていなかったのだ。

この暴風雨によってメキシコ湾沿岸地域では100万人以上の人々が家を失った。米国海洋大気庁（NOAA）の幹部によるとカトリーナは、米国を襲った暴風雨のなかで最も破壊的なものだったという。被害総額は1250億ドルと推定され、物損被害の面でみれば、他の暴風雨を大きく上回っている。ちなみに、2012年に発生した巨大ハリケーン・サンディがもたらした被害総額は、米国史上2番目に多い約650億ドルで、カトリーナの被害総額にはるかに及ばない。しかし、サンディは上陸時にハリケーンから温帯低気圧に変わっていたものの、ハリケーン並みの破壊力を維持した暴風雨だった。

そして今、こういった異常なハリケーンを語ることは、北米大陸東海岸の「異常気象による大災害の歴史」を語ることに相当する。

予測は不可能

人々がハリケーンや台風に注目する理由は恐怖心からだ。それゆえに人々は、ハリケーンが向かってくることを、どんな大きさをしているかも知っている。そして、実際に体験することでハリケーンの荒々しさ、持続性、残酷さ、破壊力は、異常気象の恐怖そのものであると気づくのだ。

波が砂防フェンスを破壊している。米国ノースカロライナ州アウターバンクス。

ハリケーン・台風

　ハリケーンや台風は中心部が不気味なほど静かで、北半球では反時計回りに回転する。最近では気象学者が、襲来する場所や経路をある程度正確に予想することができる。しかし、それでも私たちができることといえば、その襲来に備えることだけだ。ハリケーンを止める術はない。

　以前は米国内でもハリケーンが上陸する地域、特にメキシコ湾沿岸地域や東海岸南東沿岸部からバージニア州に住む人々だけが、ハリケーンの規模や経路に注目していた。しかし現在、気象予報士は以前とはまったく異なる経路で北大西洋の中心から侵入するハリケーンに注視し、これまでハリケーンを体験することは決してないと思われた地域の人々まで、ハリケーンのニュースにくぎづけになっているのだ。

　大西洋のハリケーン・シーズンは、6月1日から始まり11月末まで続く。一方、太平洋のハリケーン・シーズンは、大西洋よりも2週間ほど早く5月15日ごろから始まる。このハリケーン・シーズンに備えて、毎年科学者たちは、世界中の海洋および大気エネルギーの循環モデルを作成し、長期

緊急時の心得 ➡ 庭木の剪定
NOAA（米国海洋大気庁）

ハリケーン・シーズンが始まる前の春には庭の樹木を点検し、伸び過ぎて折れそうな枝や生垣の状態を確かめる。伸びた枝は剪定し、折れたり落下して家の中に飛び込んでしまわないようにしておくこと。

大きな樹木は強風が吹くと、近くの家屋にとって、とても危険な存在になる。

巨大ハリケーン・サンディの上陸で、米国ニューヨーク州ブルックリンの道路が冠水した。

的な予測を試みているのだ。しかし、そうした試みもハリケーンが実際にその姿を現すまで、いつ何が起きるのか、科学者でもまったく予想ができない。特に上陸の正確な時期や物損被害については、まったく予測不可能だ。

ハリケーンは激しく延々と続く風や土砂降りの雨、沿岸の高潮や内陸の洪水、土砂災害、さらには竜巻によって人々の命を危険にさらすだけでなく、その地域の住民の財産を奪う恐れがあるのだ。

ハリケーン・台風の定義

ハリケーンや台風は持続的な風を伴う、強い熱帯低気圧をそれぞれの国家機関や地域で、定義、分類している。始めは弱い熱帯低気圧として気圧の低いエリアを取り巻きながら、風速17m/s未満の風が反時計回りに吹いているが、風速が17m/sに達すると、国際分類（WMO）ではトロピカル・ストーム、日本では台風と定義され名称が変わる。さらに風速が秒速33m/sを超えるとWMOではタイフーン、米国などではハリケーンとして定義されるのだ。熱帯低気圧は数日にわたって持続するが勢力を強めるのはその一部で、多くはトロピカル・ストーム以上に発達することなく、やがて消滅を迎える。

また、ハリケーンはカテゴリー1〜5に分類されるが、この等級は想定される物損被

害の予測も表している。

これらの定義やカテゴリーを基に、各国で天気レポーターや気象学者は注意深く言葉を選び、これから襲来する暴風雨がもたらす危険の度合いを表現している。用いられる言葉の違いについて注意しながら聞いてみよう。これからやってくる暴風雨の規模が、より詳しく理解できるはずだ。

台風の分類

日本では熱帯低気圧の最大風速が17m/sに達すると台風と定義され、「大きさ」は強風域（平均風速15m/s以上の風が吹いている範囲）の半径、「強さ」は最大風速で区分し、これらを組み合わせて「大型で非常に強い台風」と表現している。

台風の大きさ：3強風域の半径
- 大きさは表示せず：500km未満
- 「大型（大きい）」：500〜800km
- 「超大型（非常に大きい）」：800km以上

台風の強さ：中心付近の最大風速
- 強さは表示せず：17〜33m/s km
- 「強い」：33〜44m/s
- 「非常に強い」：44〜54m/s
- 「強烈な」：54m/s以上

計画的な備えと迅速な行動

ハリケーンや台風多発地域に住む多くの人は、すでにその危険を認識し事前に備えているが、必要なのは、長期にわたる計画

↘ Gear and Gadgets　道具と装備
屋根用補強金具

ハリケーンは非常に強い風をもたらすため、風圧と下から吹き上げる力が外壁に加わり、やがて家屋の屋根は引き剥がされる状態に至る。現在、風圧から屋根を守るためのさまざまな金具が製造され、それらは風速50m/s以上の風に耐えられるように設計されているものもある。たとえば、ハリケーン・クリップとハリケーン・ストリップ（屋根の梁を補強する金具）は、この下から吹き上げる風の力から屋根を守る補強装備だ。

建築時には強風に備え、あらかじめ梁を補強しておく。

典型的なハリケーン・クリップとハリケーン・ストリップは、亜鉛メッキ鋼板でできており、三角形の屋根の構造トラスと梁や壁の接点を補強するものだ。家を建てるときに取り付けるのが一番望ましいが、屋根の修理や張り替えのときに取り付けてもよいだろう。

性と現場での迅速な対応だ。

事前の備え：地元の天気や安全警報に関する情報を得るためのテレビやラジオ、オンライン端末など、最適な情報収集源を決めておく。また、住んでいる地域の避難経路や避難手順を頭にたたきこむ。あなたの敷地内にある雨どいや排水パイプ、屋外の家具などがどれほど危険であるか、災害に対してどれほど弱いのかを認識しておくことも大切だ。屋外にある物はロープで縛り片付けておき、必要であれば屋内に搬入できるようにしておこう。

賢明な対応：まず、パニックになるな。できるかぎり自治体のガイドラインに従い、暴風雨の状況について情報を把握すると同時に、親族や親しい人にあなたが無事であることを常に知らせておこう。また、周囲の人やあなたの身に危険が及ばない範囲であれば、周囲の人を助けよう。そして、大切なことは、命の危険を冒してまで財産を守ろうとしないことだ。

高潮の危険性

ハリケーンや台風がもたらす風の危険性を警告してくれる点では、それぞれの階級分けは優れている。しかし、その強い風によって水位が上昇して高潮が発生するのか、満潮時に暴風が重なると高潮が発生するのか、また、高潮が及ぼす危険性などの点について明確に表現しているとは言いきれない。

高潮は海上で発生した暴風雨がもたらす風による波と、その時点での潮位が合わさって水位が著しく上昇したときに起きる。海岸に打ちつける波は、潮位の影響を受けない暴風時と比べてかなり高くなる。そして引き波も、海岸に寄せる波と同じくらいの強い力があり、海水を下に引き込みながら海へ戻るのだ。近年の被害には、ハリケーンや台風自体が引き起こす被害と同等の割合で、高潮や洪水の水位上昇による被害が多くなっていることにも注目するべきだ。

（99ページに続く）

↘ Did You Know? 豆知識
避難所を探す方法

暴風雨などの気象災害、地震などの自然災害による被害を受けた人々のために、行政機関や自治体は、広域避難所や一時避難所などを定めている。あらかじめ通勤経路上や居住地近くの避難所を調べておくことが基本だが、見知らぬ土地で避難所を探すには市役所に電話をするか、事前に広域の避難所検索に対応したアプリをスマートフォンなどにダウンロードしておくといいだろう。気象情報の配信をはじめ、アプリ起動と同時に最寄りの避難所を検索してくれたり、避難所までナビゲーションしてくれるものもある。

↘ Gear and Gadgets　道具と装備
暴風雨対応雨戸で窓を保護する

　あなたが住んでいる場所がハリケーンや台風に襲われやすい地域の場合、まず窓が割れる危険性を考慮することだ。風そのものの力で割れることもあるが、暴風で舞い上がったがれきがたたきつけることによって割れる可能性の方が高いだろう。暴風雨対応雨戸を専門家に設置してもらう余裕がなければ、自分で作るという選択肢もある。その場合、以下の米国ガイドラインが参考になるだろう。

- 最低でも13mm厚の合板を使う。16mm厚の船舶用マリングレード合板も一部で勧められ、ほとんどの米国における建築基準法では、オリエンテッド・ストランド・ボード（OSB合板）の使用も認めている。OSB合板は、他の板よりも軽くて取り付けやすいが、同じ厚みの板と比べると耐衝撃性は劣る。また、金属やポリカーボネートの板も使える。
- 上記のような雨戸をしっかりと固定する際、釘を使って板を外壁に固定するのは一度きりなら問題はないが、同じ場所に何度も釘で取り付け直していると外壁が弱くなる。そこで再利用が可能なボルトや半永久的に使える固定金具で、必要時に互いを固定できるようにしておけば、ハリケーンの襲来に応じて雨戸の脱着ができる。

　日本では戸建て住宅の建築時に雨戸を設置する家屋も多いが、米国で最もハリケーンが襲来しやすい地域の建築基準法では、ある一定の強度基準を満たした暴風雨対応雨戸を設置するよう求めている。雨戸は一時的に設置するものや半永久的に設置するもの、あるいは手動式か電動式のどちらでも、その基準を満たす必要がある。また、近年では幅広いタイプの窓に設置可能で、台風や竜巻からの飛来物をガードする防護スクリーンもある。

暴風雨が頻繁に起きる米国の地域では、雨戸の設置が義務化されている所もある。

PART 1　雨による災害

浸水した米国ニューオーリンズ市の住宅。2005年にハリケーン・カトリーナが通過した後の様子。

異常気象
HURRICANE IMPACT
ハリケーンによる被害

- 2005年、北大西洋で発生した壊滅的な暴風雨、ハリケーン・ウィルマは、米国フロリダ州に160億ドル以上の被害をもたらした。

- 同じ年、ハリケーン・カトリーナは、1000億ドル以上の被害をもたらした。その被害は主に高潮と洪水によるものだった。

- 米国史上最も多くの死者を出したハリケーンは、1900年に発生したハリケーン・ガルベストンである。6000〜8000人の尊い命が犠牲となった。

ハリケーン・台風の基礎知識
発生の仕組み

　ハリケーンや台風は、まず外洋で刻々と変化する比較的小さな大気の乱れ「熱帯擾乱」として発生し、より発達した嵐に成長していく。水は蒸発すると水蒸気となって上空へ立ち昇り、凝結して水滴に変化するが、凝結する際に潜熱が放出されると周囲の空気を暖め、より高く、より速く上昇する気流を生み出すのだ。そして、空気の上昇が進むと周囲から風が吸い込まれて暴風が発生し、さらに上昇気流が強まるにつれて風の速度は増していく。

　ハリケーンや台風の渦は地球の自転によるもので、中心に向かって北半球では反時計回り、南半球では時計回りに風が吹き込む。穏やかな状態の中心部を取り囲むように、風がらせん状に流れているのだ。この形状を思い浮かべて風の動きを探れば、遭遇しても安全でいられる場所を探すヒントにもなるだろう。風向きによってどの部分が、今あなたの近くを通過しているか知ることができるからだ。また、風がやんだからといって終息したわけではない、ということも認識しておきたい。静寂な目の部分が通過すると風は再び激しさを増し、風向きも正反対になる可能性があるのだ。

　ハリケーンや台風は、外洋で水温が26℃以上になると激しい風が発生する原因となり、成長していく。その反対に陸地やより水温の低い海上を移動すると、勢力は弱まる。しかし、すぐに消滅するわけではない。上空の低気圧内に上昇した水蒸気は凝結した後、厚い雲を形成して大雨を降らせるのだ。また、勢力が弱まっても、大量の水蒸気と凝結された水を広範囲にわたって運ぶことができる。その結果、遠く離れた内陸部でも激しい雨をもたらすことになるのだ。

完ぺきな予測はできるのか？

　かつて気象予報士たちは、ハリケーン・サンディがバハマ上空に位置したところで、2012年10月29日には米国ニューヨーク州とニュージャージー州を直撃することを6日前に予測し的中させた。

　この成功は進路予測の精度が向上したことを物語っているが、それでも現時点でその強さを正確に予測するのは困難だ。それどころかシンプソン・スケールの、どのカテゴリーにも該当しない巨大なハリケーンも発生している。ハリケーンを移動させる大規模な風を予測することは、それほど難しくはない。しかし、風の速度を決定づける上下に移動する気流と刻々と変化する水の関係を測定・把握し、予測するのは難しい。衛星や飛行機で観測したとしても、強さ、その勢力が強まる時期や弱まる時期を正確に予測するために必要な、すべてのデータを得ることはできないのだ。

指向流：擾乱の移動に影響を及ぼす大気の流れ

ハリケーン上部から抜けていく上昇気流

中心部に向かってらせん状に吹き込む低層の風

ハリケーンは風を巻き込みながら勢力を強めていく

巨大ハリケーン・サンディによって大規模な停電が発生。マンハッタンの一部も暗闇に包まれた。

　ハリケーンや台風の最大風速は、潮位を決定づける要因のひとつでしかない。それ以外にも大きさ、風速、沿岸域の海底や陸地の構造、潮の干満の周期、さらに上陸前の数週間の天候が、すべて高潮の潮位や形状、強さに関係しているからだ。ハリケーンや台風の目の周囲を旋回している風が海面に流れると、目のある中心部に向かって海水が吸い上げられる。この現象が水深の深い地域で起こると、一部の海水が渦巻き状に吹き飛ばされるだけにとどまる。しかし、水深の浅い場所では、旋回する風に海底が抵抗をかけ、海水が海岸に押し寄せられて集積し、潮位が上昇して高潮が発生するのだ。

　これにより沖合の水深が深い場所に比べ

緊急時の心得 ➡ 庭の砂利や小石が危険物と化す
IBHS（産業、家庭の安全性協会）

ハリケーンや台風の多発地域に住んでいる場合、ガーデニングに砂利や小石を使わないようにしよう。強い突風が吹けば砂利や小石が勢いよく飛散し、さまざまな物を破壊するからだ。

ハリケーン・サンディが通過する際に吹き飛ばされた海上の泡が、米国ノースカロライナ州のジャネッツ・ピアを覆い尽くした。

て、たとえばメキシコ湾付近のように比較的遠浅の場所で、高潮の潮位はいっそう高くなるのだ。そして、内陸部数キロにわたって侵入することさえある。また、海水が狭まった湾口に一気に押し寄せることで、潮位はより高くなるケースもある。しかし、ハリケーンや台風の強さと高潮の大きさが比例するとは限らない。たとえば、2004年に米国フロリダ州南西部に上陸したハリケーン・チャーリーは、カテゴリー4の強さだったが、発生した高潮の最大潮位は90〜120cmにとどまった。これに対して2008年に発生したハリケーン・アイクは、ガルベストン島に到達するころにはカテゴリー2まで弱まったが、高潮は平均的な潮位を上回る4.6〜6mを記録した。また、2005年に発生したハリケーン・カトリーナは、風速56m/sを記録し、カテゴリー3の勢力でミシシッピ州とルイジアナ州を直撃。局地的に7.6〜8.5mもの高潮をもたらしたのだ。

当然ながら高潮は、海岸線沿いを基盤とした経済活動に大打撃を与える。米国海洋大気庁（NOAA）が発表した統計によると米国経済の50％以上が、沿岸地域で操業する産業に依存しているという。さらに、米国内の高速道路の67％、鉄道路線の約50％、29の空港、メキシコ湾沿岸地域のすべての港は低地にあるため、高さ7mの高潮が発生すれば破壊されてしまう恐れがあるのだが、あなたの国はどうだろうか？

暴風雨による高潮は、人々の生命や財産に大きな影響を与える。そのため米国をはじめ日本、世界各国の気象機関ではハリケ

ーンや台風に対する注意・警告を行う際、高潮に関する情報もあわせて提供している。それは、ハリケーン多発地域に住む人々に、付随して発生する高潮の危険性に対して認識してほしいという理由からだ。

高潮に備えよ

現代のテクノロジーによって、接近するハリケーンの情報、それに伴って引き起こされる危険な高潮の発生時期（上陸する前、上陸中、上陸後）に関して、各国気象庁や行政機関から早期警戒情報や多くの知識を得ることができる。家族や友人、関連団体、気象の専門家から、それらの情報を常に聞ける環境を整えておくことが大切だ。

しかし、テクノロジーの向上と同じくらい重要なのは、異常気象に対する私たちの知識と対処方法だ。たとえば、大量に押し寄せる水をせき止める人工護岸を、高潮被害を受けやすい地域に築くことは、昔ながらの信頼できる対策として住民の安全確保につながる。さらに、頻繁に高潮被害が起こる地域に住んでいる場合、自分の家屋の周囲に土のうを積み上げ防壁を作る方法を前もって習得しておくことも大切な対策だ。

家庭で土のうを築くために、まずは砂が入手可能な場所を見つけておこう。もし砂が豊富にあるビーチの近くに住んでいなければ、砂を購入する必要がある。その場合は粒子の荒い粗砂（砂場に用いたり、凍結した道路にまいている砂）を選ぶといいだろう。通常高潮の被害を受けやすい地域では、住民のために土のう袋を備蓄しているが、ホームセンターやインターネット上で

↘ Gear and Gadgets　道具と装備

水道水の浄水方法

ハリケーンや台風に伴う水質汚染は、かなり高い危険度だ。あなたが住む地域の保健所から水道水の煮沸勧告が発令された場合、十分に煮沸を行うか備蓄してある飲料水を使用すべきである。水道水を煮沸するには以下の手順で行うこと。

- まず水をくみ24時間放置して不純物を沈殿させ、沈殿物を残したまま、ペーパータオル等で少しずつ水を濾す。
- 最低でも10分間水を沸騰させる。
- 滅菌処理にはヨウ素や塩素（無香料の塩素系漂白剤）を使うとよい。ヨウ素は4ℓにつき2％の濃度で使用するものを20滴使用する。塩素を使う場合は4ℓにつき2滴たらす。
- 煮沸消毒が終わったら水をかき混ぜ、酸素を取り込みそのまま30〜60分間放置する。
- 容器に移し1ℓにつきひとつまみの塩を加えて、煮沸水の味気無さを少しでも和らげる。

アウトドア用品店でもキャンピング用の浄水セットが販売されている。このセットは気象災害の復旧時にも重宝するだろう。

購入することもできる。

　砂を土のう袋に詰める作業は2人で行うのが理想的だ。袋の端を折り返した状態で1人が袋の口を開け（足を肩幅に開いて立ち、袋を足の前あたりに置いておく）、もう1人がシャベルを使って袋に砂を詰めていく。このとき、袋の容量の3分の1から2分の1まで砂を入れるのだが、袋の容量を残しておくことで持ち運びがより簡単になって、口を締める際に密閉力が抜群に高くなる。ハリケーンや台風のシーズンが来る前に余裕を持って砂や土のうを入手し、必要であれば砂を詰め、置き場所を決めておこう。

　そして、いよいよ防壁造りだ。まずは土のうを置く場所から障害になるものをすべて取り除く。土のう袋に口を締めるひもが付いていない場合は、設置する前に荷物を包装するように開口部を数回折り、袋の角を対角線上に向けて折り込み、三角形の形に折り畳まれた状態にしておく。

　頑丈な防壁を造るための基本は、水の流れに平行になるように縦に並べ、一つひとつの土のうの端を隣の袋と重ね合わせるように隙間なく置くことだ。このとき、ひものない土のう袋は、折り曲げておいた三角の天頂部を最初の折りに挟み込んで止め、開口部は流れに逆らう向きにして置いておく。さらに接合部を補強するには、重ね合わせた土のうを上から踏みつけてもいい。この作業はレゴブロックで砂の城の壁を築いているようなイメージを持って、水の流

↘ Did You Know?　豆知識
不確実性の円錐（えんすい）

　米国立ハリケーンセンターや各国の気象機関では「不確実性の円錐」というマッピング手法を用いて、ハリケーンや台風の予想進路図を描いている。黒い線で予測される目の進路を示し、黒い点で特定の時点における位置を示したものだ。この予想進路図に描かれたハリケーンや台風の目は、3分の2の確率で予想進路を移動するはずだが、もし進路が端の方へそれた場合、風は円錐の外側で吹くことになる。

　仮に接近中のハリケーンや台風が、あなたの住む地域に上陸する可能性が低い予想進路図になっていたとしても、避難勧告を受けた場合は直ちに避難しよう。緊急事態の管理者たちは、予想進路図をどのように活用し予測するべきかを知っている。避難先から戻ってきて自宅が無事だったとわかる方が、避難しないでハリケーンや台風の高潮で家もろとも押し流されるより、はるかに得策といえるだろう。

ハリケーン・カトリーナによる浸水状態が続く、米国ニューオーリンズ市の住宅や幹線道路。

2008年のハリケーン・アイクによって大きな被害を受けた米国テキサス州の街並みを見下ろしているパラシュート救助隊。

れと構造を計算しながら頑丈に隙間なく土のうを積み重ねていく必要がある。

こうして土のうを三段に積み上げた防壁は、およそ30cmの高さになる。より高くしたければ、米国陸軍工兵司令部が勧める「ピラミッド配置の法則」を使うといいだろう。ピラミッドを建てるように、土のうを横、縦と交互に置いていく方法だ。しかし、土のうの防壁は高くなればなるほど物理的に不安定さが増し、耐久力は弱くなる。

必要な土のうの数の目安は米国陸軍工兵司令部によると、高さ30cm、横幅30mの防壁を造る場合、600個もの土のうが必要となる。緊急時や作業で困ったとき、初心者が土のうを築く際には、レスキュー隊などの専門家と協力するのがベストだ。

ハリケーン・台風アプリの活用

iTunesやGoogle Playからダウンロードできる以下のアプリは、ハリケーン・台風シーズンに役立つツールだ。

→ 日本の各天気予報会社が作成した、台風発生や進路、勢力等の情報を提供してくれるアプリを活用しよう。さらに、『全国避難所ガイド』のように気象情報、避難勧告や避難指示、国民保護情報（Jアラート）が受信でき、起動と同時に最寄りの避難所を検索してくれる複合アプリをダウンロードし

ておくと安心だ。自分にとって必要な情報内容、使いやすさを考えて選んでみよう。

→『ハリケーン・トラッカー（Hurricane Tracker）』はiPhoneアプリで、ハリケーンの詳細な位置やその警戒レベルが確認できる地図、米国立ハリケーンセンターの情報、最新の天気予報、最新のニュース情報、緊急時のプッシュ通知などのサービスが利用できる。iPad、Macパソコンでも利用可能だ。英語。

→『アイハリケーン（iHurricane）』を使うと、衛星やレーダー情報、eメール通知設定を元にハリケーンの進路を確認し、ハリケーンのさまざまな地点とあなたが住む地域との距離を計算することができる。英語。

→『ハリケーン・バイ・アメリカン・レッドクロス（Hurricane by American Red Cross）』は、特定した場所のハリケーンの状況を把握する際に役立つ。主に自宅や家族で行っておくべき防災準備、支援状況、避難所の検索、自分たちの安否を他の人に通知する機能などもある。英語。

旅先での遭遇

たとえば、バカンスに訪れる予定のカリブ諸島、出張が決まったメキシコ湾沿岸地域、太平洋岸などにハリケーンや台風が直撃していなくても、突然、発生することもある。発生した場合、すぐに命に関わるとは言わないが、被害の大きさは計り知れないと思っておこう。恐らく地方当局やホテルが安全を確保してくれるが、電力は止まり、水の供給もなく、食事のサービスや部屋を掃除してくれる従業員がいない世界を体験する可能性さえある。

冒険好きの人ならこの一連の体験は、帰宅後によい土産話となるだろう。しかし、あなたがホテルのフロントに電話して「ルームサービスがまだ来ないぞ！」と怒鳴りつけるタイプの人であるのなら、そういったハリケーンや台風の一連の余波は、まさに地獄そのものとなるだろう。

ハリケーンが発生しやすい場所へ旅行を計画している人は、最低でもハリケーン・シーズンの期間が6月1日〜11月末であることを覚えておくことだ。それでも、その地への旅行を決めてしまったのなら、ハリケーンが直撃する可能性が高い2〜3日前から気象予報による警告があるので、日程に余裕を持って避難できる時間を確保しておこう。

しかし、時としてすぐに避難できないケースもある。2005年にカリブ海で発生したハリケーン・ウィルマは、1日と経たずにカテゴリー2からカテゴリー3になり、ついに

ハリケーン・アイクの通過後、がれきの中で捜し物をしている男性。米国テキサス州ガルベストン。

は最強ランクのカテゴリー5に達したのだ。幸いハリケーン・ウィルマがメキシコのカンクン付近に上陸する約2日前のランクアップだったため、地元当局が数千人の住人や観光客を安全な場所に避難させることができた。

また、ハリケーン・シーズンのカリブ海クルーズに関しては、航海中に嵐に遭遇しないための対策をほとんどのクルーズ船が行っている。しかし、ハリケーンがカリブ海

> **Gear and Gadgets　道具と装備**
頼りになる家庭用発電機

　停電時に家庭用発電機があれば、照明を確保し、調理もできて暖も得られる。そして、家庭用発電機の購入者の多くは、必要なときに持ち出せるように移動可能なタイプを選んでいる。しかし、商品に関するレビューや使用テストなどの情報を提供する米国消費者組合発行「コンシューマー・レポート」誌のお勧めは、変換器が内蔵された固定式のモデルだ。変換器があることで発電機をブレーカーに直接つなげ、従来の家屋配線を利用できるため、延長コードが不要になるからだ。

　ほとんどの家庭では、最高出力5000〜7000ワットの発電機で十分だろう。一般的な電球1つの出力は60ワットだが、冷蔵庫を稼働するためには約600ワットの電力を必要とする。暖をとるための窓型設置のエアコンで約1000ワット、携帯用ヒーターで約1500ワットが必要だ。しかし、この他の家庭用照明や電化製品を一度に稼働させたい場合は、もう少し出力の高い発電機を購入した方がよいだろう。

　また、被災時のために発電機の燃料も考えておく必要がある。固定式のモデルはプロパンガスや天然ガスで作動し運転時間も長く、有害な燃料が地面に漏れ出すのを防ぐことができる。しかし、携帯用発電機の多くはガソリンやディーゼル燃料を使用し、排気に十分な注意が必要だ。使用する発電機が固定式、携帯型のどちらであっても、数日間使用できる燃料は用意しておかなければならない。その目安として、ガソリン発電機やディーゼル発電機を絶えず運転させるためには、1日に76ℓの燃料が必要だ。

注意！：閉鎖的な空間、たとえば地下室、ガレージで（ガレージの戸が開いた状態であっても）ガソリン発電機を作動させてはいけない。なぜならば、排気による一酸化炭素が家の中に流れ込んでくる恐れがあるからだ。「コンシューマー・レポート」誌によれば、米国では毎年、一酸化炭素中毒が原因で80人以上が亡くなっている。ただし、死亡の原因は必ずしも発電機を稼働させたことによるものではない。

携帯用発電機

ハリケーン発生中に臨時で設けられた赤十字の避難所に身を寄せる家族。

上空にある場合、海全体に大きなうねりがあり、巨大な波が多発する恐れがある。クルーズ船は安全だが、乗客にとっては大冒険となるだろう。

今後ハリケーンは強力化する

地球温暖化による急激な異常気象が、米国付近のハリケーンの発生件数を増加させているわけではない。しかし、これまで私たちが経験したものとは性質の異なる、未知のハリケーンが発生する可能性は否定できないのだ。

米国立大気研究センターによれば地球温暖化の影響により、過去100年間に熱帯海洋全域で海面温度は上昇しており、今後も上昇を続ける見込みだという。海水温の上昇は、あらゆる異常気象と同じように、ハリケーンに関しても勢力を増幅させる可能性が高い。また、同センターのレポートによると、海面温度の上昇に伴って水の蒸発量が増えれば、気温が0.8℃上がるたびに、ハリケーンの雨量は8％も増えると試算しているのだ。

米国海洋大気庁（NOAA）の地球流体力学研究所（GFDL）に所属する科学者たちは、人為的要因や自然要因によって引き起こされる気候変動を予測するために、コンピューターモデルを使用している。そして、

彼らはこれまでに起きたハリケーン活動の変化を地球温暖化によるものだとするには、時期尚早という結論を出した。しかし、コンピューター・シミュレーションの他の結果では、温暖な気候はハリケーンの強度を増す傾向が見られたと報告している。

　21世紀後半を対象に行ったコンピューターモデルによるGFDLの予測では、地球温暖化が関係している気候変動によって、今後ハリケーンの発生回数は減るものの、カリブ海で強い上昇気流や下降気流を伴う「鉛直ウインドシアー（高度の異なる上下の層で風の向きや強さが急変している状態）」の増加によって、ハリケーンの勢力は増大するとみられている。そして最後にGFDLは、「21世紀後半までに生じた地球温暖化の影響により、地球各地で発生するハリケーンや台風の勢力は、平均2～11％増すだろう」と締めくくっている。

↘ Good Idea 緊急時に役立つアイデア
ガスの供給を止める方法

　ハリケーンや台風の被害によって、危険なガス漏れを引き起こす可能性がある。ガスの元栓の場所と止め方を知っておき、危険を感じたり、避難する際には必ずガスを止めるようにしよう。

［天然ガス・都市ガスの止め方］
・元栓を止めるには専用の可動レンチが必要な場合がある。
・ガスメーターの多くは屋外にあるが、まず元栓（停止スイッチ）の位置を確認する。
・元栓の多くはメーターへと続くガス管上にあるので、パイプと垂直になるように90度に元栓をひねるとガスが止められる。停止スイッチは操作方法に従って止める。

［プロパンガスの止め方］
・ボンベ上部のキャップの下にあるバルブを探す。地下タンクの場合、キャップは地面から突き出ている場合がある。
・バルブを時計回りに回してガスを止める。

　どちらのガスタイプにしても、危険が去ったからといってガス器具に点火しないことだ。ガス漏れが懸念されるなかでガスを使用したい場合は、ガス会社や消防署員に依頼し、安全確認後に元栓を開けてもらうようにする。

ハリケーン・リタの直撃から慌てて逃れようとする米国テキサス州ガルベストンの住民たち。道路は車でごった返していた。

被災者の証言：米国ニュージャージー州シーブライトの住人　アンディ・ペダーセン

恐怖と絶望に立たされた
ハリケーン・サンディ

2012年、米国ニュージャージー州を襲ったハリケーン・サンディ。雨の中、薄明りに照らされた冠水した道路。

　2012年10月29日、ハリケーン・サンディが米国東海岸に上陸した時点では、これほどひどい被害を受けるとは誰一人として予測した者はいなかった。しかし、米国連邦緊急事態管理庁（FEMA）によると、被害総額は何十億ドルにも上り、米国での死者は100人以上、避難所に退避した人は2万3000人以上に至った。なかには、無謀にも避難命令が発令されたにもかかわらず、家にとどまった人もいたのだ。アンディ・ペダーセンもその一人だ。

　ペダーセンは当時を振り返り、「正直に言って、私たちの備えは十分ではなかった」と話す。ペダーセンの一家は前年にもハリケーンを経験していたが、その時は慎重になり過ぎたと感じていた。「去年は全然、たいしたことがなかったのです」。そのため、今回は避難命令が発令されていても、さほど真剣に捉えていなかったのだ。

　ペダーセンが暮らすニュージャージー州シーブライトの家は、幅わずか400mほどの半島の先端にある。妻と子どもたちはニュースで最大級のハリケーンの到来を知った時点で、指定避難所に避難した。しかし、ペダーセンは断固として家を離れなかった。

　そして、ハリケーンが直撃すると、ペダーセンはその膨大な水量に圧倒された。浸水を食い止める方法を見つけるどころか、なんとか家の最上階まで逃げることで精いっぱいだったという。

「上の階で恐怖のあまり小さくなっていると、船やボート、さまざまながれきが、ひっきりなしに家の外壁にたたきつけられ、その不気味な音を一晩中聞いていたのです。

浸水はさらに続き、家の中でも潮の満ち引きを感じる状態になりました。私は全長5mほどのヨットを車庫の前に停車させたトレーラーに載せてあったのですが、外の水位が上がりさらわれてしまいました。ヨットは無残にも流されながら何度か上下を繰り返して、消えてしまったのです。そして、しばらくすると、家の裏の壁に穴が開き、大量の水がどっと流れ込んできました。やがて下の階の窓をぶち破って、勢いよく家の外に水が出ていったときは、もう終わりだと思いました」

その後の被害は想像を絶するものだった。
「翌日は、誰もがぼうぜんと街を歩き回っていました。川では何隻かのヨットが逆さまになっていて、前の日までそこにあった建物が跡形もなかったのです。それは、まるで戦場跡のようでした」

電気は止まり、暖房もなかった。近所では略奪が始まり、州兵たちが町の入り口をバリケードで封鎖した。町は壊滅状態になっていたのだ。さすがの彼もこの被害には自分一人の力で対処できない、ということが徐々にわかってきた。そこでペダーセンは家族と共に、娘が住むバーモント州に車で向かった。ニュージャージー州では防災用品など物資が不足して手に入らず、一家はバーモント州で発電機を購入し、ガソリンや衣類を買い込んだ。

シーブライトに戻ると町の入り口では、州兵に身分証の提示を要求された。町に入るには、家を所有していることを証明しなければならないほど混乱を極めていたのだ。

大勢の人が家を失ったなかで、幸いにもペダーセンの家は残っていた。しかし、建て替えの費用は相当なものだった。
「復旧はゆっくり、少しずつしか進まず、時々思うのですが、あれがたった1年前の出来事とは信じられないのです。ものすごく長い時間が経った気がします。あんなことは二度と起こってほしくありません」

今にして思えば、台風が来る前に避難すべきだったとペダーセンは言う。
「もし家が完全に倒壊していたら――実際みんなそういう目に遭ったわけですが――もうどうすることもできなかったでしょう。圧倒的な自然の力を前に、人間の力はあまりにも非力です。なすがままにするしかなかった。水位が上昇し続け、自分の住む町と家に水が迫ってくるのを見ている気分は、絶望的で恐怖の極みに達していました。本当に恐ろしかったのです」

> "水が迫ってくるのを見ている気分は、絶望的で恐怖の極みに達した"

ジャージー海岸沿いの壊れた家。

専門家の見解：**ケリー・エマニュエル**

気候変動に伴うハリケーンの傾向

ハリケーン・サンディによって破壊された、ニュージャージー州の桟橋。

ケリー・エマニュエル：米国マサチューセッツ工科大学の大気科学教授。

→ 大気中の水分が増えているということは、今後ハリケーンの破壊力が増加する可能性を意味しているのか？

そうだと言えます。ハリケーンには降水量も影響しているため、同じ大きさと風速を持つハリケーンを比べた場合、今後、雨量は増えるでしょう。それもかなりの量です。ハリケーンに伴う降水量の増加は、あらゆる科学者の間で見解が一致していることのひとつです。

しかし、他の要因もあります。ハリケーンは海上約3000〜5000m上空にある比較的乾燥した大気によって抑制されていますが、この相対的な乾燥度が地球温暖化の影響でさらに高まっていると考えられます。これは、ハリケーンへの抑制力も増していることにつながり、勢力は強くなっても、数自体は減っている要因はそこにあると一般的に考えられています。

→ たとえば今後、米国フロリダ州でハリケーンの発生件数が増えるといった局所的な情報が科学的にわかるのか？

ハリケーンの進路も威力も、気候変動の

影響を受けた大気の流れによって変わってくるため、それを事前に察知することはできません。予測不可能となる大きな原因は、これらの気象条件がどのようにして変化するのか、確かな計算結果が得られていないことにあります。ただし、現在考えられているのは、今後ハリケーンは北大西洋で非常に数が増え、ハリケーンの進路が予測されている方向に変わっていくとすれば、米国に上陸する数は減ると考えられます。

→ なぜ、気候変動によってハリケーンの強さが増すと考えられるのか？

ハリケーンは巨大な熱交換機関とみることができます。熱エネルギーを風力エネルギーに変換する巨大な機械で、取り込まれる熱の量によって機械がつくり出す風力エネルギーの量が決まるのです。ハリケーンは海洋の表面にその機械を設置し、そこで吸い込んだ熱を16km以上の上空まで引き上げる。そして、上空の低い温度との間に大きな温度差が生じて風を生じさせるのです。ハリケーンのこうした仕組みを客観的に見れば、かなり効率のよい熱交換機関といえます。ですから、気候変動により海水温が上昇すると、機械を動かすための熱エネルギーも増加し、生み出される風力エネルギーの力も量も増加していくのです。

→ 地球温暖化は影響を及ぼすのか？

大気中の温暖化ガスが増加すれば、海面から宇宙に放出される赤外線放射を閉じ込めることになります。それでも海はこれまでと同様に日光を吸収しているので、どうにかして熱を排出しなくてはなりません。その唯一の方法が、水を蒸発させることなのです。ですから、この蒸発作用が進むことによって、大規模な低気圧やハリケーンが生まれることにつながると考えています。

→ 過去50年の間の気候変動が影響を与えているのか？

過去30年間で大西洋のハリケーンの勢力は2倍になっています。大西洋全体に関していえば、影響があると断言できますが、米国沿岸部においては言い切れません。

→ 気候変動に伴う海水面の上昇と高潮のリスク関係は？

過去の事例から理解しておくべきことは、ハリケーンによって起こる現象のなかでも高潮は最も危険だということです。高潮はハリケーンの最中に津波が起こるようなもので、津波が地震によって起こるのに対して、高潮は風によって引き起こされます。そして、高潮と津波は同じような被害をもたらすのです。今後、海面が上昇を続け、現在よりも潮位が上がったとすれば、高潮が陸上へ流れ込むリスクも高まるでしょう。

2004年、米国フロリダ州上空を覆うハリケーン・フランセスの姿を捉えた気象図。

HOW TO：ハリケーン・台風への備え

するべきこと

[屋内]

- ☐ 十分な量の飲料水を安全な場所に確保し、蓄える水の量は数日間手に入らないことを想定して準備する。
- ☐ 断水を想定し、できる限りの水を確保しておく。キッチンのシンクや浴槽、鍋、バケツなど大きな容器に水をためる。
- ☐ あなたの地域で高潮を含め、どのような被害が出る可能性があるかを事前に想定しておく。
- ☐ 家屋を災害から守る具体的な方法を考えておく。たとえば、窓を覆うための補強や屋根と骨組みを固定させる方法などを検討する。
- ☐ あなたの住む区域に避難路があるかを調べ、どの避難経路を使用するべきか家族と情報を共有する。
- ☐ 停電したときのために可能であれば発電機を準備する。
- ☐ 高層ビルに住んでいる場合、下層階の避難場所を決めておく。専門家は10階以下の階に避難することを勧めている。
- ☐ 一戸建てに住んでいる場合、ハリケーンが過ぎ去るまで安全に過ごせる避難部屋を設けておくとよい。補強された地下室は、強い風で飛来するがれきなどから守られているので適した場所といえる。

[屋外]

- ☐ 海や湖、ダム、貯水池、堤防や堰など、大量に水のある場所が家の近くにないか確認しておく。海の近くに住んでいるのであれば、ハリケーンの影響で高潮が発生し、湖や貯水池からは水があふれることも考慮しておく。
- ☐ 家の周りの樹木や生け垣が適度に剪定され、風に対する耐性があるか確認する。
- ☐ 排水溝や下水溝のゴミを取り除き、水の流れが妨げられないようにしておく。
- ☐ 屋外用の家具、バーベキューグリル、ゴミ箱など、固定されていない物をどこに収納するか考えておく。
- ☐ ボートを持っている場合、ハリケーンが来る前に必要な備品と一緒に保管場所を確保し、固定する方法を検討する。

ハリケーン時の避難路を示す米国の看板。

ハリケーン・台風

ハリケーンや台風が来たらボートは水上に係留するのではなく、陸上に上げた方が安全だ。

✕ してはいけないこと

[屋内]

- 警報を軽視しない。天気予報に注意し、警報や公式な発表に従って行動する。
- 避難のタイミングを逃さない。公式な発表や安全指示が慎重すぎると感じても、信頼して行動に移す。あとで悔やむより、安全策を取った方が賢明だ。
- コンセントを抜く必要に迫られたときや停電に備えて、冷蔵庫の冷気を長く保つために、扉の開け閉めを頻繁に行わない。停電した場合は、冷凍食品を冷蔵室に移すと庫内温度が下がる。
- ハリケーンや台風が近づいたら、どうしても必要な物だけを残し、電化製品のコンセントを挿入したままにしない。

[屋外]

- ガソリンの残量チェックを怠らない。避難を想定し、車の燃料タンクの残量を確認して満タンにしておく。
- 窓や外への扉を風雨にさらされる状態にしておかない。扉はくぎで固定し、窓は雨戸がなければ板でふさぐ。
- ハリケーンが来るとわかったら、プロパンガスのボンベのバルブを開けたままにしておかない。
- バーベキューグリルなどからガスボンベを外し忘れない。グリルは固定するか、安全な場所に移動させる。

HOW TO：生き残るために

するべきこと

［屋内］

- □ 避難勧告が出るかもしれない。天気予報を頻繁にチェックをして準備しよう。
- □ すべての雨戸は閉じられ窓がふさがれているか確認する。
- □ 家の外にある家具や道具が飛来しないように、固定するか家や倉庫に入れる。
- □ 災害時における食料の確保は重要だ。冷蔵庫と冷凍庫の温度を一番低く設定し、開け閉めを最小限にとどめて食品の腐敗を防ぐ。
- □ 指示があったら電気のブレーカーを落とし、ガスと水道の元栓をすべて閉める。
- □ ガスの元栓やボンベのバルブは閉じているか、再びチェックする。
- □ 避難指示が出されたら従う。
- □ カーテンやブラインドも閉めておく。がれきが飛来した際にクッションとなって、直撃を防いでくれる。
- □ 外に通じるドアは閉めて鍵をかける。
- □ 家の中では建物の中心に近い部屋に居るようにする。地下室があれば地下室、なければ1階が望ましい。

［屋外］

- □ 時間と状況が許せば、ボートを係留所に移動させる。無理なら水位が通常よりかなり高くなることを想定し、何本ものロープでしっかりとつないでおく。
- □ ハリケーンや台風の目の中に入ると静かになるが、安心はできない。中心部に自分がいると考え、完全に過ぎ去ったと確信できるまでは安全な場所にとどまる。
- □ 急な洪水や高潮に気をつける。冠水した道路や壊れた橋には近づかない。
- □ 竜巻に注意する。激しいハリケーンは竜巻を伴うことも珍しくない。
- □ 飛来するがれきに気をつける。風そのものよりも飛来物によって、大きな人的・物的被害を受ける場合が多いからだ。

ハリケーン・台風　117

桟橋にたたきつけられたボート。2004年、大西洋では激しいハリケーンが吹き荒れた。

してはいけないこと

[屋内]

- 外へは絶対に行かない。
- 窓やドアの近くにいてはいけない。
- 家の中のドアを開け放さない。ドアが風で突然開いたりすると危険だ。
- 一時的な静けさにだまされない。ハリケーンや台風の目の中に入ると静かになるが、再び強風が吹き出す。
- 間仕切りのない広い部屋にいてはいけない。家の中心にある小さな部屋に避難するのが好ましい。一番下の階のクローゼット内や廊下も比較的安全である。
- 立ったままや風を受ける場所にいるのは避ける。ハリケーンが家を直撃したら、テーブルや頑丈な物の下に入り伏せる。
- エレベーターを使わない。高層ビルに住んでいる場合、下の階への移動は階段を使う。
- 緊急でない限り電話を使用しない。回線が混み合うのを防ぎ、緊急呼び出し電話がつながる状態にしておくためだ。

[屋外]

- ハリケーンが過ぎ去ったと勝手に判断してはいけない。公式な発表を待つか、ある程度長時間、空が晴れているのを確認してから行動する。
- 壊れやすい構造の避難場所には避難しない。頑丈な建物の避難場所を探そう。
- 避難勧告や指示に従い、避難路以外を通らない。

HOW TO：ハリケーン・台風からの復旧

するべきこと

[屋内]

- 野生動物に警戒する。毒ヘビや危険な生物が飛ばされて屋内に入ってくることがあるので要注意だ。
- 損害保険請求のために、どんな被害でも写真を撮っておく。
- 落ち着いたら家の構造上の被害がないか、基礎部分や壁もチェックする。
- 家の安全面に不安があれば、建築構造技術者か行政の建築指導課に相談する。
- ペットに目を配る。自由に歩き回らせないようにする。
- がれきの中を歩くときは十分気をつける。
- 食品が腐敗していないかチェックし、疑わしい物は廃棄する。

[屋外]

- ハリケーンの後片付けをする際は、体を保護する長袖、長ズボン、手袋やマスクなどを着用する。
- 庭や家の周辺の被害状況も確認する。
- 電線が緩んでいないかチェックする。このとき、決して電線に触れてはいけない。
- ガス漏れがないか点検をする。ガスの臭いやシューッというガス漏れの音に注意する。
- ハリケーンの数時間後、あるいは数日後になって洪水や土石流が起こることもあるので、情報をチェックし続ける。

2012年、ハリケーン・サンディで大打撃を受けた米国ニューヨーク州の海岸線。

ハリケーン・台風

ハリケーン・カトリーナが過ぎ去った後、家の周囲を片付ける家主とボランティアの人々。

してはいけないこと

[屋内]

- □ 汚染されていないと確認できるまで、水道水を飲用や料理に使ってはいけない。
- □ ガスが漏れている場合、引火の恐れがあるのでロウソクなどに火をつけない。
- □ 被災後、家の中に入る場合、家の中で懐中電灯をつけない。電球と電池の接触点などから、漏れたガスに引火する恐れがあるからだ。懐中電灯をつけるときは一度外に出てからか、家に入る前につけるようにする。
- □ 家の中、その他の閉鎖された場所で、絶対に発電機を使わない。一酸化中毒になる恐れがある。

[屋外]

- □ 車はどうしても必要でない限り運転しない。道路にも近づかない。
- □ 家に戻りガス臭がしたら、絶対家に入らない。ガス会社や消防署に連絡をする。
- □ 垂れ下がった電線に近づかない。もし見つけたら、地域の電力会社に場所や状況を報告する。

巨大ハリケーン・サンディの襲撃で大西洋に取り残されたジェットコースター。

異常気象
HURRICANES AT THEIR WORST
最悪の被害をもたらした ハリケーン・台風・サイクロン

- 2005年のハリケーン・カトリーナは、米国史上最も損害の大きいハリケーンとなった。ルイジアナ州、テキサス州を直撃し、さらに離れたメキシコ湾沿岸まで被害が広がった。被害総額1250億ドル。死者は1800人以上にのぼった。

- 2012年の巨大ハリケーン・サンディは、ニューヨーク州、ニュージャージー州をはじめとする米国北東部に壊滅的な被害を与えた。被害総額650億ドル、死者は159人にのぼった。

- 日本観測史上、最大の被害をもたらした台風は、1959年の「ベラ（伊勢湾台風）」だ。死者は4600人以上、7500以上の船舶が沈没、流出、破損し、高潮による浸水で名古屋市内は1カ月以上も水が引かない地域があった。

- 死者数が最も多かったのは、1970年、ベンガル湾で起きたサイクロンである。パキスタン東部とバングラデシュを襲い、推定50万人が死亡した。

米国カンザス州西部で強烈な渦を巻きながら農場を横切る陸上竜巻。

CHAPTER 4

竜巻

　その年、猛烈な春の竜巻で知られる米国中部地方の春は、いつになく穏やかだった。「トルネード・アレー（竜巻街道）」と呼ばれる北米大陸中西部のグレートプレーンズ一帯も、まだ冬のように寒く、乾燥していたのだ。

　米国海洋大気庁（NOAA）の気象学者によると、2012年5月〜2013年4月は異例なことに、米国内で竜巻が発生しない珍しい1年だった。しかし、5月中旬になると事態は一変する。著名なストームチェイサー（竜巻追跡人）であるティム・サマラスは5月20日、研究を支援していたナショナル ジオグラフィック協会に「今年の序盤はとても静かだったが、どうやら竜巻街道の名にふさわしい状況になってきた」と伝えてきた。

　5月15日、テキサス州北東部で19個の竜巻が発生し、野球ボール大の雹を降らせたのだ。その竜巻では6人が死亡し、数百人が負傷。現場周辺は町並が跡形もなくなるほど、粉々に吹き飛ばされた。そして、そのわずか4日後、5月19日にも巨大なスーパーセルから複数の竜巻が発生した。NOAAが34カ所で追跡観測を行なったが、竜巻はオクラホマ州内の7つの町を通過し、ショウニー市近郊で2人の死者を出した。さらに5月20日になると、竜巻は深刻な被害をもたらすことになった。39分間にわたって停滞し猛威を振るった竜巻が、オクラホマシティ最南端の幅1.8km、長さ23kmにわたる地域に大きな爪跡を残したのだ。その結果、数百人が病院に送られ、少なくとも24人が死亡した。

　これこそまさに、サマラスが最も恐れていた気象現象だった。サマラスのチームは3日間で11個の竜巻を追跡した。だが、彼の電子メールによると、ショウニー市近郊で竜巻を発生させた嵐を解析しようと試

緊急時の心得 ➡ トレーラーハウスから避難せよ
AMERICAN RED CROSS（米国赤十字）

　トレーラーハウスはその構造上、通常の家屋より竜巻に弱く、竜巻が発生している間はとても危険な空間になる。警報が出たら竜巻が見えていなくても、すぐにトレーラーハウスを離れて、最寄りの頑丈な建物か避難所に移動しよう。トレーラーハウス内のトイレや廊下が屋内の安全な場所と同じだと、絶対に勘違いしてはいけない。竜巻はトレーラーハウスごとあなたを巻き上げる。

みたものの、現場に到着したのは竜巻が20分も前に去った後だった。

サマラスは「竜巻の追跡がうまくいかないのは、よくあることだ」と語り、今後しばらくは竜巻が発生することはないだろうと予測した。しかし、その予測は時を経たずして外れることになったのだ。

5月31日、米国海洋大気庁(NOAA)が「竜巻が発生しやすい気象条件にある」と発表した後、再びオクラホマ州内で複数の竜巻が発生した。しかも、NOAAは「移動レーダーによる観測史上、最大最強クラス」と追加発表を行った。

スーパーセルから同時発生した3個の竜巻は記録的な速さで成長し、ハリケーン並みの強風が通常より地上に近い高度で強烈な渦を巻き、4km四方を徹底的に暴れまわったのだ。

このモンスターのような竜巻によって、8人の命が奪われた。しかも、サマラスと息子のポール、チームの気象学者だったカール・ヤングも、その犠牲者のなかに入っていたのだ。

サマラスを知る誰もが、竜巻に対峙するサマラスの行動は、ほかの誰よりも慎重で、常に安全を確保していたことを記憶していた。まさにプロ中のプロだった。彼らスペシャリストが犠牲になったことは、異常な勢力の竜巻は人智を超えた予測などできない圧倒的な存在であり、ひどく残忍な結果をもたらすことを証明している。

米国では毎年、1000を超える数の竜巻が発生しているが、これは地球上のどこよりも多い数字だ。しかも、そのうちの半数以上が、春の終わりの時期に発生し、竜巻街道と呼ばれるグレートプレーンズの一画で観測されているのだ。

竜巻は突然発生する。最大級の竜巻も巨大なスーパーセル雷雲から発生し、その所要時間は平均13分にすぎず、竜巻は素早く成長しながら彷徨い、米国では年間で平均70人が死亡、1500人が負傷してい

> **Did You Know?** 緊急時に役立つアイデア
> ## 自然からのシグナル
>
> ペットが放つ警告が、あなたの身の安全を守ってくれるかもしれない。ペットは竜巻発生前に、興奮していつもと違う行動をとることが実に多い。犬は遠ぼえを繰り返し、猫は狭い場所に閉じこもる。鳥は姿を消し、餌場にも近づかなくなる。こういった生物の行動は、竜巻の予兆として大いに参考になるだろう。

スーパーセルの不気味な雷雲。その巨大な力がうかがえる。

る。その突発的な威力はすさまじく、竜巻が少ない国や地域での発生が確認されている今、竜巻が頻発する地域はもちろん、それ以外の地域に住んでいる人でも、改めて竜巻の前兆となる条件、動き方などの傾向を理解しておく必要がある。

竜巻とは何か？

竜巻とは激しく回る細長い空気の柱が雷雲の中から降りてきて、地上に達したものだ。この柱は暖かく湿った上昇気流が鉛直状に回転しながら、積乱雲に吸収されることで形成される。

竜巻の成長度を測る要素はさまざまである。空気を吸い込む雲の規模や進路幅、地上を進む速度や竜巻になるまでの時間と移動距離、そして、竜巻本体の回転速度などである。仮に直径1.6km程度の竜巻であっても、進路上80km以上にわたる広い土地に被害を及ぼすことがあり、さらに、最大級の竜巻になると、渦の回転速度は秒速100mを超え、強烈な破壊力とスピードを持つものもある。

竜巻の平均移動速度は時速50kmだが、なかには1カ所に長時間停滞するタイプ、時速100km以上の速度で移動する竜巻も存在する。米国の竜巻の多くが南東から北西に向かって移動していくが、私たちにとって最も大きな問題は、実際に竜巻が発生するまで、これらの値やルートを予測す

竜巻の残したがれきが散乱する米国ミズーリ州の街。

ることが難しいということだ。

そこで現在、気象学者や技術者は、竜巻の強さを被害規模から推計している。こうした試みの原点は、1970年代、当時シカゴ大学の気象学者で竜巻研究の第一人者であった藤田哲也が、竜巻の被害規模に基づいた風速算定を行い、階級付けをして体系を作り上げたことに始まる（藤田スケール＝Ｆスケール、現在はこれを改良したEFスケールが用いられている）。そして、竜巻のスケール EF０〜６階級は竜巻に関する告知に活用され、米国では警戒を促す「注意報」、差し迫った危険を伝える「警報」が区別して使われている。

竜巻注意報（米国のみ）：通常はおよそ６万5000㎢の圏内で、複数の竜巻が発生する可能性を知らせるものだ。竜巻注意報が発令されたら竜巻の襲来に備えて行動し、「警報」の発令を聞き逃さないために、ラジオやテレビ、インターネットの情報に必ず耳を傾ける。

竜巻警報（米国のみ）：竜巻が目撃されるか、レーダーで捕捉されたときに発令される。いくつかの郡にまとめて発令される場合と、一部地域に限定して発令される場合がある。竜巻警報の発令は、重大な危機が迫っていることを意味し、すぐに家族と共に避難行動を起こさなければならない。

竜巻注意情報（日本のみ）：発生が予測される半日から１日ほど前には「竜巻などの激しい突風の恐れ」として注意が呼びかけられるが、発生数時間前には、雷注意報に「竜巻」が追加明記される。さらに、今まさに竜巻やダウンバーストなどによる突風が発生しやすい、もしくは発生している場合に「竜巻注意情報」が発表される。

いつ、どこで発生するのか？

竜巻の発生場所を地球規模でいえば、北緯30〜50度、南緯30〜50度の中緯度域の気候条件が竜巻の形成に適している。中緯度域は北極や南極からの冷たい空気と赤道付近からの暖かい空気がぶつかり合い、激しい雷雨を伴った積乱雲を発生させるからだ。これに上空、対流圏の大

緊急時の心得 ➡ もしも高層ビルにいたら
NOAA（米国海洋大気庁）

高層ビルの中で竜巻の接近に遭遇したら、できるだけ下層階に移動する。そして、ビルの中央部や壁に囲まれた場所でガラスから遠ざかって待機する。混雑さえしていなければ、ビル内部の非常階段は避難場所に適しており、下層階へ素早く移動することも可能だ。その際、エレベーターは絶対に使用してはいけない。竜巻の襲来でエレベーターが停止してしまう可能性があるからだ。

気（ジェット気流など）の流れが重なることで、竜巻の発生原因となる不安定な晴天乱気流をつくりだす。

米国内では、竜巻はほぼどこにでも発生する可能性がある。主な発生場所は米国本土中央部のロッキー山脈東側、南はテキサス州と南部諸州のラインから、北はミシガン州南部にかけての地域だ。皮肉にもこの竜巻頻発地帯は豊富な雨量のおかげで、全米で最も肥沃（ひよく）な農業地帯になっている。そのなかでも米国内で最も竜巻が頻発する場所が、フロリダ州一帯のトルネード・アレー（竜巻街道）なのだ。フロリダ州は激しい雷雨や熱帯低気圧、ハリケーンなどが原因となって竜巻が頻繁に発生する地域だ。

トルネード・アレーとは、米国内で竜巻の発生が集中している地域を大まかにまとめて呼ぶ俗称だ。大きく区切ればテキサス州中部の南端から北はアイオワ州北部まで、またカンザス州中部からネブラスカ州東部を西端とし、東はインディアナ州までの地域を指す。

竜巻が発生する時期は、米国内におい

↘ Gear and Gadgets　道具と装備
安全な避難部屋を造る

竜巻頻発地域の住民に準備できる最善の自己防衛手段は、避難部屋を造ることだ。米国連邦緊急事態管理庁（FEMA）では、設定されたガイドラインに沿って避難部屋を造れば、竜巻によるケガや死亡のリスクを高い確率で回避できるとして、設置を勧めている。

避難部屋は自宅の地下、もしくは1階の中央部にある既存の部屋が望ましく、地下型または地上型の避難部屋を増築してもいいだろう。自分で購入し、設置できるプレハブタイプの避難部屋もある。これらには最強クラスのEF5の竜巻にも耐えられるスペック性能を備えたタイプ、室内に空気ろ過装置や太陽光発電、水道設備や汚水処理タンク、赤外線監視カメラや避難用のトンネルなどが設置されたものもある。

購入を検討する際に必要な設置要件など避難小屋に関する情報は、FEMAのウェブサイト（英語）でダウンロードできるので参考にしてほしい。

竜巻シェルター内部の写真。

竜巻 129

1997年、米国フロリダ州マイアミのダウンタウンを直撃した竜巻。

て一年中どこで発生してもおかしくない。なかでも特に頻発するシーズンは、南から発生し北上していく傾向にある。メキシコ湾岸地域では2〜4月、グレートプレーンズ南部では5〜6月上旬、グレートプレーンズ北部から中西部では6〜7月が竜巻の頻発時期である。また、発生しやすい時間帯は、太陽光に暖められて大気温度がピークに達したことで発生した雷雨から生み出されることが多いため、必然的に午後4〜9時ぐらいが目安となる。

　日本では温帯低気圧や台風に伴う竜巻、梅雨前線や冬季の季節風に伴う竜巻など、年間を通して全国で竜巻が発生している。なかでも台風や梅雨前線、季節風によって大気擾乱（じょうらん）が起こりやすい9〜11月が竜巻シーズンとなり、月ごとの発生頻度は9月が最も多い。

雷雲の中で起きていること

　雷雲から竜巻が発生する条件は、いくつかの環境がそろったときに整う。竜巻の発生過程を知るためには、まず、巨大なスーパーセルの下に、地上と大気の温度差で強い上昇気流が生まれている状態を想像しながら、以下の過程をイメージしてみよう。

1. 暖気は上昇し、冷気は下降していく。このため雷雲自体は移動していることもあれば、その場に停滞している場合もある。

（133ページへ続く）

PART 1 雨による災害

2013年、強力な竜巻により壊滅した米国オクラホマ州ムーア市の一部。竜巻通過の痕跡がくっきりと残っている。

異常気象
TORNADOES PAST TO PRESENT
竜巻被害の歴史

・歴史上、最も大きな被害をもたらした竜巻は、1925年に発生したグレート・トライステート・トルネードである。米国ミズーリ州、イリノイ州、インディアナ州にまたがる352kmを移動し、周辺地域を壊滅させた。

・グレート・ナチェズ・トルネードは、1840年にミシシッピ川沿いで発生し、両岸に広がる森の木々をそぎ取り、川から多くのボートを奪い去った。

・2013年5月20日に米国オクラホマ州ムーア市を襲った竜巻は、EF5レベルの巨大竜巻だった。その爪痕は23kmに及び、1300戸の家屋が倒壊、25人が死亡した。

竜巻の基礎知識
気まぐれな竜巻

　竜巻は雷雲に入り込む上昇気流の中で形成されるが、最大級の竜巻を発生させるスーパーセルができるには、地上1万m付近までの気圧分布と気流の状況が関係してくる。その鍵を握る上層部の気流は、風速70m/sのジェット気流、地上5500m付近を移動する乱気流、地上1500m付近で湿った空気を雷雲に運び込む南からの風、地表付近で湿った空気を押し上げて回転運動を生み出す冷たく乾燥した西または北西からの風など、実にさまざまだ。

竜巻の予測

　現在、米国立気象局（NWS）竜巻予測センターをはじめ各国の気象庁は、コンピューターモデルなどを用いて1～3日前までに、竜巻がいつごろ発生する可能性があり、どの地方に影響を及ぼすかを予測し、情報を発信している。各自治体、放送局やウェブサイト、天気予測のアプリケーションや新聞各紙も、通常はこの情報に基づいて予報を伝えているのだ。

　しかし、残念ながら竜巻がどの町を襲うか、というピンポイント予測はNWS竜巻予測センターであっても直前まで出すことができない。直前になっても通過ルートすらわからないこともあるのだ。あなたの住む町に「数日以内に竜巻が発生する」という警告が出たら、発生が予測されている当日は避難場所から遠く離れた場所へ行くことを避けるか、予定をキャンセルすることをお勧めする。また、竜巻予測で警報や注意情報が発令された場合の緊急時の行動について、事前に家族の間で話し合っておくことも大切だ。

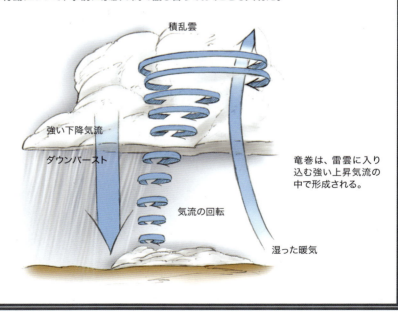

竜巻は、雷雲に入り込む強い上昇気流の中で形成される。

巨大竜巻の襲撃を生き延び、抱き合う人々。米国オクラホマ市近郊。

2. 雨が降ることで気化熱が発生し下降気流を加速させ、激しい雷雲の外縁部の空気が下降気流（ダウンバースト）によって押し下げられると、水平方向を軸にした回転運動をもつ雲が形成される。

3. 下降気流が発生している降雨域とは逆の方向から雷雲に入り込んでくる湿った暖気に、さらに上向きの上昇気流の力が加わると、回転している雲は垂直に立ち上がり、雷雲の中心へと移動する。最大直径10km近くにもなるこの巨大な上昇気流の渦が、竜巻の発生場所である。

4. 雨を伴いながら雷雲の内側へ幾重にも吹き下ろす下降気流がさらに強まると、上昇気流の渦は回転力を増して、やがて竜巻となる。

竜巻の前兆

　気象学者は竜巻について概念的な説明をすることが多く、私たちは実際、具体的にどのような竜巻に警戒すればよいのか迷うこともあるだろう。単純に考えれば竜巻は、雲から現れる漏斗状の渦という答えになるのかもしれない。しかし、その渦を見

つけたときはすでに、手遅れである可能性も高い。オクラホマ州ノーマンにある米国海洋大気庁（NOAA）の竜巻予測センターによると、激しい雷雨や竜巻警報とは別に、竜巻が近くで形成され近づいている前兆を確実に知る方法があり、日中にわかる竜巻の前兆には、次のような気象現象がいくつか兆候としてあるという。

→ 地表と平行した軸を中心に横回転する黒い入道雲が見える。
→ 砂ぼこりやがれきが地上から巻き上げられている。
→ 雹（ひょう）や雨が激しく降った直後、無風状態になっている。
→ 雷鳴が数秒間にわたって長く聞こえる。

また、夜間の前兆は、地上付近で光る異常な稲光、雲中に走る稲妻、そして地上に向かって長く伸びる雲などがある。いずれにしても大切なのは、竜巻の前兆を見つけたらすぐに家族を連れて避難場所へ向かい、気象情報や警報に耳を傾けることである。

水上竜巻

主に大きな湖や海、その入り江などの水上で発生する竜巻を「水上竜巻」という。米国内ではフロリダキーズ諸島で最も多くの水上竜巻が発生しており、その数は毎年数百個にのぼる。水上竜巻は、フロリダ半島東沖の大西洋やメキシコ湾でもみられ、まれに五大湖や西海岸沖でも発生することがある。

水上竜巻には「竜巻型」と「晴天型」の2つのタイプがある。竜巻型の水上竜巻は、陸上で発生した竜巻が水上に移動して水上竜巻となったものだ。一方の晴天型の水上竜巻は、水面で発生し上昇していく比較的穏やかな竜巻である。

水上竜巻が形成される過程には5つの段階があり、上から見た様子を想像するとわかりやすいだろう。まず、淡い色の円盤

↘ Good Idea　緊急時に役立つアイデア
気象情報に注意する

気象情報を24時間配信している天気専用TVチャンネルをはじめ、インターネット、携帯電話やスマートフォンの各種アプリケーションで、最新の気象情報がオンライン配信されている。このネットワークを利用して、手持ちの携帯端末を居住地域の注意報や警報が受信できるように設定しておこう。竜巻やそれを引き起こす雷雨など、突発的な天候変化の情報を事前にキャッチできる。

EF5レベルの巨大竜巻が直撃し、家が壊れ、周囲を取り囲んでいた木々もなぎ倒された。

が水面に現れる。次に水面に濃淡が生じ、らせん模様の水の筋が、濃い色の部分から渦巻き状に変わっていく。そして、カスケードと呼ばれる水しぶきの輪が中心で回転し始め、ハリケーンの目のようになる。次に中心部が空洞の漏斗状の竜巻の形になると、水しぶきの渦は水面から百メートル以上の高さに巻き上がり、水面にはっきりとした大きな波紋をまとって波の列をつくりだす。最終的には、渦の中に暖気が流れ込むことで勢力が弱まり、水上竜巻は消滅するのだ。

　水上竜巻は持続時間が長くても20分程度だが、大きな被害をもたらすこともある。過去には、小型ボートを転覆させたり大型船を損傷させたり、人命を奪ったこともあった。弱い水上竜巻であっても海面や湖面をかき回して、船の甲板上にある固定されていない物を持ち上げてしまう力があるのだ。

　船上で水上竜巻を発見したら竜巻の進行方向を確認し、とにかく逆方向に逃げる。仮に水上竜巻がこちらに向かってきたら直角方向に移動し、通過するのを待ってから、可能であれば近くの安全な港を見つけて、悪天候が収まるまで陸上の避難場所を探すことをお勧めする。

竜巻が通過した後の精神的ケア

　竜巻が通過した後の方が、来襲に備えるよりも大変なこともある。

　竜巻は多くのストレスを与え、そのストレスはしばらく続き、大きな精神的プレッシ

ャーになる場合があるからだ。家屋が破壊され大切な財産を喪失し、ペットや家族との別れを余儀なくされたとしたら、肉体的な強い疲労感に追い打ちをかけるように、竜巻への不安と恐怖が被災者の精神をむしばむだろう。しかし、これらの精神的なダメージを、そのまま放置してはいけない。早期の治療が必要だ。

他の精神的なダメージと同様に、竜巻は心的外傷後ストレス障害（PTSD）をもたらす大きな原因となる。専用の診療施設で医師による治療を受けなければならないほど、その傷は深い。特に子どもはPTSDの影響を受けやすいため、その対策に関する症例も多く、米国立児童外傷後ストレスネットワーク（NCTSN）のような全国規模の支援団体もある。この団体によると、竜巻の後に子どもが次のような兆候をみせたら、十分な経過観察と専門医療機関での早期の治療、もしくは相談が必要だ。

→ 不安や心配ごとが増え、急におびえたり怒りだす。悲しいそぶりや落胆の様子が多くなる。将来への不安を口にする。
→ 再び竜巻に襲われるのではないかという恐怖心が、いつまでも残っている。

↘ Good Idea　緊急時に役立つアイデア
竜巻から身を守る最も安全な体勢

安全な避難所に着いても、竜巻の影響が続いている間は安心してはいけない。常に身を守るよう心がけよう。頑丈なテーブルなどがあればその下に潜り、窓に背を向けて部屋の中心部の壁を向くように膝と肘を折り曲げ、床の上に身を伏せる。その際、首や頭を守るために両手は頭の後ろに回しておく。

竜巻に備え、身を守る体勢を訓練する小学生たち。

竜巻 137

メキシコ湾のアラバマ近くに発生した水上竜巻。

ストームチェイサーたちは探知アプリなどのテクノロジーを駆使して、予想の難しい気象を細かくモニターしている。

→ 竜巻の原因について誤った情報を信じている。
→ 以前より破壊的、暴力的な態度をとるようになった。
→ 極端な依存症や恐怖症が態度にでる。
→ 慢性の病気を発症し、睡眠障害になる。
→ 学校で問題行動を起こすようになる。

このような兆候が顕著となり慢性化した場合は、専門医による治療を受けるべきだ。また、米国心理学会は自然災害を経験した後、こうした症状を抱えることになった人々に対して専門医の治療とともに、地域の支援団体に参加することを勧めている。

竜巻専用アプリの活用

　iTunesやGoogle Playからダウンロードできる以下のアプリは、竜巻対策として役に立つツールだ。

→ 日本の『レーダー・ナウキャスト 降水（雨雲）・雷・竜巻』をスマートフォンにダウンロードすれば、気象庁のレーダー画像を見ることができる。10分ごとに竜巻など激しい突風が発生する可能性を日本全国、地方ごとに「発生頻度2（発生の可能性5〜10％）」「発生頻度1（発生の可能性1〜5％）」で表示し、落雷の状況も活動ランク4〜1で表示される。

→ 日本では他に『竜巻アラート（お天気ナ

ビゲーター)』が、iTunesやGoogle Playからインストール可能だ。市町村単位や位置情報機能を使って地域を指定でき、設定した地域に竜巻発生の可能性が高くなると、3段階の接近レベルが通知される。
→『アメリカン・レッドクロス・トルネード・アプリ(American Red Cross Tornado App)』は、竜巻を理解するためのクイズ、過去に起こった竜巻の情報を提供している。また、竜巻が近くに迫ったときに米国海洋大気庁(NOAA)から出される警報のサイレンの音も聞くことができる。英語。
→『トルネード・スパイ・プラス(Tornado Spy+)』はクラウドソーシングを使って竜巻地図や警告、警報を送信している。このアプリを使えば、自分が発見した竜巻の報告や写真投稿もできる。英語。
→『トルネード・チェイサーズ(The Tornado Chasers)』では、竜巻の構造模式図や雲の総合図解ガイドが見られる。さらに、米国、英国、カナダなど複数国の気象警報の地図、知りたい地域の現在の情報についても教えてくれる。英語。

竜巻からペットを守るために

ペットにとっても、竜巻は脅威となる自然災害だ。なかには激しい荒天時のちょっとした変化にも敏感に反応し、本能的に

↘ Did You Know?　豆知識
飛来するがれきの危険性

風速130m/sを超える竜巻は、予想外の威力だ。たとえば、牛が飛ばされてきても不思議ではない力を秘めている。電車や車、トラック、倒木、はがれた屋根、地面から浮き上がったアスファルトなど、思わぬものまで一気に運んでしまうのだ。

飛距離の例として米国立気象局(NWS)竜巻予測センターの報告によると、1953年に米国マサチューセッツ州を襲った竜巻はマットレスをばらばらに破損し、ウースターからボストン港まで運んだという。"空飛ぶじゅうたん"ではなく"空飛ぶマットレス"は、64kmもの距離を移動したのだ。さらに、がれきはかなりの高さで巻き上げられる。高度数kmを飛行中のパイロットが、竜巻に巻き上げられた物体を目撃したという報告もあるほどだ。

がれきをかき分けて自分の持ち物を探す住民。

どこかに隠れようとするペットもいるだろう。飼い主は常にペットの様子に気を配り、何があっても取り返しのつかない事態（外へ逃げ出してしまう、興奮のあまりリードロープで首を絞め窒息死するなど）にならないように、対処することが必要だ。

米国動物愛護協会では竜巻の直撃時や前後におけるペットの処置について、事前に十分考えておくようにアドバイスしている。また、家族と同様にペットのためにも、最低3日分の食料と水、必要であれば薬も備えた防災セットを用意するべきであり、次のような注意を促している。

→ あなたにとって危険な状態は、ペットにとっても同じであると考える。竜巻が来る可能性があるのなら、まずペットを家の中に入れる。複数のペットを飼っているのであれば、それぞれの動物が入れる大きさで、自力で出られないケージなどを用意し、頑丈なテーブルなどの下に設置する。

→ 竜巻からペットを守るケージの中を、ペットにとって快適なものにしてあげよう。餌や水もその中に用意しておく。

→ もしペットがおびえたときに決まって隠れるような場所があるなら、普段からそこへは行かせず、安全なケージの中にいるようにしつける。

→ 避難する際は必ずペットも連れていく。ペットには名前や住所など連絡先のわかるプレートを忘れずに付ける。

→ 竜巻が去った後、新しい環境に慣れる時間をペットに与えよう。彼らが頼りにしてきた匂いは消え、目印はなくなっており、

緊急時の心得 → 災害後に注意するべきこと
FEMA（米国連邦緊急事態管理庁）

避難部屋から出る、あるいは家に帰るのは竜巻警報や竜巻注意情報が解除され、安全が確認されてからにする。家が損傷を受けた形跡があったら、火事や感電死、ガス爆発を防ぐために電気やガスを止める。電気はブレーカーを落とし、ガスは元栓やプロパンのバルブを閉める。また、損傷をチェックする場合、屋外でスイッチを入れて点灯させた懐中電灯で点検すること。ライターやマッチでロウソクをつけた場合のように、点灯時のわずかな電流がガスに引火し、爆発を起こす危険があるからだ。また避難中は密閉した部屋で石炭やプロパン、天然ガスなどの機器を使ってはならない。一酸化炭素による中毒症状や死亡する危険性もあるからだ。臭気や音でガス漏れを感じたら速やかに元栓を閉めて、すべての窓を開けて換気する。

悪天候が続いている間は、ケージやキャリーケースでペットの安全を守る。

迷子となる可能性もあるからだ。
→ 嵐で汚染されている可能性のある食料や水をペットの口に絶対入れてはいけない。
→ 竜巻が去った後、傷を負う恐れがあるがれきとの接触を避け、危険地帯に入らないように犬はリードロープでつなぎ、猫はキャリーケースの中に入れる。
→ 垂れ下がった電線は感電の恐れがあるので、決して近づかせてはいけない。

竜巻を予測する

ここ数年、激しい雷雨と竜巻が一体化した気象状態が、他の気象現象よりも激しい被害をもたらしている。2012年、米国では山火事も含む11の大きな気象災害によって、少なくとも10億ドルもの損害を受けた。その11の気象災害のうち7つが、激しい雷雨と竜巻が一体化したことによるものであった。

現在、研究者たちは米国東部以外の地域においても、雷雨の発生件数及び雷雨が生み出す気象変動が大幅に増加するに伴って、竜巻の発生も増加するに至る因果関係を次々と見い出しつつある。その研究成果は近年発生している災害の歴史に裏付けられながら、異常気象時代に向かうなかで脅威となる竜巻発生の予測精度の向上につながっている。

被災者の証言：米国テキサス州の消防士　ランディ・デンザー

竜巻との遭遇

スーパーセルと壁雲からEF5レベルの竜巻が形成されていく。

　ランディ・デンザーは20年間、火事と闘ってきた消防士だ。さらに、嵐や竜巻を監視するコミュニティーで活動するストームチェイサーでもある。彼は竜巻の監視や追跡のほかに、一般の人々への災害安全教育なども行っている。その災害安全教育のなかで、彼が最も大切にしているルールは「絶対に死ぬな」ということである。しかし、2007年の5月4日に米国カンザス州のグリーンズバーグを襲った竜巻は、町をぺちゃんこに破壊し、デンザーは自分自身で決めたこのルールを危うく自ら破る寸前にまで追いつめられた。

　「昼に嵐を発見するチャンスを逃してしまったので、あの夜はもうドッジシティに戻るところだったのです。その途中で私たちは、グリーンズバーグで巨大な嵐に遭遇しました」
　デンザーには「絶対に死ぬな」以外にもうひとつ、大切なルールがある。それは、暗闇のなかで実態がつかめない「夜間に発生した嵐は絶対に追わない」だ。
　「すぐに私たちは、嵐の南側にいるチームと連絡を取り合いました。彼らの話を聞く限り巨大な竜巻が接近中で、私たちのすぐ近くにまで迫っているというのです。その情報を得て無謀にも私たちはルールを破

り、一晩中嵐を追跡するという普段ならありえない選択をしてしまいました。

車で追い始めた時点で、多くの人々が竜巻の姿をはっきり見たという話を聞いていたので、正確には夜間に発生した竜巻を追跡したわけではなかったのですが……」

「母なる自然は時として、人をどうにもならない状況に放り込みます」とデンザーは言う。この言葉は、まさに彼がグリーンズバーグで経験したすべてだった。彼とそのチームは自分たちの位置が、追跡する竜巻が風速36m/s以上に達すると、十分危険な状態にあることは知っていた。

「がれきが実際に飛んできて、ぶつかることもたびたびありました。しかし、私たちは冷静さを失わず、それを避けながら車を走らせていたのです。追跡中はパニックになっている場合ではありませんでした。パニックになったら、すべてが終わってしまうのです。なにしろ目の前で次々に起こることへの対処に追われ続けていましたから」

デンザーはこの時、竜巻に直撃する寸前だったにもかかわらず、竜巻の姿は一度も確認していないという。それほど彼らは切迫し、追いかけていた竜巻の姿さえ目に入らぬほど集中していたのだ。そしてデンザーは、誤って嵐の中に足を踏み入れた時の対処について語った。

「とにかく仲間たちと密に連絡を取り合うことです。樹木や送電線のある位置を伝え合い、探して、できるだけそのエリアから離れます」。結果的に連絡を絶やさなかったことが功を奏し、テンザーは自分で決めたルールを守ることができた。竜巻に遭遇した場合、安全をにぎる鍵は4つあるとデンザーは言う。彼はそれを「ACES」と呼んでいる。

"A"は「知る（awareness）」。自分が置かれた状況を知り、危険を察知すること。また、嵐の中でも常に気持ちに余裕を持つこと。

"C"は「コミュニケーション（communication）」。危険な状況下においては、これがまさに鍵となる。人々と連絡を取り、嵐の状況や危険なエリアについての情報を多く集めることが生死を分ける。また、これは、自分が今安全であることを伝えることで、安全なエリアがどこかを伝えることにもなる。

"E"は「逃げるルート」(escape route)を意味する。ストームチェイサーたちは、竜巻の進路から素早く逃れるルートや方法を常に念頭に入れて行動するべきだ。

"S"は「安全地帯（safety zone）」。逃げるルートと同様に、いくつかの安全地帯を知っておくことが生存につながる。安全地帯が竜巻の発生地点から遠い場所でも、危険な状況になったときに備えて、それがどの方向にあるかを知っておくことが重要なのだという。

「いざ嵐が迫ってきたら、何をしていようが関係ないのです。家で座っていても車で追いかけていても、危険な状況に変わりはない。冷静に、目の前のことに集中して対処できる心構えと行動が大切です」

> "パニックになっている場合ではない。パニックになったら、すべてが終わってしまう"

専門家の見解：**ジョシュア・ワーマン**

竜巻の最新研究

ストームチェイサーが接近しつつある竜巻を監視している。米国カンザス州西部。

ジョシュア・ワーマン：米国コロラド州ボルダーを本拠地として悪天候を調査する研究機関の所長。

→ 竜巻の研究データはどのように収集しているのか？

私たちが「車輪付きのドップラー」と呼んでいる移動可能な気象レーダー搭載車と気象観測機器を載せた4台の頑丈なトラックの計5台で、1チームを編成して観測しています。各トラックに搭載した竜巻観測機器を竜巻の進行方向前方に配置し、「監視線」を形成します。この監視システムを駆使して、竜巻の周辺と内部の相対湿度、風速や温度などのサンプルを取ってデータとして集積しています。こうした積み重ねによって、私たちの目標である「なぜ、どのようにして竜巻は発生するのか、その構造を解明する」という目的に少しずつ向かっているのです。

→ 観測用の気象レーダーでは、どういったものが見られるのか？

レーダーがマイクロ波を発振すると空気中で飛散し、乱気流や雨、昆虫や鳥、そして竜巻の場合は、砂利や木の葉などを探知

することができます。私たちはそのレーダーを2台使って、それぞれの画像データから風の渦巻き運動を計算し、回転の強さや上昇気流、下降気流を観測することができるのです。レーダーが2台あることで10倍も観測精度は高まりました。

→ これまでにどんな発見があったのか？

　竜巻が発生した際、地上近くの風の強さは想像以上に強いものです。たとえばビルの20階で窓を開けた場合と4階で開けた場合を比較すると、当然上層階の方が風を強く感じますが、竜巻の場合はそれがあてはまらないのです。観測した竜巻のなかには、地上4.6mの方が9.1mのところよりも風が強いという結果もありました。その観測データのおかげで、竜巻は雷雨内部の下降気流に伴う空気の急上昇によって回転を強めるという、竜巻発生のメカニズムを初めて発見することになったのです。

　これは、なぜ特定の暴風が竜巻を起こすのかという疑問について、レーダーによる観察から判明に至った例でした。この発見は竜巻の発生をより正確に予測する上でも非常に意義があり、今後の竜巻研究に貢献できる成果でした。

→ 竜巻が発生した際、がれきと風ではどちらのダメージが強いのか？

　風は窓を割り、屋根をはがし、結果としてビルを倒すことさえできます。しかし、窓を割るのは風ではなく、風に巻き上げられて飛来した石などです。このことから風と飛来物が一緒になってダメージを与えていると考えることができますが、両者の相互作用に関しては十分なデータが集積されていないので、解明しきれていません。

→ 竜巻の最大風速はどのくらいか？

　実際に観測されたわけではないのですが、コンピューターを使ったシミュレーションによると、ほとんど音速に近いような、極端に速いスピードもありえるようです。私のレーダーが過去に観測した最も速い風は、1999年に米国オクラホマ州のムーアで発生したもので、風速134.1m/sを少し超えていました。また、2013年にオクラホマ州のエル・リーノで発生した小規模の多重渦竜巻の観測でも、ほぼ同じ風速を記録しています。

→ 気候変動が竜巻の発生にも影響を及ぼしているのか？

　一言で答えるとすれば、「そうではない」と言いたいです。少し言葉を付け加えるならば、今の技術と研究では、将来のことは予測できないということです。

　原理としては地球温暖化が進めば雷雨が増え、雷雨が増えれば竜巻も増えると考えることできます。しかし、温暖化によってジェット気流が減れば、竜巻発生の要素となる雷雨も減るという考え方もできます。これに答えるのは、残念ながら現段階では非常に難しいのです。

HOW TO：竜巻への備え

するべきこと

［屋内］

- ☐ 防災セットを用意しておく。竜巻発生時や通過後に、家族で連絡を取り合うための通信方法や伝えるべき内容、避難計画を立てておく。
- ☐ 自分が住んでいる地域に竜巻が発生する可能性を調べる。
- ☐ 気象に関する多くの情報源のなかから、自分にとって利用しやすいものを前もって決めておく。また、停電してもそこから情報を得られる機器も準備しておく。
- ☐ 避難部屋をつくる、もしくは家の中で避難場所を指定しておく。
- ☐ 飛来するがれきから身を守るために、ヘルメットやゴーグルを用意しておく。
- ☐ 気象情報に耳を傾けることを習慣づける。その地域で発生する確立が高まると、竜巻注意情報が発表される。
- ☐ 自分の住居の住宅損害保険のオプションについて事前に調べておく。あなたの財産に対する査定と保険金の支払いが適正かどうか、必ず確認しておこう。これは竜巻が起こりやすい地域の住民にとっては、特に大切なことだ。
- ☐ 赤ちゃんの安全な場所を確保するために、注意報が出たら車に取り付けてあるチャイルドシートを家の中に運んでおく。

［屋外］

- ☐ 竜巻発生の警告となる"空の様子"について学んでおく。暗く緑色の空、上昇気流の境近くから下に延びる暗く低い壁雲。絶え間なく大きく響きわたる轟音。がれきを巻き上げている雲。大きな雹。そして雷雲の下にできる漏斗状の雲については言うまでもない。
- ☐ 庭に放置されているがらくたは片付けておく。竜巻の真っただ中では一瞬にして強風によって飛ばされ、凶器と化すかもしれない。

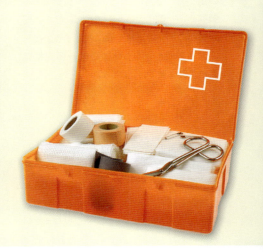

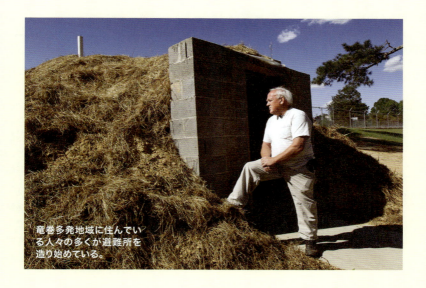

竜巻多発地域に住んでいる人々の多くが避難所を造り始めている。

してはいけないこと

[屋内]

- 新しい土地に引っ越したからといって、安心してはいけない。その地域の自治体が以前の居住地の自治体と同じように、天候に関する情報や避難所を提供してくれるとは限らないからだ。特に竜巻多発地帯に住む場合は、自分で積極的に情報収集に努める。
- 注意報が発令されたら、外に出てはいけない。屋外に出かける一切の計画を中止する。
- 注意報発令時にトレーラーハウスにいたらすぐに移動し、近くの頑丈な避難所を探す。

[屋外]

- 庭に出ているバーベキューグリルや家具、ゴミ箱、ガーデニング用品などの屋外用具をそのままにしてはいけない。ガレージや倉庫にしまうか、しっかりと固定しておく。これらの道具は竜巻の強い風で、あなたや家族、財産に危害を加える凶器になるかもしれない。
- 漏斗雲が出ていなければ、竜巻は来ないと思ってはいけない。渦を巻いている風は、ゴミやがれきを巻き上げるまで、見た目にわからないことがあるからだ。

HOW TO：生き残るために

するべきこと

[屋内]

- 竜巻注意情報が出たら直ちに避難行動をとる。
- 時間に余裕がある場合に限って、処方薬や財布を携行し家の鍵を閉める。
- 避難部屋へ避難する。避難部屋がない場合は地下室、または1階の家屋の中心にある部屋へ行く。浴室や窓のない小さな部屋、または階段下のクロゼットも避難場所として念頭に入れておく。
- 避難した場所では、周囲にできるだけ多くの壁がある、その中心部にいる。
- トレーラーハウスが住居の場合、直ちにトレーラーハウスを離れる。より堅牢な建物、または指定された避難所に行く。
- 家の中でもさらに安全を期して、赤ちゃんをチャイルドシートに寝かせる。しかし、注意報・警報が既に発令されている場合は、無理をして車にチャイルドシートを取りに行かない。
- 高層ビルや高い建物にいる場合、壁に囲まれた頑丈で小さな避難部屋、またはできるだけ下の階のロビーへ避難する。このとき、エレベーターは使用しない。停電などにより、エレベーターが停止してしまう可能性がある。
- 長距離を歩く、あるいはその場から走って逃げることを想定して、丈夫で歩きやすい靴を履いているようにする。

[屋外]

- もし運転中にがれきが飛来しだしたら、車を道路脇に寄せて駐車する。
- 車から出られず安全な場所へ避難する時間もない場合は、車内にとどまる。ただしその場合は運転席は避け、後部座席など窓面の少ない座席でシートベルトを着用する。
- 車内では頭が車窓より下になるようにかがみ、手や毛布、コートなど回りにある物で頭を覆う。
- 歩いている場合、溝や坂など道路より低くなっている場所を探して、うつぶせて横になり両手で頭を覆う。
- 屋外のどこにいても、飛来するがれきに気をつける。竜巻による災害や人体の損傷のほとんどは、飛来するがれきが原因である。

竜巻が発生している間は、可能であれば地下にある避難所に避難する。

してはいけないこと ✗

[屋内]

- □ 避難する準備を、竜巻が見えるまで待っていてはいけない。
- □ いかなるタイプのビル、または建物の中にいても、絶対に窓を開けてはいけない。窓を開ければ圧力が均衡になり、家の崩壊を防ぐというのは"神話"である。
- □ 窓やドア、あるいは建物の外側に面する壁に近づいてはいけない。
- □ 家やあなたのいる建物の上階に避難してはいけない。できるだけ地面に近い場所へ避難する。

[屋外]

- □ 陸橋、または橋の下に避難してはいけない。低く平らな場所の方がより安全だ。
- □ 竜巻が迫っている場合、追い越されないようにと逃げ回ってはいけない。じっとしているか、近くで安全な避難場所を見つける。
- □ 絶対に思いつきや興味半分で竜巻を追ってはいけない。

HOW TO：竜巻からの復旧

するべきこと

［屋内］

- □ あなた自身や他の人がケガをしていないか確認する。
- □ がれきの中を歩行したり作業をする場合、長ズボンに丈夫な靴かブーツを履き、長袖と手袋、マスクをする。
- □ 停電した場合は、ろうそくの代わりに懐中電灯を使う（懐中電灯は屋外で点灯してから室内に入る）。
- □ 緊急時の対応を取り仕切る行政委員の話を聞き、指示に従う。
- □ 家に損傷があるかを確認する。ある場合は建築構造技術者か行政の建築指導課に連絡し相談する。
- □ 家の中の配線がすり切れていたり、火花が散っているなど火災につながるものがある場合は、ブレーカーを落として電源を切る。
- □ 電話の回線が切れていたら、通信会社に連絡を入れ復旧工事をしてもらう。
- □ ガス臭が漂い、ガス漏れが疑われる場合はすぐに家を出て、地域のガス会社や警察、消防署、または消防署本部にできるだけ早く連絡する。
- □ 医薬品や化学薬品、可燃性の液体など、竜巻の襲来によってこぼれたと思われる危険性物質は安全に慎重に片付ける。

［屋外］

- □ ちょっとした火花など、どんな電気障害も消防署や電力会社に報告する。
- □ 被害を受けた建物には慎重に確認しながら入る。
- □ 足の踏み場に気をつける。竜巻関連のケガの半数は、救出作業中や片付けているとき、そして竜巻後の復旧作業時に起こる。その約3分の1は、くぎを踏んだことによるケガである。
- □ がれき処理では底の厚い靴を履き、長ズボンと長袖シャツ、もしくはデニムなど厚手の作業用ジャンプスーツを着用し、手袋とマスクをする。
- □ 避難前に行っていなかった場合はブレーカーを落とし、ガスまたはプロパンガスの元栓を閉める。配線のすり切れ、ガス漏れ、水道管のひび割れなど、配線・配管に損傷がないかどうかを目と鼻と耳で判断し、触れてはいけない。

がれきと化した家を前にすれば途方に暮れてしまう。

してはいけないこと

【屋内】

- 危篤状態など、極めて危険な状態に進行している場合を除き、重傷者は動かしてはいけない。すみやかに医療支援を求める。
- 竜巻が去っても竜巻情報を聞き続け、中断してはいけない。
- 液体燃料や炭を燃やすような器具は屋内で使用しない。こうした燃料が燃えると一酸化炭素が放出され、中毒を起こす可能性がある。
- 誰もいない場所でロウソクをつけたままにしない。キャンドルスタンドなどを使用し、カーテンや紙、木片など引火しやすい物が近くにないことを確認する。

【屋外】

- 切れた電線に近づいたり、触れたりしない。切れた電線の電流が水やセメントを通電し、感電する恐れがある。
- 援助を要請されない限り、竜巻による被害を受けた地域に入らない。救助活動の妨げになりかねない。
- 避難指示が出された場合、安全宣言が確認されるまで家に戻ってはいけない。

米国コロラド州とオクラホマ州の境界線沿いで渦を巻く、巨大な竜巻。

異常気象
TORNADO STRIKES
竜巻の直撃事例

- 1989年4月、破壊的な竜巻がバングラデシュを直撃し、1300人の命を奪い、1万2000人の負傷者を出した。欠陥建築も多数の死傷者を出した要因であった。

- 1925年、グレート・トライステート・トルネード（ミズーリ州、イリノイ州、インディアナ州で発生）は米国史上最悪の竜巻となって、700人余りの死傷者を出した。

- 2011年5月、EF5レベルの竜巻がミズーリ州の都市ジョプリンを襲い、157人に上る死傷者を出した。これは1950年以降に記録された竜巻のなかで、最も破壊的な竜巻である。

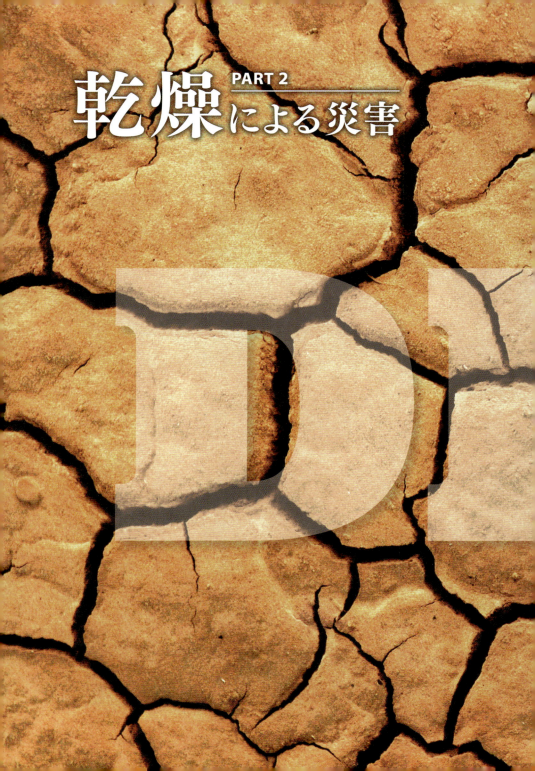

乾燥による災害

PART 2

CHAPTER 5 干ばつ
CHAPTER 6 山火事

"雲は現れ、過ぎて行き、もう顔を出そうとは

乾燥

　乾燥とは、一般的に水が不足している状態をいう。現在、世界中で利用できる真水は不足する傾向にあり、乾燥した天気が世界各地で危険なまでに広がろうとしている。もし水がなければ、私たちは2〜3日しか生きられないのだから、乾燥状態の悪化は非常に深刻な問題だ。

　何百万年もの間、地球上の水分量は変わっていない。そのため、地球が水不足に悩むことはないが、地域規模でみると集中豪雨や洪水などに見舞われる地域がある一方で、年間降水量が減少し、元々乾いていた土地の乾燥がさらに進むという深刻な問題も起きている。

　干ばつは自然現象であり、湿潤と乾燥の繰り返しのリズムは、ほとんどの地域で均衡が取れている。しかし、時には何年も続く長期的な干ばつが起き、その渦中にいる者にとって干ばつは、永遠に続くかのように思えるだろう。

　人間の暮らしや産業は地球の水循環と相互関係にあり、湖や川、帯水層、貯水池に頼っている。しかし、人々は生活のなかで、あるいは工場で、さらには家畜用に農場で、水を使えば使うほど、より多くの地域が危機的な水不足に直面するとは思っていない。私たちは「水源から水がなくなることはない」という、誤った前提のもとで水を消費しているのだ。

　この人為的な原因による水不足は、自然に起こる干ばつとは異なり、水の需要が供給を超えることで起きる。そして、人為的干ばつが自然の乾期と重なることで、状況はさらに悪化する。2012年、アラスカとハワイを含む米国全土の70％以上の地域で、「異常乾燥もしくは干ばつ状態」となって、1931〜1939年の夏の異常乾燥に匹敵する記録的な乾燥に見舞われた。さらに1930年代の異常乾燥の時には、耕作放棄地や放牧で草を食べ尽くされて大地が乾燥することで起きる

そしてしばらくの間、しなかった"

―― ジョン・スタインベック著『怒りの葡萄』

巨大な砂じん嵐「ダストボウル」が発生した。2012年の異常乾燥でも平野部の耕作地は甚大な被害に見舞われ、トウモロコシの平均収穫量は平年の4分の1にまで減少したのだ。

米国西部でも、2013年にカリフォルニア州が記録的な干ばつに見舞われ、2014年にはフンボルトの森林地帯、ロサンゼルス近郊の山腹で、山火事が相次いで発生した。特に州の中心部では、貯水池の水位が容量の半分をはるかに下回る状態となった。

水不足、不作による食料価格の上昇、山火事の脅威など、乾燥した気象条件下では、さまざまな異変が起きる。個人、または家族ができる最善の対応策は、異常気象によって起きる異常乾燥の可能性を理解し、準備を整え、実行可能な計画を事前に立て、乾燥期を共に支え合って安全にしのぐことなのだ。

乾燥により干上がった、米国カリフォルニア州ヨセミテ国立公園内の川。

スペインの干ばつ。水が枯れボートが取り残されている。このような状況が世界中でみられる。

CHAPTER 5
干ばつ

　濃い砂ぼこりが立ち込めるなか、子どもたちは目を守るためにゴーグルを着けて登校しなければならなかった。家の中ではドアや窓が濡らしたシーツで覆われ、隙間にはボロ布が詰められたが、こうした努力もすべて無駄に終わった。細かく乾いた砂がわずかな隙間から侵入し、家の中の至る所に堆積していったのだ……。

　1930年代に発生したこの砂じん嵐は、米国史上、最も破壊的な干ばつ被害だった。もともと風が強く、半乾燥地帯となっていた中部のグレートプレーンズ（大平原地帯）は、1934年には干ばつのために事実上砂漠と化してしまった。乾燥した気候下での無理な農耕、長年にわたる放牧が追い討ちをかけて土地はすっかり荒れ、次第に耕作放棄地が増加したのだ。この乾燥した広大な荒地によって発生した砂じん嵐は、その激しさから「黒いブリザード」とも呼ばれた。上空高く舞い上がった砂じんの壁が、黒霧のように平原を覆ったのだ。

　このように人為的な自然環境破壊が伴って発生した大干ばつは、ほぼ10年続いた。その結果、合計約20万km²の土地と、数百万人の人々が被害を受けることになったのだ。

　その後、農業と土壌管理は進歩し、1930年代の干ばつ被害の深刻さは、過去の出来事として歴史のなかに追いやられてしまった。しかし、現在、干ばつ被害を最小限に抑える人知の力は、壁に突きあたっている。長期にわたる乾燥した気候は、依然として深刻な問題をもたらしているのだ。干ばつが発生する地域で暮らす人々は今も苦しみ、経済に与える打撃は数カ月どころか、今後数年続く可能性すらある。

↘ Did You Know?　豆知識

自然からのシグナル

　あなたが冬山を見たとき、山頂にあまり雪が積もっていなかったとしたら、それは夏に干ばつが起きる可能性があるというサインだ。冬に降った雪が春の訪れとともに解けることによって、私たちが毎日使う真水の供給源である川や湖などに水が補給されている。冬に降雪量が少ないということは、夏に日照りが続いたとき、真水の供給量が不足する危険性が高いということだ。

干ばつによる被害

ここ数年の干ばつは、歴史のなかに埋もれかけていたダストボウルの恐怖を人々に思い起こさせた。2012年7月、米国本土の48州が、広範囲にわたる干ばつに悩まされたのだ。それは1956年12月以来、最も広域で深刻な被害で、米国全土の71％にあたる2245の郡が、この干ばつによって災害地域に指定された。全米の農場のほぼ3分の2が、干ばつの被害を受けた地域に含まれ、牛やトウモロコシ、大豆、その他の作物が被害を受けた。さらに翌年の2013年1月になっても米国務省は依然として、597の郡が干ばつと高温による災害地域であり、緊迫した状態が続いていると宣言したのだ。

畜牛農家は牛に飲ませる水に、池や小川などの自然水源を習慣的に利用してきた。しかし、干ばつが起きたことで、家畜用の水を購入したり、遠くの水源から水を運ばなければならなくなったのだ。トウモロコシ農家の被害も深刻だ。この年の収穫量は推定収穫量のわずか10％にとどまった。

被害の影響は、干ばつ被害地域にとどまらない。牛肉の価格上昇や穀物の収穫量の減少は、鶏肉など他の食肉の生産量の減少と価格の上昇を招いた。そして、世界の食品市場において、食料輸出国として重要な地位を占めている米国の干ばつ被害の影響は国内のみならず、食糧を輸入している世界の国々にまで波及したのである。

さらに、干ばつの影響を受けたのは農家

Did You Know? 豆知識
地域ぐるみの協力

干ばつが頻発化している米国では地域での取り組みが進められ、米国州立ネブラスカ大学の国立干ばつ軽減センターは、あらゆる地域社会に対して干ばつに対する備えをしておくことを勧めている。その際役に立つのは、過去の干ばつの経過の検証と現状の監視だ。こうした情報を基に、仮に干ばつが起きたとしても十分対処できるよう計画を作成しておくことができる。無料でダウンロードできる小冊子『干ばつに備える地域社会・地域社会のための干ばつ対策ガイド（Drought-Ready Communities: A Guide to Community Drought Preparedness）』（英語）には、ワークシートや取るべき行動、ツール、干ばつの監視に役立つ情報源、対処計画案の作成、いざというときに推奨される対応法、事例から実践的な知識を学ぶケーススタディー、その他の有益な情報が盛り込まれている。

あるコミュニティーでは、干ばつ時にどうすれば水を公平にシェアできるかについてミーティングが開かれている。

エルニーニョ現象は季節風の強弱を左右する気圧変動（南方振動）と連動している不規則な世界的気候パターンのひとつで、太平洋の海面水温が平年より高くなる。

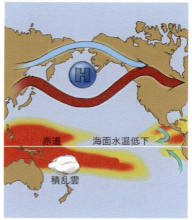
ラニーニャ現象も南方振動と連動し、エルニーニョ現象と対を成し、暖かい海水が西寄りに移動して太平洋の海面水温が平年より低くなる。

だけではなかった。2012年7月21日、幅数キロ、高さ1.5kmに及ぶ砂じん嵐が発生し、アリゾナ州フェニックス市を丸ごとのみ込んだ。これによりミシシッピ川で荷船が立ち往生し、テネシー州メンフィス付近で座礁してしまったのだ。テキサス州林野局の幹部の推測によると、この年の干ばつでテキサス州郊外では約3億本にも及ぶ樹木が失われてしまったという。

今や異常乾燥が起きることは当たり前になってしまったのだろうか？　私たちは毎年のように干ばつに見舞われ、直接的、間接的被害を受け入れざるをえないのだろうか？　残念ながら、いくつかの検証から導かれる答えは「イエス」だ。しかし、私たちは手をこまねいているわけにはいかない。過酷な時期を生き抜くために、干ばつの脅威を正しく認識し、生き残るためのテクニックを学んでおく必要がある。

エルニーニョ現象とラニーニャ現象

干ばつの原因には多くの要因がある。エルニーニョ現象とラニーニャ現象は、世界に激動をもたらす兄弟のような気候現象で、これらが干ばつの大きな原因になっている。この2つの現象は、エルニーニョ・南方振動（ENSO）サイクルといわれる変動のなかで相対する局面を成している。ENSOサイクルとは、気圧がシーソーのように別地点で上昇と低下現象を表すと共に、太平洋東部と中部における海面水温と気温も変動するという学術用語だ。

まずエルニーニョ現象は、太平洋中部および東部の赤道付近で海面水温が上昇する異変で、世界中の気象パターンを乱す原因になる。たとえば、ペルー北部やボリビア、

PART 2　乾燥による災害

水不足は進行している。それを証明するかのように、世界各地の貯水池で記録的な水位の低下が続いている。

米国のメキシコ湾沿岸地域やフロリダ州の一部地域で、平年よりも降水量が増え、その反対に、オハイオ渓谷や太平洋側の北西部では平年より降水量が減る。そして、日本は長梅雨、冷夏となって台風の発生が減る傾向にあり、アジアやオーストラリア、インドといった地域では干ばつが発生し、大西洋岸やメキシコ湾沿岸地域を脅かす熱帯性暴風雨やハリケーンの数は減る傾向にあるのだ。また、エルニーニョ現象時は冬になると日本は暖冬となるが、米国の西海岸には平年よりも激しい暴風雪をもたらすことがある。

ラニーニャ現象はエルニーニョ現象と対を成す現象で、エルニーニョ現象と同じ海域で、海面水温が下がる。そして、ラニーニャ現象がもたらす世界的な気候への影響は、エルニーニョ現象とは逆になる傾向がある。ラニーニャ現象は、アジアとオーストラリアの一部地域に大雨を降らせ、アルゼンチンや米国のグレートプレーンズに干ばつをもたらす可能性があるのだ。

多くの科学者は「気候変動がENSOによる異常気象に拍車をかけている可能性がある」と述べている。これは、海水温の上昇が暴風雨と気候パターンにさらなる刺激

↘ Gear and Gadgets　道具と装備
節水につながる水量モニター

　水不足を防ぐために、誰にでも実行できる身近な試みが節水だ。節水の第一歩は、普段何気なく使っている水の使用量を知ることから始まる。ある研究によると、水の使用量を把握している人ほど意識が高く、自ら進んで節水する傾向があるという。さらに、節水を意識することで総使用量は15％も減り、結果的に水道料金も節約されるのだ。

　各国水道局の節水サイトをはじめ、水の使用量測定に役立つウェブサイトは数多くある。たとえば、米国地質調査所（USGS）の「水の科学の学習（Water Science School）」（英語）のページ（http://water.usgs.gov/edu/sq3.html）にある質問表を活用してみよう。あなたの典型的な生活習慣（入浴、シャワー、食器洗い機、トイレ、飲み水など）を入力すると、1日に使用している水量を概算してくれる。

　しかし、これで測れるのは、1日の推定使用量だけだ。実際にどのくらいの水を使っているのかを正確に測りたいのであれば、蛇口から出た水や家電製品が消費した水の量を計測する、水量モニターシステムの取り付けを検討しよう。家庭内のエネルギー（水、電気、ガス）の使用量が表示される小型の液晶ディスプレーは、日常生活でどのくらい水を使っているのかを教えてくれる。非常に便利なこの装置は、過去のデータをパソコンにダウンロード可能なタイプもあり、長期にわたって節水状況を把握することができる。

水量モニターは水の使用量を計測し、節水しようという意識を高めてくれる。

を与えるためだ。

この理論は熱帯の木の年輪を分析した、国際的な科学者チームによって支持されてきた。年輪に刻まれた記録を克明に分析することで、かつてない正確さでENSOの変動記録を作成できるようになったのだ。この研究から見えてきたのは、過去700年のどの時期と比較しても、20世紀後半におけるENSOが最も活発だったという事実だった。彼らによるとこの気候現象は、「現在進行中の地球温暖化に反応して起きていることを示唆している」という。

ENSOが起きる間隔は不定期だが、米国海洋大気庁（NOAA）によると、3～5年周期で繰り返す傾向があるという。エルニーニョ現象もラニーニャ現象も、通常6～8月の間に発生し、その後1年にわたって続くことが多いのだが、長引くケースでは18カ月以上影響が続くこともある。

あなたが住んでいる地域では、ENSOに関係した気象の変化が起きているだろうか？ それを確認するためには、ENSO変動に関する最新の情報を得ることが有効だ。日本の気象庁ホームページではエルニーニョ監視速報が発表され、現在のENSOの状況は、NOAAの専門サイト（http://elnino.noaa.gov）で見ることができる。

砂じん嵐の再来

米国地質調査所（USGS）が支援している最近のある研究では、ENSOの状態をはじめ気候変動が原因で起きると予想される、より乾燥した状況が続けば、地面を覆う多年生植物は減り、砂じん嵐が増加する可能性があると指摘している。NOAAは2012年、過去10年間に米国アリゾナ州で発生した砂じん嵐が100回以上報告されていると発表した。なかでも大規模な砂じん嵐は、車のドライバーの視界を奪い電

緊急時の心得 ➡ 水の再利用
AMERICAN RED CROSS（米国赤十字）

水は蛇口から出てしまったら、排水口から流してしまうしかないと思っていないだろうか？ 実は多くの方法で再利用できるということを覚えておこう。家庭で育てている植物や庭への水やりは、一度使用した水（洗剤や薬品の使用に注意）を再利用できる素晴らしい方法だ。また、シャワーを浴びるときは、バケツを置いて余分な水を受けてためておくこともできる。こうしてためた水は決して流しに捨てず、何か別の方法で使えないか考えてみよう。これを雑用水と呼び、工夫次第でさまざまな用途に利用できる。

米国ユタ州を流れるコロラド川。グランドキャニオンを流れ、ダムを抱えるこの川も年々、干上がりつつある。

線を切断し、飛行機を離着陸不可能にさせたのだ。

近い将来、1930年代のダストボウルのような猛烈な砂じん嵐が再び襲ってくる可能性は少なそうだ。しかし、現在発生している砂じん嵐も物的被害や死亡者が出る交通事故、飛行機の進路変更など数多くの混乱を招き、農家に対する経済的影響も甚大だ。さらに砂じん嵐は、渓谷熱（コクシジオイデス症）の懸念も引き起こしている。渓谷熱とは米大陸の半乾燥地域の風土病で、真菌疾患の一種だ。砂ぼこりによって舞い上がった真菌の胞子を吸い込むことで感染し、毎年、およそ15万の症例が報告されている。感染してから1〜3週間の潜伏期間を経て発症するが、感染しても症状が出ない場合もあるため、おそらく実際の症例はその数字よりも多いだろう。インフルエンザに似た症状を引き起こし、軽い症状の場合は自然に治ることもあるため、渓谷熱の発生は統計が示している以上に広範囲に広がっている可能性がある。

限りある水の行方

私たちは、水を豊富に蓄えた地球という惑星に住んでいる。しかし、その量は決して無限というわけではない。地球上にある水のほとんどは海にある塩水で、真水の多くは極地の氷に閉じ込められている。しかも、地球上のあらゆる真水の供給源から得られる水のうち、人間が使用するのに適した水は、わずか1％以下だ。そして現在、世界の人口は増加を続け、限られた一定量の水のなかで、真水の需要だけが増えている。

米国人を例にあげると1日に使用する1人

2012年米国を襲った干ばつは、大豆の収穫に大きな打撃を与えた。枯れた大豆を手に干ばつの影響について話し合う農場主と地元自治体職員。

分の水の量は、およそ300〜380ℓ（一般的なバスタブの約1.5〜2倍の量）といわれ、主な用途は、飲み水、料理、入浴、トイレ、家事、ガーデニングなどだ。しかし、この量はほんの一部にすぎない。水の使用は、直接的なものばかりではないからだ。米国人の平均的な生活は1日あたり、およそ7500ℓの水で支えられ、国内だけでなく世界各地から水が調達されている。

水は、食品の製造・運搬、衣料品の製造、発電所の動力装置の稼働に至るまで、生活や産業のあらゆる場面で使用されている。たとえば、1枚の綿のシャツを作るためには、平均2600ℓの水が必要だ。ジーンズ1本を作るために必要な水の量は約9800ℓにも及び、そのほとんどが綿栽培に使われている。こうして人口の増加や産業への使用で水の需要が増えれば増えるほど、世界各地で干ばつへの影響はさらに深刻になっていく。

水の管理は、もはや他人任せにしてはいられない課題であり、個人、家族、地域社会が連携して担うべき責任なのである。水は常に大切に、注意深く使うことが重要なのだ。水の効率的な使用が共通の目標となるように周囲の人々と結束を固め、これまでの習慣を変える方法を見つけていこう。干ばつが起きて、水の管理が義務となってからでは遅い。問題が深刻化する前に行動することが大切だ。

干ばつの長期化と広範囲化

私たちは水が豊富に存在し、蛇口をひねるだけで簡単に得られる環境で生活をし、それはごく当たり前のことだと思ってきた。しかし、世界中で起きている深刻な干ばつを目にすることで、水が及ぼす影響が想像以上に長い期間、はるか遠方の地にまで広

がっていることを思い知らされている。

　開発途上国での干ばつは、人々の生活の根幹を揺るがす被害をもたらし、飢饉（ききん）や病気を広めているのだ。残念なことに私たちはそれを、生死に関わる事態として捉えていないかもしれないが、深刻な干ばつは私たちの生活にも少しずつ影響を及ぼしつつある。さらに、その影響が長期化するほど、干ばつが起きた地域以外に住む多くの人々にまで影響が及ぶ恐れがある。経済的な影響は生産国の作物損失から始まり、農業に関わるコストの上昇、食料輸入国の食料品価格の高騰にまでつながるのだ。

　干ばつが経済に与える影響は、農産物の被害にとどまらない。たとえば、林業においては、樹木の喪失により紙材価格

（170ページに続く）

↘ Good Idea　緊急時に役立つアイデア
貯水タンクを作って雨水を備蓄する

　空から降ってくる雨をそのまま川や下水溝に流してしまうのはもったいない。雨水貯水タンクを作って軒下に設置しておけば、雨が降らない日に備えて水をためておくことができる。

雨水は天からの贈り物だ。有効に活用するすために雨どいから流れてきた水を雨水貯水タンクに集め、蓄えておこう。

[雨水貯水タンクの材料]
・プラスチック製ドラム缶（200ℓサイズ）など
　※新品でも廃品の再利用でもよいが、ドラム缶が汚染されていないものを用いる
・ふた（プラスチック製、または木製）　　・排水管（上部用・下部用）2本
・蛇口（上部用・下部用）2個　　　　　　・ゴミ受けザル
・網（網戸用グラスファイバー製）　　　　・ホース

　作り方は簡単だ。ふたには雨水が入るための穴を開ける。その穴に池やプールで使うものと同じタイプのバスケット型ゴミ受けを差し込み、ゴミがこし取られるようにする。取り付けたゴミ受けを網で覆い、蚊やその他の病気を持っている虫による汚染を防止する。
　次に、タンク側面の上部に穴を開け排水管を付け、そこに蛇口を付ける。タンクから水があふれないように、水が蛇口に達すると放水されるよう、蛇口は開けたままにしておこう。続いてタンクの下部にも同じように排水管と蛇口を取り付け、その蛇口に散水用ホースを取り付ける。この蛇口は芝生や庭の散水に使うまで閉じておく。水圧の関係でタンク本体より高い場所に水をまくことはできないため、水を必要とする場所よりも高い位置にタンクを設置する配慮が必要だ。また、雨水を最大限に集められるように、雨水おけは軒下や雨どいの下に置く。

PART 2 乾燥による災害

乾燥が進み砂ぼこりが舞うなか、羊たちは乾いた大地で草を食べている。

異常気象
Drought Facts
過去に起きた干ばつ被害

・米国で起きた過去最大のダストボウルは、テキサス州スタンフォードに隣接するグレートプレーンズで発生し、1931年から1939年まで続いた。原因は乾燥した気候が長く続くなかで過度に耕作を進めたため、その後に耕作放棄地が増加したことだ。また、放牧で草が食べ尽くされたことも原因のひとつだった。

・1950年代、グレートプレーンズと米国南西部において干ばつが5年間続いた。テキサス州ダラスでは、夏のほとんどの期間、最高気温が38℃に達した。

・1987〜1989年の3年間、全米の3分の1にあたる広範囲に及ぶ地域で干ばつが発生した。被害総額は390億ドルに達し、その後暴風雨関連の被害額がその額を上回るまで、米国で最も被害総額が多い自然災害だった。

や建築材料費が変動する。多くの観光客でにぎわうはずの自然公園地域では来場者数が減り、燃料価格や電気料金といった公共料金が値上がりする。

さらに、干ばつという異常気象が自然環境に与える影響は、長期間にわたって余波が続くことになるだろう。干ばつは土壌を貧弱化させ浸食を引き起こし、乾燥した土壌は森林火災の規模を増大させる。大規模な森林火災は野生生物の生息環境や食糧を消失させる原因となり、鳥の渡りパターンも狂わせるのだ。こうした環境へのダメージは、貴重な野生動物、特に個体数が激減している絶滅危惧種に対して、種の存続を左右するほど重大なストレスを与えることになるだろう。

↘ Good Idea 緊急時に役立つアイデア
乾燥に強い植物を植えて節水する

　自宅の庭や地域全体で、節水の取り組みとして勧めたいのが「ゼリスケープ」だ。1978年に米国コロラド州デンバー市の水道局によって始められたこの取り組みは、いまや水不足に悩む地域にとって、節水とガーデニングを両立できる画期的な方法として広く知られるようになっている。

　ゼリスケープという言葉は、乾燥を意味するギリシャ語の「ゼロス」に由来し、耐乾性植物を中心とした庭づくりのことをいう。庭を見栄えのいい花や芝生で埋め尽くそうとすると、それらを枯らさないために大量の水をあたえる必要が生じる。しかし、耐乾性のある植物を中心としたガーデニングを行えば、維持管理への水利用を削減できるのだ。散水回数や1回あたりの水の使用量が減り、乾燥する季節が到来しても植物は美しさを保つため、ゼリスケープの手法によって庭の表情も手間も大きく変わるだろう。

干ばつに強い耐乾性植物を植えることで散水量も減り節水に貢献できる。

干ばつ

すっかり乾燥した土の状態を確かめ、心配そうな表情を見せる農場主。

沼地の塀に設置された水位表示板があらわになり、水位の低下を示している。

　動物だけではない。干ばつは、人間の健康や安全にとっても重大な脅威だ。世界中でデング熱や西ナイル熱、コレラの患者が増加しているが、多くの医療関係者は、干ばつを引き起こす気温の上昇が、危険な病気の一因にもなっていると考えている。身近なところでは、乾燥した状態が長く続くことで、ダニ、ヒトジラミといった害虫の繁殖を促している可能性もあるのだ。さらに、干ばつが起きることで大気環境が変わり、自然界の水の循環システムが阻害され、空気汚染や乾燥によるアレルギー、ぜんそくの患者が各地で増加する傾向にある。また、井戸や貯水池が枯れると入手可能な水の量が減るだけでなく、水質まで変わってしまう恐れがある。沿岸地域では海水が地下水にまで浸透し、井戸から海水が出る可能性さえあるのだ。

健康被害を起こさないために

　干ばつは多くの被害を連鎖反応のような形でもたらし、その影響は甚大だ。しかし、人間の力で異常気象の発生や進行を直接防ぐことは不可能だ。私たちが家族を守るためには緊急時の負担を軽減し、以下のことを実行できるようにしておく必要がある。

→ **家庭用水の水質を監視する**　浄水場設備が整っていない地域では、降水量が減少し水源の貯水量が乏しくなると新鮮な水の

供給が滞り、水質浄化の必要性が一段と高まる。もし水道水がいつもと違う色をしていたり、普段は感じない臭いがしたり、口に含んだときに味がおかしいと感じたら、入浴や飲料、調理に使用する前に、地元水道局に問い合わせて水質調査を依頼しよう。

→ **果物や野菜は洗ってから皮をむく**　農場では干ばつ時、作物の水やりに再利用水を使うことが多い。そのため、表皮に有害バクテリアが付着する可能性が高まる。調理する際は表面をよく洗い、皮をむいて使用すること。

→ **海産物を食べるときは注意する**　干ばつになると、川、湖、湾内における水量や水質が変わってしまう。新鮮な水が十分に行き渡らない流域で育った魚介類の生ものは、毒素や病原体を保有している場合がある。産地の水質情報を確認し、生食はできるだけ避けたほうがよい。

→ **換気に努める**　干ばつ時は、各自治体でエネルギーの節約が求められることもあ

Did You Know? 豆知識
国境を越える真水

　世界各国を悩ます深刻な水不足を背景に、驚くような計画が実行されることがある。近年、水質汚染問題に頭を抱えるアジアの国々が、北米の五大湖の水を大量に購入して輸入するという「水の移送作戦」があった。こうした事態に危機感を抱いた五大湖に隣接する8つの州と米国議会は、膨大な水資源の輸出に反対する協定を締結した。しかしその一方で、アラスカ州シトカ市は、水不足に悩むインドや中東諸国を相手に水を輸出する契約を結んだ。

真水の輸送は将来、大規模なビジネスに発展するかもしれない。

干ばつ基礎知識
干ばつ発生の研究と現状

　干ばつは、さまざまな要因が重なることで発生し、始まった時期や終了時期もはっきり区別することが難しい。そのため、気象学者の間でも、いまだ明確な定義づけがなされていない。干ばつは数カ月で終わることもあれば、数年にわたって続くこともあり、発生区域も狭い地域に限定されることもあれば、大陸規模の広範囲で起こることもあるのだ。通常、干ばつは熱波を伴って生じるため、数カ月間、そして数キロの範囲にわたって長期的に降雨量が減少する要因にもなる。

　研究が進み今や私たちは、表面海水温の大規模な変動が、遠く離れた地域の降水量の変化に関係していることを知っている。こうした因果関係が明らかになることで、気象学者たちは数カ月以内に発生するであろう干ばつや豪雨、雪に関する注意報を発令できるようになったのだ。

　気候変動をもたらす海面上の現象のなかで、最も有名なのがエルニーニョ・南方振動（ENSO）サイクルだが、このサイクルには正反対の影響をもたらすエルニーニョ現象とラニーニャ現象、そしてその中間の局面が含まれている。

　さらに科学者たちは、大西洋の海面水温が10〜20年を単位として変動する「大西洋数十年規模振動（AMO）」と呼ばれる現象が、北米とアフリカにおける乾燥期と湿潤期に関係していることを示す有力な手がかりを得ている。それによると大西洋上では、20〜40年の周期で温暖期と寒冷期の状態が交互に発生し、温暖期の平均気温は寒冷期に比べ約1.8度高いそうだ。

　水深の深い海上での気圧変動も、この周期に関係していた。さらに、1930年代のダストボウルを含む北米の干ばつは温暖期に生じ、一方アフリカの干ばつは寒冷期に発生していると思われている。

干ばつを予測する

　こうした地球規模の変動パターンに関する知識、今起きている変化に関するリアルタイム・データを駆使して各国の気象機関の予報士たちは、各季節における見通しを作成している。そして、干ばつ被害の多い米国では、干ばつの見通し図が作成され、干ばつが続く地域、悪化する地域、収まる地域、改善される地域に加えて、今後3カ月以内に新たな干ばつが発生する地域が示されている。

科学者たちは現在も大西洋数十年規模振動と乾燥期、および湿潤期との関連を究明し続けている。

干ばつによってペットも脅威にさらされる。寄生虫病やフィラリア症などの病気の増加が懸念されている。

る。水力発電が主な地域では通常に比べ、エアコンの使用頻度を減らさざるをえなくなるかもしれない。そうした場合は窓を開け、家の換気を心がける。できるだけ外の空気を取り入れて自然換気を行おう。

→ **吸い込む空気を清浄にする**　干ばつ時は、汚れた空気を吸い込まないよう注意することも大切だ。家族でアレルギーやぜんそくの症状を起こしやすい人がいたら、マスクを準備するなど十分な予防措置をとっておくこと。土壌や空気が非常に乾燥していると、大気中の細菌の胞子、花粉、ほこり、その他の刺激物の数が増加する。空気中を漂うそれらの物質から粘膜を守るため、薬局で手に入る生理食塩水を使って鼻孔が潤った状態にしておくのもよいだろう。

→ **清潔でいること**　水の使用が制限されていても、家庭では通常と同程度、もしくはそれ以上の頻度で体や手を洗おう。すべての手洗い場に水なしで使える消毒用ジェルを置いておくのも効果的だ。また、水が十分使えないときは、洗面器1杯のお湯を使ってせっけんとタオルで体を拭き、入浴やシャワーの代わりにする。清潔を保つことは疾病予防や体調管理に非常に有効だ。

干ばつ専用アプリの活用

　iTunesやGoogle Playからダウンロードできる以下のアプリは、干ばつに備え、節水を実行するために役立つ。

→ 日本では『水光熱メータ』(iTunes)で、水道、電気、ガスの使用量と料金を管理することができる。干ばつに遭わない地域であっても、さまざまな気候変動が深く関わり合っていることを認識し、同じ地球の水

米国アリゾナ州で発生した砂じん嵐に巻き込まれ、視界をさえぎられるドライバーたち。

を分け合っていることに意識を向けて、節水を心がけよう。

→ 米国アリゾナ州立大学が開発した無料アプリ『ダスト・ストーム（Dust Storm）』は、米国の全地域の砂じん嵐に関する注意情報や対処法などを提供する。英語。

→ EZアプリケーションによる『ウェット・オア・ドライ（Wet Or Dry）』（iPad用）は、米国全土における干ばつや降水量の見通し図を提供してくれる。英語。

→ 『H2Oトラッカー（H2O Tracker）』を使えば、家庭での水の使用量を推定することができ、節水量の目安が分かる。英語。

→ 芝生の水やりには『スプリンクラー・タイムズ（Sprinkler Times）』が役立つ。コンピューター・プログラムが最適なスケジュールを立ててくれるので、過度な散水に抑えられ、節水につながる。英語。

ペットを守るために

異常気象のなかでも特に干ばつは、目に見える形でペットに多大な被害をもたらす。ペットを屋外で飼育している場合、以下の危険性を考慮しておこう。

→ **ノミやダニ** 水や食料を求めて普段より多くの野生生物が庭に侵入すると、庭でノミやダニが大量発生することがある。その結果、家で飼っているペットに寄生するノミやダニの数も増える。かかりつけの獣医師に予防処置について相談しよう。

→ **寄生虫** 干ばつによって、ペットが飲んでいた水飲み場の水が不衛生になると、そこは寄生虫にとって最適な繁殖場所とな

る。そのような水場にペットを近づけないよう気をつける。

→ **フィラリア**　フィラリア症は、蚊が媒介して犬や猫に感染する。ペットといるときは、近くに蚊が飛んでいないか十分に注意し、かかりつけの獣医師と予防処置について話し合っておくことも必要だ。また、蚊の産卵場所となる濁っている水は必ず捨てる。

→ **肉食動物**　干ばつの影響で野生生物の食糧になる草木が枯れると、草食動物が激減して食物連鎖が崩れる。その結果、普段は人間のエリアに姿を見せないはずの肉食動物が、獲物を求めて人家の周辺に近づくことも考えられる。どう猛な肉食動物と遭遇し、ペットが危険にさらされないように対策を講じておこう。たとえば、犬を散歩させるときは必ずリードでつなぐ。

ペットが屋外にいるときは遠くへ行かないように目を離さない。夜になったらペットを屋内に入れる。屋外で餌をやらない。そして迷惑な野生生物を引き寄せないように、特にゴミ捨て場周辺はきれいにしておく。

→ **炭疽菌**　炭疽菌は土壌中で数十年も生きながらえる。そして、干ばつや洪水が発生すると活性化するのだ。この胞子を動物が吸い込んだり、食べたり、あるいは傷口や虫刺されから体内に入る場合もある。犬や猫は生まれつき炭疽菌に対して免疫があるようだが、羊や牛などの家畜の方が感染しやすいので注意が必要だ。まれに感染した動物から皮膚の傷口を介して人間に伝染する例が知られているが、通常、感染した動物は数時間で死に至るため、人間と接触して感染する恐れはない。

緊急時の心得 → 節水習慣を身につける
AMERICAN RED CROSS（米国赤十字）

干ばつが起きた地域に住んでいるか否かに関わらず、日ごろから水の使用量を減らす方法を考えておこう。たとえば、低水量シャワーヘッドを取り付けるのもよいアイデアだ。食器を洗うときや歯を磨く際は、水を出したままにしないよう意識するなど、こうした細かい工夫を習慣として身につけておけば、節水効果が一層上がるだろう。

被災者の証言：救急医療の専門家で元米国陸軍特殊作戦部隊グリーンベレー、
米軍特殊潜水部隊所属　ジェイソン・スミス医学博士

脱水状態からの生還

常に危険な状況におもむく兵士たちは、異常気象が起きても円滑に対応ができるよう特別な訓練を受けている。

　米軍特殊潜水部隊は屈強な男たちの集団だ。隊員たちは平均的な成人男性と比べて、肉体的にも精神的にも数段タフではあるが、彼らも私たちと同じ人間であり、同じ病気にもかかる。たとえば、米国陸軍特殊作戦部隊グリーンベレーに所属していた26歳のある隊員は、深刻な脱水症状に陥り、あやうく命を落としかけたことがある。彼はどうして脱水症状に陥ったのか、その隊員の当時の状況を含め、特殊作戦部隊のジェイソン・スミス医学博士が、脱水症状が起きる仕組み、乾燥する時期に水分を補給することが、いかに重要かをエキスパートの視点から語ってくれた。

　スミス博士によるとその兵士の部隊は、アフガニスタンの寒い山地で9カ月にわたって活動をしていた。彼らは体調管理の意味でも日ごろからトレーニングを行っているが、激しい身体運動が要求される戦闘訓練のなかでは、ランニングや水泳、筋力トレーニングなど十分なメンテナンスが施されないまま、低温の気候条件に順応していったのだ。

　その後、彼は一度帰国し、今度は暑い地域に駐留した。そして、夏の間に厳しい訓練を受けた。訓練の内容は非常にきついもので、午前4時前に訓練が始まり、大抵午後9時以降まで続く。徹夜の行軍練習も期間中に何度か行われるが、通常の日程は、まず数時間の体操から始まり、引き続き14kmのランニングが行われ、その後も厳しいトレーニングが6時間も続くのだ。

こうした訓練で体調を崩さないように、隊員たちは1日に8〜11ℓの水分を補給するようにアドバイスされるが、この隊員はそれに従わなかった。発汗によって脱水症状を起こす危険があることを真剣に捉えず、忠告されていた量の半分しか水を飲まなかったのだ。

異常気象で干ばつが続き水不足になったとき、この兵士と同じように、飲む量を我慢することで水を節約しようと思う人は多いかもしれない。しかし、人間の体は必要なだけの水分を体内にためることができるが、日常的な活動においても水分は徐々に消費され、のどが渇いたと自覚するころには、体内ではかなり水不足が進んでいることがある。特に、緊張やストレスがかかる状況では、のどが渇いたと感じる前に補給し、飲み水を我慢するべきではない。

この若きグリーンベレー隊員は、医療関係者の目から見て、明らかに好ましくないいくつかの症状が現れていた。心拍数は著しく跳ね上がり、呼吸は浅く速かった。医師からの問いかけに対してかろうじて答えることはできたものの、ゆっくりとしか反応できず、話している内容も混乱しがちだった。体温も上昇したが、感染症の症状や痕跡はなく、また、水分補給量が少ないにもかかわらず大量の汗をかいていた。

その後彼は、過度な筋肉の使用によって筋繊維が破壊され、その成分が血中に流出するという横紋筋融解症を発症した。さらに、急性腎不全やさまざまな電解質異常を患ったのだ。

医師たちが直ちに処置を開始し、静脈注射による強制的な水分補給を行ったおかげで、彼は、脱水症状で命を落とす寸前のところで救われたが、どんなに屈強でタフな人間でも、水がなければ生きてはいけないのだ。

このような脱水症状を起こさないために、スミス博士は電解質の重要性を強調している。「腎不全を発症する段階まで脱水状態が進行すると、本来は適切なろ過機能を果たすはずの腎細胞の働きが著しく低下します。そのため、電解質（ナトリウム、カリウム、リン酸、マグネシウムなど）が適切に再吸収と排出がされません。その結果、血流や細胞内の電解質の濃度が乱れます。こうした状況に至ると、細胞や生化学的反応が異常をきたし、具体的には、心臓細胞の収縮機能が低下したり、肝細胞による血液の解毒作用が十分に働かなくなるのです。また、脳細胞が瞬時に正確な判断を下せなくなることもあります」

こうした状態に陥らないためにも、水は十分に飲む必要がある。そして、飲料水の供給不足が起きた場合に備えて、電解質の補給飲料（スポーツ飲料など）を用意しておくべきだろう。気温が上昇し乾燥が続くハードな環境下で災害に遭ったとしても、常に十分な水分を取って健康状態を維持しなくてはならないのだ。

> "どんなに屈強でタフな人間でも、水がなければ生きてはいけない"

専門家の見解：**リチャード・シーガー**

極度の干ばつに立ち向かう

極度の干ばつが、米国アリゾナ州のミード湖にまで迫っている。

リチャード・シーガー：コロンビア大学、ラモント・ドハティ地球観測所の研究教授。

→ 2012年8月、米国全土の78％が干ばつ状態になったのは、近年まれにみる現象だったのか？

そのとおりです。過去には1930年代のダストボウルの時に干ばつが1〜2年続き、1950年代にも似たような干ばつがありました。しかし、2012年の夏は、私のいるニューヨークまで影響を受けたほど、被害が広範囲に及んだのです。

→ 干ばつは単なる雨不足と言っていいのだろうか？

いいえ、雨不足に加えて気温の上昇が密に関わっています。大気の温度が上昇するに伴って大気中の飽和水蒸気量も増加し、蒸発散によって地面からより多くの水分を奪い取ってしまうことになるのです。気温上昇と蒸発散によって今後懸念されるのは、農作物や植物に必要な土壌内の水分量が不足することです。

→ 気候変動によって湿度の高い地域ではより降水量が増え、乾燥した地域ではより干ばつが起こりやすくなるのか？

それについては研究者の間でも、ほぼ見解が一致しています。どの気候モデルでも、

これまでの経験やデータ解析から、かなりの部分でそうだと言えると思います。

→ 地球温暖化による干ばつへの影響は現れているのか？

干ばつの原因として気温上昇以外に、降水量の変化にも人為的な原因があると結論づける根拠を見つけだすのは、非常に難しいです。しかし、広い範囲を平均して考えると、ここ何十年間で水循環が世界的規模で変化している証拠が発見されています。その原因が地球温暖化ガスの増加であるということは、気候モデルからも予測できます。

また、自然の変化を見ていると、たとえば米国南西部での干ばつは、無理な農作など人々の生活が原因のひとつとして関与し、引き起こされているのだろうと推測していいのではないでしょうか。

→ 教授の論文のように、今後、米国西部は新大陸発見以来、最も乾燥した気候になるのか？

気候モデルを見て予測できることは、米国カリフォルニア州南部、アリゾナ州、ニューメキシコ州、テキサス州、メキシコの北部にわたる北米大陸の南西部一帯では、温室効果ガスの増加が原因となって、さらに乾燥した気候になることが考えられるということです。

私はこの傾向は今世紀中にますます進み、米国史上最も乾燥した土地に変わっていくであろうと予測しています。

→ 今世紀半ばまでに、米国南西部の乾燥度はダストボウルが発生したときのように悪化するのか？

はい。このまま地球温暖化が進めば過去のダストボウルのように、数年にも及ぶ大規模な干ばつの乾燥度レベルが、これからの気候学上の新たな標準値になっていくと考えられます。

→ それが結果的に災害を引き起こすことになるのか？　それとも、人間はそうした環境の変化にも適合していくのだろうか？

利用できる水資源からみると、実際には適合できると私は考えています。米国西部の水資源は、周辺地域のどこかで水不足になっても対応できる量があります。しかし、給水量の偏りが出ないように、配分量に多少の制限が必要になるでしょう。特に農業用水として使用する水の量は、今よりも少なくなるだろうと思います。こうして節約した分を水が不足している地域や都市部に補てんすることができます。

地域間で水を融通し合うことは簡単なことではないと思いますが、確実に実行可能な対策です。ただし、再配分が必要となる範囲は、かなり広域になるという覚悟は必要です。

HOW TO：干ばつへの備え

するべきこと

[屋内]

- 干ばつ対策につながることだと考え、日ごろから節水を心がけよう。まず、水漏れがないか点検し、蛇口から滴が垂れる程度の故障でも修理する。1秒に1滴落ちるだけで、年間1万1360ℓ以上もの水を無駄にすることになる。水漏れを調べるひとつの方法としては、家のすべての水道を止めたときに、水道メーターが動いていないかをチェックするとよい。

- 蛇口を低水量タイプに取り換える。水道管から出てくる水の量を制限でき、節水につながる。

- シャワーヘッドを超低水量タイプのものに取り換える。

- 瞬間温水器を付けるなら、流しのそばに取り付けるタイプにする。水が温まるまで時間がかかるタイプは、それまで水を出し続けるので浪費する水が増える。

- 水道管を断熱材で覆う。断熱材は水の温かさを保ち、水道管の破損も防ぐ。

- 節水タイプの電化製品を選ぶ。

- トイレは旧モデルと比べ半分以下の水ですむ少容量、もしくは低水量のものに買い換えることを検討する。

[屋外]

- ゼリスケープ（170ページ参照）を造る。通常の庭よりもマルチや石を増やし、多量の散水が必要な芝生を減らす。

- 干ばつに強い植物を植える。サボテンや通常より少量の水で育つ植物を選ぶと、水をよく吸うタイプの植物に比べて3分の1の水で足りる。米国では少量の水で育つ植物を植えると、水道会社から報奨金や払い戻しを受けられることもある。

- 庭の土壌タイプを調べ、保水力の高いものに調整する。砂質の土は粘土質の土に比べて水はけがよいので、より多く

の水を必要とする。有機的なもの（コンポスト、有機質肥料、市販の土壌調整剤など）を加えると、吸水性が増し保水力も高まる。

- コンポストを作る。45kgの土にわずか2kgの堆肥を混ぜるだけで、通常より95ℓ多くの水を庭の土壌内に保つことができる。

コンポストの生ゴミをかくはんする作業。コンポストは土壌の質を改善し保水力を高める。庭を生き生きとさせ、節水にもつながる。

してはいけないこと

【屋内】

- [ ] 排水口から無駄に水を流してしまわない。室内の植物や庭の水やりなど、他の使い道を考えて再利用する。

- [ ] 生ゴミの処理にディスポーザー（電気式自動生ゴミ粉砕処理器）を使用しない。生ゴミの汚れや臭いを落とすために大量の水が必要になるからだ。生ゴミは専用のゴミ箱に捨てるか、コンポスト作りに活用する。

- [ ] レンガや石、他の硬くて崩れやすいものを節水装置の代わりにトイレのタンク内に入れない。角がぶつかったり欠けたりして、配管を傷つける恐れがある。

【屋外】

- [ ] 庭に水をやりすぎない。外にまいた水の約半分は、蒸発するか地面に吸収されることなく流れ去って無駄になる。通常の世話なら週に1～2回の水やりで十分だ。

- [ ] 散水用ホースから水を無駄に出さないように、開閉式ノズルを取り付ける。制限のないホースからは、毎分45ℓの水が流れ出る。これは明らかに出しすぎだ。

- [ ] プールがある場合、カバーをしない状態で放っておかない。カバーを使用することで、放っておけば蒸発してしまう水が、約95％失われずにすむ。

HOW TO：生き残るために

するべきこと

[屋内]

- [ ] シャワーを浴びるときはバケツを置き、周りに飛び散る水を集めておく（洗剤が入らないように注意するか、生分解性の無公害洗剤を使う）。集めた水は、植物や庭の水やりに再利用する。

- [ ] 食器洗い機は、洗う食器がたくさんあるときに限って使う。洗う際は節水コースを選べば節約になる。

- [ ] 手で食器を洗う場合は、水を流したまま洗わず、洗いおけを2つ使う。一方に洗剤を加えて食器を漬け洗いし、もう一方のきれいな水ですすぐ。

- [ ] 野菜は大きなボールや深皿の中で洗う。蛇口から水を流したままで洗わない。

- [ ] 飲み水は冷蔵庫に保管して冷やしておく。冷たい水が出るまで水道水を流し続けるのは、水の無駄になる。

- [ ] 洗濯機は洗濯物がたまってから使おう。その際も節水コースを選ぶ。

[屋外]

- [ ] 庭土の湿り具合をチェックする。湿っていれば芝生や花に水やりをする必要はない。草を踏んだとき、草が元気に起き上がれば水やりの必要がないと判断できる。

- [ ] 水やりは必ず朝か夕方に行う。気温が低い方が、水がすぐ蒸発しないですむからだ。

- [ ] スプリンクラーがきちんと芝生に向いているか確かめる。散水の必要がない、歩道や道路に向かっていないかチェックする。

- [ ] 芝生への水やりは数回に分け、1回の散水時間を短くする。水を一度に大量にやるよりも、水分の吸収がよくなる。大量の水を一気にかけると、地中に染み込まないまま流れる量が多くなる。

- [ ] 極度の干ばつのときは、たとえ芝生を枯らすことになっても水やりを控えよう。それがひいては、木々や大きな低木を守ることになる。

- [ ] どうしても洗車する必要があるなら、再利用水を使って洗うか、水をリサイクルできる自動洗車機を利用する。手で洗うのに比べて約380ℓ節水できる。

小さな工夫の積み重ねが大切だ。水を無駄にしないために、おけを2つ用意して食器を手で洗うことも考えてみる。

してはいけないこと

[屋内]

- □ トイレの水を必要以上に流さない。また、当然ながらトイレに紙クズ、虫、たばこの吸殻などのゴミを流してはいけない。トイレはゴミ箱ではない。そのたびに水を浪費してしまうのだ。
- □ 水不足のときは特に、毎回浴槽に湯をためて入浴しない。シャワーに比べて水を多く使うことになる。入浴は短い時間のシャワーですませよう。
- □ 食器洗い機に入れる前に食器を水ですすがない。
- □ 温水器の湯の温度が上がるまで水を流し続けない。水不足のときに湯が必要ならば、コンロやストーブ、レンジで温めた湯を使うとよい。
- □ 歯磨きや洗顔、ひげそりの際、水を流したままにしない。蛇口をこまめに閉める習慣をつける。
- □ 冷凍肉や冷凍食品を早く解凍しようとして、水道の流水や温水器の湯を使わない。自然解凍する。

[屋外]

- □ 芝生に水をやりすぎない。水やりのうちの半量が過剰で、染み込まずに表面を流れたり蒸発したりして、無駄になることを忘れずに。
- □ 雨が降っているとき、また雨のすぐ後は芝生に水をやらない。一度まとまった雨が降れば地中に雨が染み込んでいるので、最長2週間水やりの必要はない。
- □ スプリンクラーや散水用ホースを無人で作動させない。散水用ホースを出したままにしていると、1時間あたり最大200ℓもの水が放出される。
- □ 私道や歩道の掃除に散水用ホースの水を使わない。道路のゴミは水の勢いで流すのではなく、ほうきで掃くか小型送風機を使って集める。

HOW TO：干ばつからの復旧

するべきこと

[屋内]

- ☐ 過去に経験した干ばつや防災訓練を思い出し、水なしで過ごすことの大変さを記憶にとどめておこう。日ごろの準備と節水が、今後の干ばつに備えて水資源を守ることにつながる。
- ☐ 水回りを総合的に点検し、節水タイプの電化製品や設備の導入を検討する。
- ☐ 長い時間の入浴は水の消費量を跳ね上げる。家族でシャワーの制限時間を設定するのもひとつの方法だ。
- ☐ 節水機器へ取り換える場合、費用対効果を計算してみよう。節水トイレや低水量タイプの蛇口のような設備を取り入れるには、初期費用が必要だ。しかし、日常的に使う水の量を節約でき、月々の水道料金も安くなる。
- ☐ 過剰に意識するとストレスになるが、水を無駄にしない生活が習慣になっていれば、当たり前になってしまう。水を大切にするライフスタイルを身につけよう。
- ☐ 水量モニターを設置するなど、水の使用量を把握できる方法を考える。自分がどれくらいの水を使っているか知ることが節水の第一歩だ。

[屋外]

- ☐ どうしても庭に水やりをする必要があるなら、自動的に水が止まるタイマーを取り付けよう。うっかり水をやり過ぎるのを防いでくれる。
- ☐ スプリンクラーの散水方向を確認し、水が無駄な場所に向かわないように気をつける。
- ☐ 水やりが少なくてすむように少量の水で育つ種類、乾燥に強い植物を植える。
- ☐ 排水を再利用し、灌漑用の貯水タンクにためる家庭用中水道システムの導入を検討する。排水から洗剤や化学物質を除去するフィルター付きタイプもある。
- ☐ 排水溝、水道管、プール用フィルターを常にきれいにしておくことで、流れが詰まって水漏れが起こるのを防ぎ、水を無駄にしないですむ。
- ☐ 水やりは短時間で多量の水をまいても、地中に染み込まず表面を流れて無駄になる。必要な場所に数回に分けて、少しずつ浸透させることが大切だ。
- ☐ 水やりをするには、スプリンクラーよりも浸透ホースを使うとよい。滴がゆっくりと土に染み込むことで、蒸発を最小限に抑えてくれる。蒸発分を上手にコントロールすることが、水資源保護のためにも最適な方法といえる。

Good Idea 緊急時に役立つアイデア
もしも砂じん嵐に襲われたら

　自宅や渡航先で万が一砂じん嵐に襲われたら、最もよいのは室内にとどまること、もしくは屋内の避難場所へ退避することだ。屋外にいた場合は以下のことに注意しよう。

○ するべきこと
- マスクで鼻と口を覆う。マスクがなければ濡らしたバンダナか、他の布を代用して鼻やのどの粘膜を守る。
- ワセリンがあれば鼻の穴に軽く塗る。鼻の粘膜が乾燥するのを防いでくれる。
- メガネやコンタクトレンズを使用している人は外す。
- 肌の露出をできるだけ少なくし、飛んでくる土やがれきから体を守る。
- 慣れていない土地を旅行中の場合、進むべき方向や基準となる方角に石などを置いて目印にする。猛烈な砂嵐が通過した後は風景が一変している可能性があるからだ。
- もし運転中なら、直ちに速度を落として道路から完全に退避する。
- 安全に車を止められない場合は、センターラインを目安にしてクラクションを一定の間隔で鳴らし、周囲に自分の存在を知らせながらゆっくりと前進する。
- 路肩もしくは道路から離れて車を止めたらハザードランプも含め、すべてのライトを切る。車のライトをつけたままにしていると、近づいてくる他のドライバーはあなたの車が止まっていることに気付かず、逆にライトを目印として突っ込んでくる恐れがある。

✕ してはいけないこと
- 砂じん嵐や砂嵐が起きたら、運転を続けてはいけない。視界を遮られた状態で無理に移動しようとすれば事故を招きかねない。
- 走行レーンや追い越しレーンの真ん中に停車しない。前方や後方から来た車に追突される恐れがある。
- 普通のメガネでは十分に目を保護できないので、ゴーグル代わりに使ってはいけない。

上空高く巻き上げられた砂はドライバーの視覚を奪う。砂じん嵐が迫ってきたら、運転を続けるのは危険だ。

干ばつで干上がった湖には、もはや生命の躍動感がない。こうした光景は今や米国で珍しいものではなくなった。

異常気象
WHERE DRY IS DRY
極限の乾燥状態

- 2012年米国中西部と南西部を襲った干ばつは、1950年代以降で最も広範囲に及び、記録的な被害をもたらした。地表水が完全に干上がり、およそ80%の農地が影響を受けた。

- オーストラリアの「ミレニアム干ばつ」は、2000～2010年の実に10年間も続いた。ダメージが大きかった地域は以前の状態に復旧するまで、さらに長い期間を要し、この10年間でオーストラリア国内各地の降水量が減少していった。

- ペルーの端からチリまで南北1000kmに及ぶアタカマ砂漠は、地球上で最も乾燥した場所として知られている。40年間で一度も降雨が記録されたことのない地域もあり、砂漠への道は別名「死への道」とも呼ばれている。

米国バージニア州で起きた山火事は、数週間にわたって燃え続けた。

CHAPTER 6
山火事

　2013年8月17日、一人の猟師による違法なたき火が原因で、米国カリフォルニア州のスタニスロース国立森林公園が火の海となった。後に「リムファイア」と名付けられたこの山火事は、シエラネバダ山脈の森林やヨセミテ国立公園の周辺にまで広がり、同州内でも特に手つかずの自然が残る一帯を、実に1000㎢以上焼き尽くした。この山火事で11戸の民家、3棟の商業ビル、数十カ所の屋外施設が破壊され、カリフォルニアの貴重な野生生物の生息地は計り知れない損害を負ったのだ。

　家畜をはじめ、シマリス、ボブキャットやクマといった多くの野生動物たちが焼け死に、あるいはやけどを負い、すみかを奪われた。特に絶滅の危機にあった動物──カラフトフクロウ、シエラネバダアカギツネやフィッシャー（北米産のテン）など──にとって、リムファイアはまさに悲劇であった。非営利団体の中央シエラ環境保護センターの役員であるジョン・バックレーは言う。「よほど遠くまで飛べる鳥か、よほど速く走れる動物以外は、生き残ることはできなかった」と。

　リムファイアのような破壊的な山火事は、ここ数十年、増加の一途をたどっている。さらに、その火災は長引き、より広範囲に広がるようになっているのだ。小規模な山火事であれば自然現象の一環として、さまざまな点で原野にプラスに作用する面もある。しかし、いったんコントロール不能に陥ると、火の手は瞬く間に広がり、恐ろしい破壊力を発揮する。さらに、山火事はその動きを予測することが難しく、燃えている物体を風や上昇気流が空高く舞い上がらせ、遠く離れた場所まで飛ばすのだ。この

> **Did You Know?** 豆知識
> ### 火の出る所に煙あり
>
> 　火事が発生した際に最も恐ろしいのは、炎よりむしろ煙である。ビルなど屋内で火災が発生したら身を低くして、這って外に出よう。煙や有毒ガスは上に上るからだ。部屋から出られない場合はドアを閉めて通気口をふさぐ。ドアの隙間から煙が入ってきているなら、そのドアからは逃げず、別の逃げ道を見つけることだ。他の出入り口がなかった場合は、窓でも何でも外への逃げ道を探そう。

飛散物によって、別の場所で新たに火の手が立つ。こうして火災の脅威と被害がどんどん広がっていくのである。山火事が目前まで迫ってきたら、どう対応するか考えている余裕などない。だからこそ、最新情報に基づいた避難計画が大切なのである。また、どうすれば山火事の発生をいち早く察知できるのか、そして、早めに避難できなかった場合はどう対処するべきなのか、正しい知識を入手し、シュミレーションしておくことが重要である。

山火事とは何か？

大規模な山火事は、まとめて「森林火災」と呼ばれることが多いが、いくつかの種類がある。火災が発生する原因、炎の広がり方などの違いを理解しておけば、自然の力に対して、私たちはどのように対処するべきかを把握できるだろう。そして、あなたが住んでいる地域では、どのような火災が発生する可能性があるのかを、事前に予測しておくことが重要だ。その手がかりとして、まずは火災の種類と必要最小限の専門用語を理解し、いかに多くのことが山火事の原因となりえるのか認識しておこう。

原野火災：原野火災とは、自然環境のなかで構造物以外の場所から発生するすべての火災を意味する。これは広い意味で使われる言葉だが、発生原因から大きく分けて「山火事」「焼き払い（野焼き・山焼き）」「原野火災の活用」の3つに分類される。

↘ Good Idea　緊急時に役立つアイデア
服に引火したときの消し方

衣服に火が燃え移った場合、パニックに陥ってはいけない。心を落ち着け、次に挙げる3つのキーワードを思い出してほしい。それは「止まれ・倒れろ・転がれ」だ。
- 「**止まれ**」は読んで字のごとし、まず、その場にとどまること。決して走って火を消そうとしてはいけない。かえって火をあおってしまうからだ。
- 「**倒れろ**」は身を倒し、衣服が空気に触れる部分が減るように、できるだけ体と地面の接地面を多くすること。そのとき、顔は手で覆って守る。
- 「**転がれ**」は、とにかく体を地面に転がし、火を完全にもみ消してしまうことだ。

誰かに火がついたときも「止まれ！ 倒れろ！ 転がれ！」と叫ぼう。もしも、その人が自分で倒れることができなかったり、倒れることをためらっているようであれば、周囲の人が地面に押し倒し、十分な大きさのある物（コートや毛布など）で覆って、火を完全に消すこと。

山火事

大規模な山火事を見つめる子どもたち。炎は何もかも焼き尽くすと同時に、人の心を引き付けてしまうパワーがある。

山火事：山火事は自然環境において、人間の意図とは関係なく起きる火災である。偶発的な（自然もしくは人為的）原因によって起こる場合もあるが、人為的に起こした「焼き払い」が途中からコントロールできなくなり、拡大して山火事となってしまう場合もある。

焼き払い（野焼き・山焼き）：監督機関の監視下で意図的に行われる野焼きで、特定の環境保護も目的としている。「焼き払い」を実施する場合は、国や地域のガイドラインにのっとって計画書を提出し、認可を受けなければならない。

原野火災の活用：自然発生した山火事をコントロールすることによって植生の自然回復を促すなど、資源管理に役立てる場合もある。このように山火事を「焼き払い」として利用することを、「原野火災の活用」という。

山火事の発生原因は？

多くの人が知っているように、山火事は雷が原因のひとつであることに間違いはない。科学者の推定では、ロッキー山脈の北側における山火事の90％が、おそらく雷が原因であろうとみている。しかし、たとえば米国全体でみると90％の山火事が、自然要因ではなく人間の活動が原因となって発生しているのだ。

不注意に捨てられたタバコ、点火の際に発した火花、燃えかす、キャンプでの火の不始末、そして残念なことに放火……。それらすべてが火元となって、制御できないほど拡張した山火事となってしまうのだ。

PART 2　乾燥による災害

消防士が、なかなか鎮まらない山火事の炎と戦っている。

そのため、森林地域に住宅やレクリエーション施設建設のための開発が進むにつれ、人為的要因による偶発的な火事が増えている。2011年米国ニューメキシコ州、ロスアラモス国立研究所近郊の600㎢以上を焼き尽くした「ラス・コンチャスの火災」も、森の木が電線に倒れかかったことが原因で発生したものだ。

事実、人間の存在が山火事の発生に関与していることは確かだ。しかし、発生した火災のたどる運命、つまり燃え続ける時間、燃え広がる面積、火の勢いなどは、気候や地形、そして火の道筋にある植生状態といった自然要素によって、その規模が決定づけられる。高い気温、干ばつ、風、その他の短期的・長期的要因に関わらず、火災発生時の自然の変化すべてが、山火事の拡大、それがもたらす被害、終息にいたるまで大きく作用するのだ。

米国西部で山火事が多い理由

山火事はどこにでも起こる可能性がある。世界各国で山火事による森林消失は増加傾向にあり、地球上では毎年50万㎢以上（日本の面積の1.3倍）の森林が消失している。米国では他の地域に比べて西部と南西部、特にカリフォルニア州、ネバダ州、アリゾナ州、ユタ州、コロラド州、ニュ

↘ Did You Know? 豆知識
自然からのシグナル

日中、煙が漂い、何かが焼ける臭いがしたり、夜であれば地上付近や空が赤く輝いていたら、近くで火災が発生している可能性が高い。さらに、パチパチという音が聞こえたり、火の粉が見えたのなら、火の手は約2㎞以内に迫っている可能性がある。

ぼんやりとかすむオレンジ色の輝きは、火事を知らせる自然からのシグナルだ。

ーメキシコ州、テキサス州西部、モンタナ州北部、そしてオレゴン州の一部で多発しているが、これらすべての地域が山火事の発生リスクが高いとして、米国林野局から「極度に危険なゾーン」に指定されているのだ。

山火事の発生と延焼は、自然界の複雑な要素が絡まり合って決まる。世界各地で異なる木の種類や樹齢、生育時の密集度、海抜、土壌組成、気候——現在の気温や近年の雨の降り方も含めて——そのすべての要素が山火事発生のリスクと規模を左右し、たとえば米国では東部より西部で多発する原因になっているのだ。

燃えやすい乾燥した森林状態が形成されるには、水の循環が大きく関わっている。多くの植物が水分の供給を冬の降雪に頼り、雪解け水は土に染み込み小川の水を満たし、山や森全体の水の蓄えを増加させている。しかし、この水の循環が滞れば、植物も森林全体も乾燥が進む。積雪の少ない冬の干ばつは森林の生態系を通常より早く長く乾燥させ、長期にわたって恐ろしい山火事の要因を生み出してしまうのだ。さらに、気候が乾燥している米国西部では、枯れた木がその場に数十年、場合によっては100年以上も残っている。非常に乾燥した状態では、立ち枯れた木も枯れ落ちた葉や枝も、腐敗するまでに長い時間がかかるからだ。長く山火事とは無縁であった森林でさえ、何十年間も蓄えられた膨大な量の可燃物質に一度火がつけば、その堆積物は悪魔の燃料と化して、山火事をさらに拡大させてしまう。

↘ Good Idea　緊急時に役立つアイデア
どうやって火を消すか？

いかなるタイプの火事でも（出火原因が電気であっても、液体であっても、有機物であっても）まずは安全を確保し、それからすぐに消防署に電話すること。どうしても自分で目の前の火を消さなければならないときは、次のガイドラインに従おう。

- 家庭で起こりがちな漏電による出火の場合は、まず、すべての電源を切る。そして消火器を使うか、不燃布などをかぶせて消す。何が燃えているのかわからない場合、水と接触して発火が促さる物質もあるため、決して水をかけないこと。
- 液体（油脂、油、引火性液体）から出火した場合は、消火器を使うか、不燃布などをかぶせて消す（液体が燃えている場合は決して水をかけないこと。逆に炎が燃え広がってしまう）。
- 有機物（木や紙など）から出火した場合は、消火器や水を使うか、または不燃布などをかぶせて消す。

米国コロラド州ウォルドキャニオンで発生した山火事が、コロラドスプリングスにそびえる山々を炎に包んでいる。

冬の干ばつや堆積物だけではない。空気の状態や気温も山火事に影響を与えている。ロッキー山脈東側の熱波は高い湿気を含んでいるため、湿った空気が通常は火消し役を務めてくれるが、西部の乾燥した夏の暑さは森林をさらに乾燥させ、いっそう燃えやすくさせてしまうのだ。

自然界における山火事のメリット

すべての大規模な山火事が、自然界に災いをもたらすわけではない。人間の営みが山火事の原因となるはるか以前から、自然発火による炎は森林を焼いてきたのだ。多くの植物や動物、そして山の環境そのものが、死と誕生という生命のサイクルの一環として、時に山火事を必要としている。

裸子植物には、樹脂を含んだ丈夫な球果を実らせる種類があり、こうした球果は、山火事が起きることで果皮を溶かされ、種子を外に出すことができる。たとえば、世界一の巨樹に育つジャイアントセコイアは、山火事に遭った後が最も発芽しやすく、火事で熱せられて外に出た種子は、下草が焼け肥料となる灰が混ざった土の中に落ち、最高の生育環境を得る。さらに、ジャイアントセコイアにとって山火事が好ましいのは、ホワイトファーと呼ばれるモミの木が高く伸び過ぎる前に焼かれることだ。ホワイトファーが伸びるままに放っておけば、ホワイトファーを伝って上ってきた火がセコイアの樹冠部を燃やし、ジャイアントセコイア自身もひどい被害を受けてしまう。

焼け焦げた木の根元で、たくましく花を咲かせるヤナギラン。

　さらに、山火事は森に蓄積し腐敗した植物を燃やすことで、新しい生命の誕生に寄与しているともいえる。燃焼によって土に素早く栄養分が還元され、植物の密集した所に空間ができることで陽光が届き、草地の生態系が新たに築かれて一部の動物たちの餌場やすみかにもなるからだ。このようにさまざまな側面からみれば、山火事は森林に恩恵をもたらしているともいえる。しかし、私たち人類は、本能的に火を恐れる傾向がある。そのため、科学は火事を消滅させる方向にばかり働き、20世紀初めに山火事対策といえば、それを撲滅することを意味していた。小さな木々を焼かれるままにするよりも、消防隊はできるだけ早く消し止めることに専念したのだ。

　しかし、1970年代、その流れに変化が現れた。山火事に関する研究が進み、多少の火事は燃えるに任せた方が生態系のためにはよいとされるようになったのだ。その一方で、1990年代に入ると郊外の住宅地がさらに原野の奥へと拡大していき、山火事が民家に被害を及ぼす危険性も増加した。森林にとってよいことが住宅地にとって有益とは限らず、自然に発生した山火事を放置するべきか否かを詳しく検討する必要性が、ますます複雑化している。その例として、2000年5月に米国ニューメキ

シコ州のセロ・グランドで起きた原野火災は190km²を焼き尽くし、235戸の民家に損害を与えたが、この火災は公園管理局が森林管理のために行った「焼き払い」が原因であった。

リスクを負うのは誰か？

研究者によると米国内の住宅（一般家屋、アパート、その他）の3分の1近くは、いわゆる「原野と郊外の接地点」に建てられている。これはより多くの人が、山火事が起こりうる（場合によってはその危険性がかなり高い）森林の近くに住んでいるということを意味している。さらに、大規模な山火事の数とその規模は、過去30年で増大している。森林近くの住民は、ますます「山火事も環境の一部として、安全に受け入れる準備をする必要がある」と、米国農務省はそのレポートで指摘している。

以下に山火事対策の基本的な事項を紹介しておこう。これらは、あなたや家族、そして自治体が、居住している地域を「山火事の多発地帯」から「山火事適応地帯」に変えるために実行できる、重要なステップになるだろう。

→ 家を耐火構造にする。屋根やその下、軒、軒裏なども耐火性素材で覆う。できれば、窓や天窓には複層ガラスや強化ガラスを使う。

→ 建材には不燃性、耐火性の物を使う。耐火性を高めるために改良を施すなら、屋根を直すことだ。屋根の素材にはガラス繊維マットを使った複合素材、金属、粘土、あるいはコンクリートのような、耐火性に優れた素材を使用する。

→ 庭の耐火性を高めよう。雑草は刈り取り、家から半径10mのエリアには、こまめに水をまくこと。家の周囲30m以内の場所に植えている樹木を間引くことも、選択肢のひとつだ。

→ 家の周囲から燃えやすい物を取り除く。これにはフェンスや植物、薪置き場なども含まれる。バルコニーやテラス、車庫には耐火性の素材を使う。

→ 住んでいる地域で耐火性住宅に関する規定や最低基準がまだ定められていない場合は、早く策定されるよう働きかける。

（202ページへ続く）

緊急時の心得 ➡ 山火事多発地帯、米国西部独自の掟

USDA（米国農務省）

米国西部では、独自に作成した「西部の掟」を採用している自治体がある。これは山火事に対応できる地域を住民たちが協力し合ってつくり上げるために、市民の自覚と自治体の努力を促す草の根宣言だ。もし、あなたが最近になって山火事多発地域に移住してきたのなら、近所の住民や市民リーダーに、既に実行に移されていることで協力できることはないか尋ねてみよう。

PART 2　乾燥による災害

2006年、米国モンタナ州レッドイーグルの山火事。炎が空高く上がっている。

異常気象

BLAZING FIRES
燃え盛る炎

- 米国史上最も大きな山火事は、1871年にウィスコンシン州で発生した。「ペシュティーゴの大火災」と呼ばれるこの山火事は、6000㎢を焼き尽くし、1200～2400人の犠牲者を出した。

- 2008年、米国南部のバージニア州グレート・ディズマル・スワンプで発生した大きな山火事は、一帯が泥炭地であったため土壌深くにまで燃焼が及び、4カ月間もくすぶり続けた。

- 2013年、米国コロラド州のブラックフォレストで発生した火災は、米国史上最悪の山火事のひとつに数えられている。同州の歴史上最も大きな被害をもたらし、486戸の民家を焼き尽くし、数千人もの市民が避難を余儀なくされた。

- 日本において山火事は春先に多く発生している。これは、落ち葉が堆積し降雨量が少なく空気が乾燥した冬の後、強風が吹くなかで焼き払いが行われたり、山菜採りや行楽による入山者の火の不始末が原因となっている。

→ 地域内に火災から逃れるための安全地帯、地域を離れる際に火の手から身を守れる安全な避難路を設置する必要があれば、設置に向けて地域内の意見をまとめる。

→ 自然発火の恐れや延焼の防止など、差し迫った山火事の危険性を軽減するために、あなたの住む地域、あるいは近くにある森林の環境保全活動を行う。

防災訓練に学ぶ

学校では定期的に、火災を想定した避難訓練が行われている。しかし、専門家によると、米国内の一般家庭で火災時の避難計画を立てている、もしくは避難訓練を実施しているのは、全体の20％に満たないという。そこで米国連邦緊急事態管理庁（FEMA）の組織のひとつである米国消防局は、家庭で火災時の避難訓練を行うことを呼びかけ、特に山火事が発生しやすい地域に住む家族を対象に、以下の5つの訓練と備えを勧めている。

→ どの部屋にも出口を2つ確保すること。そして家族全員がそれを知っていること。

→ 急いで避難しなければならない場合に備えて、家の近所で家族が落ち合える場所を決めておくこと。できれば、消防士にあなたたち家族が避難したことがわかる場所がよい。

→ 地域の消防署の緊急通報用電話番号を確認し、家族で共有する。

→ 家族全員で避難訓練を実施する。

→ 避難経路となる床、廊下、階段に落ちているゴミや物を常に片付け、火災発生時の避難訓練計画を、家を頻繁に訪れる人にも伝えておく。

地域で備える

山火事の危険性が高い地域は事前に、そして、入念に備えるべきである。山火事からの避難は、少なくとも数時間前に勧告される場合が多いため、自分の避難準備ができたら近所の人や高齢者、または他の

↘ Gear and Gadgets　道具と装備

デュアルセンサー付き火災警報器

煙警報器でも火災警報器でも、大事なのはセンサーだ。そこで、熱と煙の2つの感知器が1つの装置に組み込まれているデュアルセンサー付き警報器、もしくは、煙と炎に対する2つのタイプの警報器を設置することが重要だ。2つのタイプを設置するのであれば、イオン化式感知器は燃え上がる炎の感知に優れ、光電式煙探知器は火から生じた煙をいち早く見つけてくれる。部屋の各警報機が相互接続されたものを使うのもお勧めだ。たとえば、地下で警報器が鳴った場合、2階の寝室近くに設置された警報器が警告してくれる。また、火災警報機の作動点検と使用期限の厳守も忘れずに。

上空からまかれた消火剤が、米国コロラド州ブラックフォレストの山火事を鎮める。

米国南カリフォルニアの避難所で、聖職者が避難者の一人と祈りを捧げている。

地域で助けが必要な人々を手伝うことも可能だろう。

さらに、近隣の地域間で物資や宿泊施設を共有するなど、異なる地域の人々と互いに協力し合う取り決めを事前にしておくのもいいだろう。切迫した状況での避難の場合は、警察官や消防職員など地域の緊急時対応要員が最寄りの避難所に直接連れていってくれる。

米国ではスマートフォンで避難所を探すことができる国営システムが普及している。

山火事への心構え

2012年、山火事による米国の焼失面積は、合計で3万8000km²以上。山火事の規模はどれも大きく、51件が162km²以上のもので、そのうち14件は405km²以上を焼き尽くした。2013年6月、米国林野局長トム・ティドウェルは、フロリダ州、ジョージア州、ユタ州、カリフォルニア州、テキサス州、アリゾナ州、ニューメキシコ州、コロラド州がこの6年間で最も大規模かつ破壊的な山火事を経験していたことを上院エネルギー・天然資源委員会に説明した。米国でも40年前と比較すると、近年、毎年平均2倍の面積が山火事によって焼失しているのだ。

米国西部での大規模な山火事の増加は、気温の上昇と雪解けが早まったことにより、山火事のシーズンが長期化したことが原因になっている。1970年代以降現在に至るまで、山火事が発生する可能性が高い期間が、2カ月以上も長くなっている。ティドウェルは長引く干ばつが、異常な火

災現象をもたらす原因のひとつだとも指摘し、そのほか大勢の専門家も同じ考えを示した。また、2007年、気候変動に関する政府間パネルの一員としてノーベル平和賞を共同受賞したドン・ウエブルスは、「気温上昇や降水量の変化により、この先30年で山火事による毎年の平均焼失面積は、確実に2倍に増えるだろう」と警告している。

ペットを守るために

あなたの家族の一員であるペットも、人間同様に山火事に備える必要がある。米国人道協会（AHA）がウェブサイトで提供している対策を以下に示すので、参考にしてほしい。

火災発生前

→ できるだけ早くペットを避難させる。
→ ペットホテルやペット連れで泊まれるホテル、そして緊急避難所のリストを手元に置いておく。
→ 最新の身元情報を明記した首輪をつけていることを確認する。

↘ Good Idea　緊急時に役立つアイデア
家の周囲に防火帯を設ける

家の周囲9〜30m内を耐火空間にする方法として、米国連邦緊急事態管理庁（FEMA）が提唱する方法を参考に、家屋の防火対策を検討しよう。

・落ち葉や枯れ葉、そして小枝を掃除し、地域のゴミ処理場で処分する。
・燃えやすい植物を片付け、建物の下の落ち葉やゴミをすべて取り除く。
・樹木は樹冠の間隔が少なくとも5mになるように枝を刈り込み、地面から高さ5m（針葉樹の場合は9m）以内の大きな枝を取り除く。
・屋根の周りや上に伸びている枯れ枝を取り除く。地域の電力会社を呼んで電線にかかっている枝をすべて取り払ってもらう。
・家の壁にツタがはっているなら、すべて取り除く。
・プロパンガスのボンベがある場合、ボンベの周囲3mをきれいにしておく。使用していないバーベキューグリルの燃料は外し、直接火の粉が内部に侵入しないように網目幅6mm以下の網をかぶせる。
・ガソリンやぼろ布、その他の可燃性物質は、安全性が認められた缶にしまう。その缶は、家やガレージから十分に離れた場所で保管する。
・薪（まき）の置き場所は家から30m以上離し、できれば家より高い所に設置する。

薪は家から十分に離れた所に置き、家との間に防火帯を設ける。

山火事の基礎知識
山火事と気象現象・火炎プルーム

　山火事と気象現象には、密接なつながりがある。米国西部の大部分で見られる通常の季節的な乾燥に加えて、他の地域での干ばつが原因で草や雑木林、樹木が乾燥状態となり、山火事の燃料となってしまうのだ。そして、この乾燥状態が山火事を長時間、しかも広範囲にわたって延焼する条件を整えてしまう。また、山火事の原因のほとんどが人為的要因によるものだが、「無雨落雷」が原因となって発生する場合も少なくない。これは、雷が地上に落ちる一方で、雨は地上に落ちる途中で蒸発してしまうという雷雨だ。西部では非常によく見られる現象で、山火事の重要な原因のひとつになっている。

　山火事が発生すると、火災から煙と共に熱い空気が上昇する際、火の周りに風向きの定まらない突風が生じる。これは、上昇する空気に代わって、外から一気に空気が入り込もうとするためだ。そして、山火事が最も危険な災害となるのは、大気の状態が「火炎プルーム（火災気流）優位の火災」になったときである。これは、上空の風が弱いために炎から立ち上る熱い空気の柱「火炎プルーム」が弱まらず、むしろ熱い空気の上昇を助ける比較的冷たい空気が存在する場合に発生するものだ。火炎プルームにより上昇した空気は、雷雨に発展する火災積雲を発生させるが、豪雨をもたらすことはめったになく、鎮火につながることもない。

　このように地上を流れる空気を火炎プルームに送り込もうとする気まぐれな突風が原因となって、炎が突然消防士に向かってくることもある。さらに恐ろしいのは、火炎プルームが崩れたときだ。その瞬間に突風が消防士を襲い、逃げる間も与えない。また、動きの速い寒冷前線も火災時の急激な風向きの変化をもたらし、消防士の危険につながっている。

山火事を予測し消防士を守る

　米国立気象局（NWS）では、大規模な山火事が発生した場合、現場に災害気象学者を派遣している。急激な風向きの変化が予測された場合は消防士たちに注意を促し、また消防士たちが戦略を立てるための気象予測を提供するためである。

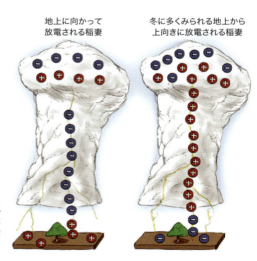

地上に向かって放電される稲妻

冬に多くみられる地上から上向きに放電される稲妻

雲と地上との間に発生するプラスとマイナスの電荷の激しいやりとりが、山火事の原因となる稲妻を引き起こす。

山火事が起きたら、ペットを守るための予防措置を取る。

→ すぐに身元がわかるように、マイクロチップを入れることを検討する。
→ ペットの必需品を余分に車に積んでおく。
→ 実際に火災が起きて避難する場合に備えて、事前に猫や犬をキャリーケースに入れて運ぶ練習をする。
→ 大型動物の場合は、トレーラーに乗せて移動する練習をしておく。

火災発生後
→ 火災の被害を受けた建物の周りをうろうろさせない。
→ 家と庭の安全を確認している間にどこかへ行ってしまわないように、犬はリードでつなぎ、猫はキャリーケースに入れておく。
→ ペットがケガをしそうな物や害になる物がないか気をつける。

→ ゆっくり時間をかけて状況の変化に慣れさせる。なじんでいた臭いや目印がなくなってしまったために、ペットが混乱したり、迷子になってしまったりする危険があるからだ。
→ 切れて垂れ下がった電線やがれきにペットを近づけない。

山火事専用アプリの活用

iTunesやGoogle Playからダウンロードできる以下のアプリは、米国などで山火事の危機に直面した際に役立つだろう。

→ 日本の東京都青梅商工会議所が配信するアプリ『FIRE CORPSめ組』をはじめ、火災情報や消防活動に役立つアプリを開設している地域がある。地図上に火災現場

PART 2　乾燥による災害

米国ユタ州サラトガスプリングスで起きた山火事では、地域一帯の住民が避難を余儀なくされた。

や消火栓の場所が表示され、グループ設定を使えば家族などの居場所もわかるものもある。また、各市町村のホームページからメール登録すれば、緊急速報以外に火災情報を配信してくれる地域もある。

→ ANZEN NET（anzen.net）で見られる『火事ドコ？まっぷ』（スマートフォン表示対応）では、各市の火災発生地や消防車の出動状況を地図上で知ることができる。

→ 『ワイルドファイア・バイ・アメリカン・レッドクロス（Wildfire by American Red Cross）』は米国各州の山火事に関する最新情報や準備に関する役に立つ情報を提供し、大切な人にあなたの無事を知らせる機能も備えている。英語。

→ 『ワイルドランド・ファイア・マップ（Wildland Fire Map）』iTunesでダウンロードでき、米国内で発生している山火事の場所とリスト、そして火災が起きている場所すべての周辺地図を見ることができる。プレミアム版（有料）には消防士向けと住宅所有者向けがあり、火災気象オーバーレイマップや気象・火災の危険性評価の計算ソフト、その他の情報も提供している。アンドロイド版は『ワイルドファイア・プロ（Wildfire Pro）』を配信している。いずれも英語。

→ 『バーント・プラネット（Burnt Planet）』はiTunesからダウンロードできる、衛星データを使った無料アプリ。大規模な山火事から小規模な「焼き払い」まで、世界中の燃えている場所をピンポイントで教えてくれる。英語。

→ 『ワイルドランド・ツールキット（Wildland Toolkit）』（iOS向け）は、消防士が山火事の動きを予測するためのツール。非常に専門的なものだが、火の動きを研究するには興味深いソフトだ。英語。

緊急時の心得 ➡ 家に戻る
AMERICAN RED CROSS（米国赤十字）

火災の後は、家の様子を注意深くチェックしてから中に入る。電気の配線やガスの配管が壊れていたり、基礎部分に亀裂が入っていたりしたら、家はまだ危険な状態だということだ。シューという音やガスの臭いを感じたら、ガス漏れの危険がある。家の構造に問題がないか、入居する前に地域行政の災害担当者や消防署に確認してもらおう。特に上記の危険な兆候に気づいたら、専門家にチェックを依頼するのが必須だ。

被災者の証言：米国コロラド州コロラドスプリングスの消防士で実業家
ダレル・フォルトナー

我が家を襲った山火事

自宅が燃える様子を、なすすべもなく見守る父と息子。米国コロラド州。

　ダレル・フォルトナーと妻ジェニファーは、2013年に米国コロラド州コロラドスプリングス郊外で起きた大規模な山火事で家を失った。皮肉にもダレルは、山火事被害の軽減と防止に役立つ伐採会社、ダンディー・ツリー・サービスを営んでいる。しかし、燃えさかる巨大な炎に65km²を超える土地が焼き尽くされ、山火事が起きたときに人間は、避難すること以外ほとんど何もできないことを知ることになった。

　幸いなことに、彼らの家が炎に包まれたとき、ダレルと妻は留守にしていた。近所の人が電話で、家に火が迫っていると教えてくれたのだった。それを聞いた2人は、そのような状況で大抵の人がとってしまう行動、だが決してやってはいけない行動に移ってしまった。すなわち、急いで家へ向かったのだ。

　「炎は木の高さの3倍にまで達し、風は風速20m/s余りの速さで吹き抜けていました。それは信じられない光景でした」とダレルは言う。

　「ブラックフォレスト通りを見渡すと辺り一面、煙で真っ暗になっていて、ガスマスクなしでは通り抜けることは不可能でした。たとえガスマスクをしていたとしても前が見えないのだから、結果は同じだったと思います。家に入ろうとしたとき、現場の保安

官が止めてくれたのが幸いでした。もし家の中に入っていたら、恐らく生きて出てこれなかったことでしょう」

ダレルと妻にとって、その家は単なる建物以上の物だった。彼のそれまでの努力の結晶であり、家族の象徴。まさに帰るべき我が家だったのだ。

「私たちは大勢の猫と4匹のジャーマンシェパードを失いました。消防士たちがその場で葬ってくれたのですが、彼らはとても親切で愛情深く、墓の周りに石を置いてくれました。妻と私は20年前に結婚しましたが、あの家が私たち夫婦にとって最初の家でしたし、家と共にずっと一緒に暮らしてきたのです」

家が焼けたのは、ダレルが正しい予防措置を取っていなかったからではなかった。彼は家の周りに防火帯を造り、周囲の木々の手入れもきちんとしていたという。また、車や備品類も家から十分に離れた所に置いていた。

「家の敷地は幅30m、長さ210m余りです。私は道の両側60mにわたって、マニュアルどおり敷地内にある木を1本1本切り倒していたんです」とダレルは話す。しかし、ダレルが講じた安全対策などおかまいなしに、燃え盛る炎は暴れまわった。

「火は最初に東へ進みましたが、午後6時45分ごろ方向転換をして南に回り込み、家の裏手に迫ってきました。隣家の木立ちが敷地のすぐそばに立っていた辺りです。火はすでに私の家の目の前でした。家の周囲にはポプラの木がたくさんあり、多くの落葉樹と常緑樹が生い茂っていたのです」

失った物は大きかったが、それでもダレルは幸運だった。2人の隣人が、この火災で煙を吸って亡くなっていたからだ。

「私はこれまで国中の被災地に行き、山火事の被害に遭った人々の復旧作業を手伝ったり、彼らの家を火災から守る活動をしてきました。あるときは、ハリケーンが去った後のがれき処理を手伝ったりもしました。そして、被災地では、被害に遭った人々の悲惨な状況を目の当たりにして心を痛めました。しかし、私自身がそういう状況を経験したことがなかったので、被災者の気持ちは想像する以外ありませんでした。今であれば、彼らの気持ちが手に取るように理解できます」

> "ガスマスクなしでは通り抜けることは不可能でした。たとえガスマスクをしていたとしても前が見えないのだから、結果は同じだったと思います"

特に激しく燃えている場所に放水する消防士。

PART 2 乾燥による災害

専門家の見解：**スティーブ・ランニング**
規模も激しさも増していく山火事

夜、木々が生い茂る山腹で「焼き払い」が行われている。

スティーブ・ランニング：米国モンタナ州立モンタナ大学、森林生態学指導教授。

→ **米国西部では山火事の状況が悪化しているのか？**

はい、悪化しています。現在起きている山火事は、以前よりも規模が大きくなっています。また、いったん燃え始めると、より長い期間にわたって燃え続ける傾向があります。さらに、燃える範囲もどんどん広くなっています。

→ **平均的な山火事は1週間もすれば収まっていたが、最近の大規模な山火事は1カ月以上も燃え続けているのはなぜか？**

消防士は通常の場合、民家の近くで発生した火事を優先的に消すように努めています。そのため原野で起きた火事の一部は、燃えている状態が放置されます。それでも消防士は、発生から数日以内にほとんどの原野火災をうまく制圧できるものです。しかし、悪条件が重なった場合、特に風の状態次第では、火は急速に燃え広がることがあります。こうなると、火事を消すために人間ができることは全くありません。これは、一般の人々には理解されていない大事なポイントです。米国海洋大気庁（NOAA）が、ハリケーンがフロリダのビーチに到達する前に止められるなんて誰も思わないでしょう。消防士にしても同じです。巨大な山火事を、町のすぐ手前で消すことなどできないのです。事実、1988年にイエローストーン国立公園で起きた山火事は、雪が

降る時期まで燃え続けました。

→ 気候変動は山火事の悪化に関係しているのか？

いくつかの点で関係しています。まず考えられるのは、降雪量の減少です。かつて米国西部の山地には、夏になるまで雪が残っていました。たとえば、ルイス＝クラーク探検隊は、太平洋岸から東に向かって帰路に就いていた1806年6月21日、モンタナ州のロロ峠を通り抜けようとしたときに、6mの積雪に遭遇しました。現在その辺りの雪は、5月1日までにはすっかりなくなっています。積雪が早く解けてしまうために高地の森林は、長い時間を経て乾燥しきってしまうのです。そこに雷でも落ちれば、火が燃え広がるのはあっという間の出来事です。私たちは今、何世紀も燃えたことのない森林が、山火事の危険にさらされているのを目の当たりにしています。さらに、西部の山地における夏の降水量は少なく、雨が降ったとしても数日ですぐに蒸発してしまうのです。

→ 米国西部で雪解けが早まったのは、以前より気温が高くなったせいか？

そうです。気温の上昇は科学的にも既に定説になっていて、積雪は50年前に比べると、平均しておよそ2週間早く解けています。また、冬期の降水が雪ではなく雨になることも多くなっているのです。

→ 夏に記録的な高温が観測されることも増えているのか？

そのとおりです。以前よりも夏の気温が上昇してきたことで、森林が乾燥するスピードも速くなっています。そのため、さらに多くの森林が発火しやすい状態になっているのです。森が十分に乾燥し発火に適した条件がととのったら、いつ火事が起きるかは、まさにロシアンルーレットのようなものです。また、山火事のシーズンも非常に長期化しています。カリフォルニア州は、今やほぼ年中、山火事の危険にさらされています。冬でさえ、山火事の恐れがあるのです。モンタナ州ビリングスでも、本来なら発生には寒過ぎる時期であるにもかかわらず、1月に山火事が起きました。これは以前ではありえなかったことです。

→ 今後も大規模な山火事が発生するのか？

山火事はいつも起きるわけではありません。たとえばモンタナ州では、ここ2～3年、深刻な山火事は起きていません。一方でコロラド州では、激しい山火事が2～3件発生しました。降水量が多い年も、気温が低めの年も、単純に落雷が少ない幸運な年もあるでしょう。しかし、全般的に見れば、現在の頻発する山火事の状況が、これからのスタンダードになると考えた方がいいと思います。気温は上がり続けることが予測され、積雪はさらに早く解けるようになるでしょう。今後も、さまざまな気象変動が起きると思います。年々降水量が減り、干ばつが起きやすくなって、山火事が増えるという傾向は、変わることがなさそうです。

HOW TO：山火事への備え

するべきこと

［屋内］

- [ ] 住居の補修、もしくは建築を行う際、特に屋根や外壁、デッキ、内装部材に不燃性の素材を使う。各国の行政機関から評価、認定を受けている防火・耐火建材を選ぼう。

- [ ] 煙突の点検を6カ月に一度、清掃を1年に一度依頼する。ダンパーが機能していることを確認し、メーカーや行政機関が推奨する必要条件を満たした火花防止装置を煙突に設置してもらう。また、薪ストーブの設置や火花防止装置の詳しい仕様についても安全基準を満たすよう確認すること。

- [ ] ポーチやデッキ、床下に、引火を防ぐための防火材として、網目のスクリーンを使用する。

- [ ] 家の各階にデュアルセンサー付き火災警報器を設置する。警報音が寝室で眠っているときでも聞こえるように設置するとよい。

- [ ] 煙警報機・火災警報器を定期点検し、電池式は電池を毎年交換する。

- [ ] 家族一人ひとりに消火器の使い方と設置場所を教えておく。米国連邦緊急事態管理庁（FEMA）では、ABC粉末消火器（普通・油・電気の火災に対応）を推奨している。

- [ ] 可能であれば、防火雨戸や防火ドレープを取り付ける。

- [ ] 電線が炎による影響で停電になったときのために、発電機の購入を検討する。

［屋外］

- [ ] 耐火性のある木（サザンカなどの耐火樹）を植える。マツやモミなどは、広葉樹よりも燃えやすいので注意が必要だ。

- [ ] 定期的に屋根と雨どいを掃除する。

- [ ] 野外での焼却やたき火は、条例に従い適切に行う。

- [ ] 小さな池、貯水タンク、井戸、プール、給水栓など、手近な水源をいつでも使えるようにしておく。

- [ ] 散水用ホースが家のどの場所にも届く長さであることを確認しておく。

- [ ] 可燃性の液体や燃料、ランタンやストーブ、ヒーターなど、燃料を用いる携帯式器具の取扱いに細心の注意を払う。

- [ ] 消火活動にも使えるように、凍結防止機能が付いた給水栓を少なくとも家の両側、15m以上離れた2カ所に設置する。

火の粉が飛び散って煙突火災を起こさないためにも、定期的な清掃と点検が必要だ。

してはいけないこと

[屋内]

- □ デッキやパティオ、バルコニーに新聞や雑誌、ぼろ布、衣類など燃えやすい物を積んでおかない。
- □ 軒裏、軒、天井裏などの通気口を開けたままにしない。通気口は耐火性素材（網目幅3mmのスクリーンでもよい）で覆い、飛んできた燃えさしによる延焼を防ぐ。
- □ 事前の準備を怠らない。特に山火事が発生しやすい地域に住んでいる場合は、防災セットや避難計画を準備し、家族で確認しておくこと。

[屋外]

- □ 薪の山、庭用の家具、バーベキューグリル、防水カバー、可燃性の液体（油やガソリン缶）など、燃えやすい物を家の外に放置しておかない。
- □ タバコやマッチ、ほかにも燃えやすい物を車から投げ捨てたり、歩きながら地面に捨てない。火がついたものは灰皿などを使って完全に消すこと。
- □ 屋外で火を燃やす場合、その場を離れない。キャンプ場を離れるとき、またはキャンプ場で一夜を過ごす場合は、たき火を完全に消すこと。水をかけ、さらに灰と燃えかすを混ぜておこう。
- □ 風が強いときに庭でゴミを燃やさない。ゴミを燃やす際には、各自治体のルールを確認することを忘れずに。

HOW TO：生き残るために

するべきこと

[屋内]

- □ 山火事が発生したら熱風が室内に入らないように、すべての開口部を閉める。
- □ ガス、灯油など、引火の恐れがあるものの供給をすべて停止する。
- □ 火の回りを遅らせるために、浴槽や流しに水をためる。屋外ではゴミ箱やバケツに水をためる。プールや屋外風呂がある場合は、そこにも水をためる。
- □ 熊手、オノ、手引きノコギリ、チェーンソー、バケツ、シャベルなど、延焼を抑えるときに使う道具や消火用具類を手元に置き、すぐに使えるようにしておく。
- □ 燃えやすい家具を部屋の中心に移動させ、できるだけ窓やドアから離す。
- □ すべての通気口（屋根裏部屋や地下室に通じる通気口も含む）を閉める。ペット用の出入り口も忘れずに閉める。
- □ 燃えやすいカーテンを外し、すべての雨戸、窓を閉める。室内のドアもすべて閉め、熱風が家の中に入らないようにする。暖炉のダンパーを開け、火の粉を防ぐファイアースクリーンで前面をふさぐ。
- □ すぐに家から離れられるように、貴重品（重要書類を含む）を車の中に移動する。水に漬かっても破損しない貴重品は、プールか池の中に入れる。
- □ すべての部屋の電灯、および屋外の電灯をつける。濃い煙の中でも状況をより視認しやすくなるからだ。

[屋外]

- □ 時間に余裕があれば、庭の薪や燃料タンクなどの可燃物を片付ける。
- □ 散水用ホースが水道の蛇口に接続されていることを確認する。また、屋根や燃料タンクのそばなど、特に火災の被害を受けやすい場所にスプリンクラーを設置しておき、火が迫ってきたらスプリンクラーを作動させよう。
- □ がれきや植物のない、低い場所を探して逃げる。
- □ いよいよどうしようもない状況になった場合に限って、窓を閉め、エンジンを切ってヘッドライトをつけたまま冷静に車の中で待つ。徒歩で逃れるよりは、まだ危険度は下がる。米国連邦緊急事態管理庁（FEMA）によると、金属製のガソリンタンクが爆発する可能性は低い。
- □ 避難するときは、必ず水を止める。
- □ 火があなたの周囲に迫ってきたら地面に伏せ、服に水をかける。燃えにくい布や土を体にかけ、濡らした布を鼻と口にあてて息をすること。

山火事

避難するときは、ペットも一緒に連れていこう。

してはいけないこと

[屋内]

- 火が迫ってくるのをじっと待たない。すぐに避難すること。

- 服装に無頓着であってはならない。走れる靴、引火しやすい化学繊維以外の燃え広がりにくい綿かウールの長ズボン、長袖のシャツ、手袋を着用し、ハンカチなどで顔を保護する。

- 「誰かが消防署に通報してくれている」とあてにしない。火事を目撃したらすぐに電話をして、状況を説明する。

- いつも電気が使えると思わない。ガレージのドアの開閉装置を含め、すべての不要な機器類のコンセントを抜く。コンセントを抜いてもガレージのドアは手で動かせる（ガレージのドアは閉めたままにしておく）。

- 立ったままでいるのは禁物だ。煙、ガス、熱は上へとのぼる性質がある。できるだけ地面に近く、腹ばいの姿勢をとってガスや熱を避ける。

- 燃えている建物の中に決して戻ってはいけない。

[屋外]

- 走って火から逃れようとしない。池や川など、水がある場所を探して飛び込む。

- 火災は上昇する傾向にあるため、高い場所にいない。火の勢いが増す狭小地は避け、下る道を探して下へ逃げる。

- 濃い煙の中で車を運転しない。やむえず車を使う必要があるなら、木や低木の茂みから離れた所に駐車する。

- 山火事が発生している場所を通過する際、車のスピードを出し過ぎてはいけない。歩行者や他の車に注意し、車の窓を閉め、すべての換気口も閉じること。

HOW TO：山火事からの復旧

○ するべきこと

[屋内]

- □ あなたがやけどをした場合、また、やけどをした人と一緒に居る場合は、すぐに患部を覆って冷やし119番に電話する。
- □ 家に出火の兆候や損傷、また燃え残りなど、火事の後に潜んでいる危険がないか調べる。特に屋根裏部屋や屋根を調べること。
- □ 山火事が収まった後も、数時間は火に注意し、煙やその他の火事の兆候がないか調べる。
- □ 家に住み続けるのが危険になった場合、近所の人に頼んで、あなたが不在の間、家の様子に常に目を配ってもらうようにお願いをする。
- □ 灰がたまっている場所に注意し、そこには近づかない。必要であればその場所に印を付けて消防士に伝えよう。
- □ ペットや動物の行動に注意する。一見してわからない燃えさしの上などを歩いて、やけどをする恐れがある。
- □ 灰を掃除するときはマスクを着け、適切な道具や器具を使う。汚染の可能性がある道具の洗浄は、行政の指示に従う。
- □ がれきにはホースなどで水をかけ、ほこりの粒子が舞い上がらないようにする。
- □ 革の手袋や厚底の靴を着用し、手と足を保護する。
- □ 可燃性の液体や洗剤、燃料タンクを適切に廃棄する。一時保管する場合、熱や火花が発生する危険のある場所から、十分離れた所に置いておくこと。

[屋外]

- □ 頑丈な靴を履く。できるだけ多くの衣類で体を覆い、肌の露出を防ぐ。こうすることで、火花や燃えさし、おき火に直接的に触れることを防げる。
- □ 火から遠ざかる経路を選んで避難する。火の回るスピードや方向の変化に常に注意を向け、一定の間隔をおいて火の様子を確認すること。
- □ 友人か家族に電話をして、あなたが現在いる場所、どの方面へ向かっているかを知らせる。

火事の後、自宅の焼け跡をつぶさに調べる男性。

してはいけないこと

[屋内]

- 消防当局から許可が下りるまで、家に再び入ってはいけない。
- 行政機関の表示を疑わない。もし監視員などがあなたの家に「要点検」などの表示を付けたら、指示があるまで家には入らない。
- 火にさらされた食品は絶対に食べない。
- 汚染された恐れのある水を使わない。
- 火事の直後に貴重品庫や金庫を開けない。数時間熱を持ち、開けた途端、中身が突然燃え上がることがある。
- 垂れ下がったり損傷している電線、倒れたり損傷している電柱には近寄らないこと。

[屋外]

- 焼け焦げた庭の土をそのままにしておかない。植え替えやマルチングで土と植物を生き返らせる手助けをすることは、一から種をまくより早い。新たに植えるのであれば、防火対策につながる植物は地域環境によって異なるため、調べてから植える。
- 火事は同じ場所で二度は起こらないと考えてはいけない。何度でも起こりえる。
- 洪水の可能性を無視してはいけない。水は焼け焦げた土に染み込みにくく、その表面を流れるため洪水が起きやすくなる。家を建て替えるときには、洪水対策もしておくこと。

PART 2 乾燥による災害

上空から見た山火事の様子。
煙が空高く立ち上っている。
米国ニューメキシコ州。

異常気象
HEAT AND FIRE
猛暑、その中で発生した山火事

- 2009年、オーストラリア南部を襲った熱波により、1日のうちに約400件の火災が発生した。ブラック・サタデー（黒い土曜日）と呼ばれたこの山火事は、約1カ月間続き、173人が死亡、数千人が避難を余儀なくされた。

- 近代史において、最大級の山火事もオーストラリア南部で起きた。ブラックフ・ライデー（黒い金曜日）として知られる山火事が1939年に発生し、およそ2万km²が焼失した。

- 2004年の夏、米国アラスカ州で山火事が相次いで発生し、同州で過去最高の件数を記録した。この一連の山火事で、推定2万km²が焼失した。

猛暑による災害
PART 3

CHAPTER 7　　CHAPTER 8
気温上昇　　熱波

"今、私たちに危機
それは深刻

猛暑

　今、地球上で気温上昇による変化が確認されている。海や陸地、大気が温暖化しているが、その影響で地球上に何が起こるのか、まだ十分な予測がないのが現状だ。しかし、気温上昇に伴う気候パターンの変動は、確実に気象現象に影響を与えている。ある地域では激しい嵐、破壊的な洪水が猛威をふるい、別の地域では深刻な暑さや干ばつ、壊滅的な山火事が発生している。地球温暖化が進むなか、一人ひとりが災害に備え、生存を確保するための準備が必要だ。

　人類は文明化以来、世界規模でのこれほど急激な気温の上昇を初めて経験している。1970年代以降、世界全体の平均気温は、0.2℃上昇した。今後もさまざまな影響を受けて、短期間で大きな気温の変化が起こる見込みだ。科学者たちによれば、長期的には世界の平均気温は上昇し続けるとみられている。たとえば、1985～2005年の平均気温と比較して、今世紀末の2100年までに平均気温は5℃も上昇すると予測されているのだ。

　こうした急激な気温上昇は水の循環に影響をもたらし、結果的に降水量が変化することで、現在と比べ温暖化や寒冷化、乾燥化、湿度が上昇する地域が出てくるだろう。そして、気温が高くなるとより多くの水が蒸発し、その結果、大量の水蒸気が大気中を循環し、激しい豪雨や吹雪が発生する確率も高くなるのだ。さらに、北極圏や高緯度の地域では気温上昇によって氷が解け、海面上昇が活発化するために景色は一変する。その一方で温帯地域に熱波の影響が広がり、干ばつが長期化し、場所によっては山火事の危険性が高まる。

　あらゆる気象現象に影響を与え気温上昇をもたらす熱の発生原因は、はっきりしている。大気中の二酸化炭素などの温室効果ガスが毛布のような働きをし、太陽

気温上昇　225

が迫っている。
な暑さだ"

——ジェームズ・ハンセン、NASAゴダード宇宙研究所所長

エネルギーを吸収すると同時に、地球からの熱エネルギーの放出を妨げてしまうのだ。その結果、地球の気温は上昇し、今後も上昇を続けると予測されている。地球温暖化がどのくらい続くのか、気温の上昇率がどうなるかは、温室効果ガスの排出量によってある程度決定づけられる。しかし、世界各国が温室効果ガスの排出をどのように規制し、その目標を達成できるのかについては、まだ議論の真最中だ。

この章では、気温上昇がもたらす具体的な問題を取り上げながら、今起きている現実を直視し、その対処法について共に考えていきたい。これは、あなたの国に、あなたの住む地域に関わる事態であり、決して人ごとではないのだ。

2011年、ハブーブ（巨大な砂じん嵐）に飲み込まれた米国アリゾナ州フェニックス市。

今この瞬間も、世界各地で気温が上昇している。

CHAPTER 7

気温上昇

　米国では、2011年末から2012年初旬にかけて、あまり冬らしい光景が見られなかった。しかし、本土が雪で覆われると、米国観測史上3番目になる寒さを記録した。そして、3月に入ると気温は一転し、観測史上最も暖かい春が到来した。米国全土における1万5000カ所の地点で軒並み最高気温が塗り替えられたのだ。それから数カ月後の7月は、観測史上最も暑い1カ月となり、多くの地域で気温38℃、もしくはそれ以上の猛暑日が長期間続いた。

　この結果、2012年は米国本土史上最も暑く、かつ異常気象の発生回数が過去2番目に多い最悪の年として正式に認定された。この年の年平均気温13℃は、それまでの最高記録を1℃も上回り、20世紀の平均気温より1.6℃高かったのだ。米国海洋大気庁（NOAA）によれば、2012年は米国すべての州で平均気温を上回り、そのうち19州で過去最高気温を記録したという。夏のピーク時には長期間にわたる干ばつが、米国の全面積の61％にまで及び、農業地帯全域で農作物が枯れ、水力発電所は電気の生産量を減らした（あるいは規制値よりも水温の高い冷却水の使用を余儀なくされた）。また、河川の水位低下により、ミシシッピ川を通る荷船の交通量も減少した。

　米国ばかりではない。この年は世界各地で、記録的な暑さに見舞われた。2012年の世界の平均気温14.6℃は、観測史上最も暖かい年のランキング10位以内に入り、驚くことに、これら10位以内の記録はすべて、過去14年以内のものである。

　気候変動に関する政府間パネル（IPCC）によると、気温の上昇傾向は明確だという。IPCCは、気候変動やそれによる潜在的影響、環境への影響、社会や経済的影

緊急時の心得 ➡ 熱指数
FEMA（米国連邦緊急事態管理庁）

　熱指数とは、気温と相対湿度から計算される体感温度のことだ。たとえば、直射日光を浴びると熱指数は通常の気温より、約8℃も上昇する。実際の気温より、体感温度は高くなっているのだ。猛暑日が頻発している現在、熱指数を知ることは、熱中症を予防するなど体調管理につながる。

噴水のある広場で遊ぶ子ども。人々は暑さをしのぐ方法を模索している。

響に関する最新の科学的知見を世界に提供することを目的に、国際連合と世界気象機関によって1988年に設立された組織だ。IPCCの2013年9月の報告書には、「過去30年における各10年間の平均気温は連続して、1850年以降のどの10年間よりも高い」と記されている。さらに、「北半球では、過去1400年間のなかで1983〜2012年の期間が、最も暖かい30年間であった」とも述べられている。そして、IPCCは最後に「1880〜2012年に、世界の平均気温は0.7℃上昇した」と締めくくっている。

"地球の転換期"が迫っている

地球の平均気温が、ひとたび一定の段階まで上昇してしまうと、後戻りできないほどの壊滅的な変化がもたらされると多くの科学者たちは考えている。2009年にデンマークのコペンハーゲンで行われた気候変動会議では、世界各国から集まった代表者たちによって、「産業革命以前の水準と比べ、世界の気温上昇を平均2℃以内に抑える」という目標が設定された。これはつまり、"地球の転換期"が危機的なほど迫っていることへの警鐘といえるだろう。

世界銀行のジム・ヨン・キム総裁は、最近発表したレポートにおいて、「地球の温暖化が進めば進むほど、大規模な災害が起きる可能性も高まる」との見解を述べた。また今後、数十年以内に世界の平均気温が4℃上昇すれば、沿海都市の浸水、食

糧不足の危険性の増加、猛烈な熱波、水不足、サンゴ礁の劣化、生態系（生物多様性）の破壊など、さまざまな被害が想定されるとしている。この影響で、「世界は現在の暮らしとはまったく異なる、しかも非常に不確実なものとなって、今後の暮らしを予測し、計画していく人類の適応能力さえも脅かす新たなリスクをもたらすだろう」と警鐘を鳴らした。

地球へのダメージ

気温の上昇傾向は、地球上に深刻な影響を引き起こす可能性がある。これに対し科学者たちは、以下のことを予測している。

↘ Gear and Gadgets　道具と装備
温度測定の新しいアイテム

市場にはさまざまな種類の温度計が流通している。しかし、広く流通していた水銀温度計は、水銀が世界各国で有害廃棄物に指定されたことで、過去のものとなっている。2011年には米国立標準技術研究所でも、水銀温度計を使用した測定は今後行わないと発表した。これは、水銀温度計では正確な測定が期待できないことも意味している。

そこで、現在の温度計は温度の高低に敏感に反応する、さまざまな物質を利用している。どれも、熱を加えると膨張し冷やされると収縮するといった、水銀やアルコールと同様の性質を持っている。アナログ式とデジタル式の両方が入手可能だが、デジタル式の多くは無線センサーを搭載しており、自宅周辺の特定した正確な天候予測を行うこともできる。また、インターネットを介して携帯端末にさまざまな気象データが配信される専用アプリもある。これにより場所を登録するだけで、あらゆる種類の高温注意情報が提供されるようになった。

比重計のことも忘れてはいけない。比重計とは大気中の湿度を計測できる計測器で、湿度を知ることは日常生活において重要だ。特に気温が上昇し始めたら要注意である。気温と共に湿度が高くなれば発汗が少なくなり、体温を下げる体の機能が低下してしまうのだ。気温と湿度の状態を知っていれば屋外がどのくらい暑いか、体で感じる暑さはどのくらいかの判断がつき、適切な安全策を講じることができる。

携帯型気象計にはさまざまなものがある。

海水温の上昇：気候変動に関する政府間パネル（IPCC）の報告によると、21世紀の海は、温暖化の一途をたどるという。過去数十年間、海水温の上昇は、主に海の表層部（海面から水深700mまで）で起きていた。しかし、今後数十年間は、深海の奥深くまで水温が上昇する。その結果、海流の循環に大きな影響が及ぼされる。

雪と氷：IPCCは、極圏の氷河の融解は止まらないだろうと予測している。過去20年間でグリーンランドと南極の氷床が大量に

> **Did You Know?　豆知識**
>
> ## 自然からのシグナル
>
> 　気温上昇によって生じる可能性が高い恐ろしい現象のひとつは、昆虫が急激に繁殖することだ。たとえばハエは温暖な気候を利用して繁殖する。気温が上昇し、さらに長期間高温状態が続けば、1回の繁殖期の間に複数の世代が誕生するということも起こる。ハエの幼虫は暖かくなるとより短期間に成虫となる。気温が高くなるほど成長速度も速まるのだ。つまり、地球の気温が上昇すると、より短期間でより多くのハエが誕生することになる。
>
> 　ハエの巨大な群れが出現する異常発生も起こりうる。報道によれば2013年5月のバルカン諸国で、ハエの侵入を防ぐために人々は自宅の窓やドアを閉め切り、住民たちは町中から避難した。湿気の多い天候の後、異常な高温状態が続いたことでハエの大群が発生し、まるで吹雪の後の雪景色のようにハエが地表を覆い尽くしたのだ。このまま地球温暖化が進めば、その他の昆虫も同様に急激な繁殖をみせ、身の毛もよだつような事態が起きるかもしれない。
>
>
>
> 気温の上昇は、昆虫の大量発生をもたらす。

地球温暖化の背景には、排気ガスなど数多くの要因がある。

海面の上昇は地盤沈下を引き起こす恐れもある。

解け続けているのだ。世界各地の氷河も縮小しており、北極海の海氷や北半球に積もっていた春雪も大幅に減少した。さらに、北極海を覆っていた氷床は今世紀中に縮小を続け薄くなると予測している。また、気温の上昇によって、北半球の積雪面積も減少するとみられている。

海面：気候変動に関する政府間パネル（IPCC）の報告によると、1901～2010年にかけて、世界の平均海面は20cm上昇したという。1970年代以降の海面上昇の主な原因は、氷河の融解と海水の熱膨張だ。今世紀中に海面はさらに上昇すると予測されている。

温暖化の原因

地球は、太陽からの熱を吸収している。太陽光（太陽放射エネルギー）が地表を暖める一方で、地球からは赤外線（地球放射エネルギー）が大気圏に放出されているのだが、この地球からの赤外線放射が宇宙空間へ向かうとき、一部が二酸化炭素などの温室効果ガスに吸収され、効率的に下層大気まで放散している。適量の温室効果ガスによって太陽と地球のエネルギーバランスが取れている場合、地球は適温に保たれているのだ。この一連の熱吸収が温室効果といわれるもので、温室効果ガスが存在しなければ世界の平均気温は現在の15℃ではなく、およそ−18℃になると試算されており、地球は今とはまったく違う姿になっていただろう。

逆に温室効果ガスの濃度が高くなりすぎると、どうなるのか？　温室効果ガスに保有される熱エネルギーが多くなり、地球全

体が暖められていくのだ。そして現在、大気中の温室効果ガスの三大要素である、二酸化炭素、メタン、一酸化二窒素(ちっそ)の濃度は、過去80万年で経験したことがないほどまでに上昇してしまった。

また温室効果の原理からいえば、地球に熱エネルギーを注ぐ太陽光の変化が、温暖化を促進させる原因になっていると考えることもできる。しかし、1970年代以降、人工衛星が測定する地球に届く太陽エネルギーは、22年周期による変動に関連したものを除くと増加がみられない。つまり、太陽は現代の温暖化傾向の原因に関与していないと、IPCCは結論づけた。

（237ページへ続く）

緊急時の心得 ➡ 都市生活者と熱波
FEMA（米国連邦緊急事態管理庁）

著しく高温な大気の塊が押し寄せて熱波が長期化することで、都市部に住んでいる人々は郊外に住む人々よりも、さまざまな危険に脅かされる可能性が高い。たとえば、都市部にはアスファルトや濃い色の建造物が多いが、この濃い色の表面は熱をため込みやすいなど、いくつもの要因で気温が上昇しやすい環境にあるのだ。都市に暮らす人々は熱中症に十分注意し、高体温症の兆候を知り、暑さが原因で起こる急な疾患への対処法を学んでおくために、応急処置の訓練を受けることをお勧めする。

都市部特有の要因から発生する、ヒートアイランド現象に気をつけよう。

異常気象
HOT AND GETTING HOTTER
ますます暑くなっている

- 2003年、大規模な熱波がヨーロッパを襲い、高温により推定7万人が死亡した。多くの川は干上がり、ブドウは木になったまま干しブドウに変わり、農作物はしなびてしまった。

- 2012年3月、米国で異常な高温日が続き、それまでの最高気温の記録を更新した、もしくは並んだということが、1カ月で延べ7000回以上もあった。

- 地球上での観測史上最高気温は、1913年7月、米国カリフォルニア州デスバレーで記録した地表気温57℃だ。

米国サウスダコタ州に広がるカスター州立公園の美しい森が、山火事の炎に包まれている。

北極海ではホッキョクグマが狩りの場としている海氷が減少している。

温室効果ガスの急増

　地球はこれまでたびたび、劇的な温暖化期を経験してきた。約5600万年前、北米で年間気温が5℃も急上昇したことがある。その影響は非常に深刻で、干ばつ、洪水、昆虫の異常発生、動植物の絶滅をもたらした。この急激な気温上昇は、大気中に炭素が突如放出されて起こったものだが、おそらくその原因は巨大な火山の爆発か、メタンの堆積物が解け出したことによると推測されている。いずれにしても、地球はその状態から回復するのに15万年もかかったのだ。そして今、不気味なほど似通った形で、それがまた繰り返されようとしている。

　1700年代半ばに始まった産業革命以来、人間の活動は常に余分な二酸化炭素を大気中に、しかも大量に放出し続けてきた。この大量放出の主な排出源は化石燃料の燃焼であるが、メタンや一酸化二窒素、そのほかいくつもの温室効果ガスについても見過ごすことはできない。よく知られているように、こうしたガスの放出は現在も続いており、科学者たちは「このままでは地球の周り（対流圏）の気温は、よりいっそう上昇するだろう」と警告している。

　気候変動に関する政府間パネル（IPCC）は最新の報告のなかで、1986～2005年の20年間と比較して、2081～2100年の間に予想される気温上昇のシナリオを4パターン提示している。最も楽観的なものは、

↘ **Gear and Gadgets**　**道具と装備**

待機電力をカットする

　やつらは突然、家のいたる所を占拠し始めた——。このやつらとは、知らぬ間にそっと電力を吸い上げる電子機器のことである。すぐそこの携帯電話の充電器も、コンセントを挿入していれば（触ってみて温かければ）、それは今も電力を消費し続けているのだ。あなたの年代物のデスクトップパソコン、大型テレビも同様だ。時計が内蔵されている物、あるいはリモコン付きの電化製品は、どれも常に電力を消費している。たとえスイッチが切ってあってもだ。私たちが電力を消費すればするほど、温室効果ガスが放出されている。これら待機電力の簡単な対処方法は、常に使わない電子機器のコンセントはひとつのコンセントタップにすべて集め、スイッチをまとめて切っておくことだ。

気温上昇の基礎知識
地球温暖化とは何だ？

　地球はなぜ暑くなっているのだろう？　この問題を考えるために、温室効果というものをもう一度見直してみよう。誰もが知っているように、私たちの生活を支えてくれる太陽と地球は密接な関係にある。もしその均衡が崩れたら、気温や気候に途方もない大きな変化をもたらすに違いないことは、想像に難くない。太陽エネルギーが私たちの生活に不可欠であることは言うまでもなく、暮らしに大きな影響を与える気象現象にも深く関わっているのだ。

　地球は「複数の気体＝大気」に覆われ、太陽からの太陽放射エネルギーは大気中を、大気そのものをほとんど暖めることなく通過し、地表に到達して熱を与える。一方で地球は暖められた地表などから地球放射エネルギーを放出させ、大気中の特定のガスがこのエネルギーを吸収して大気が暖められる。こうして暖められた大気は熱を放散させ、その一部が地表に戻ってくるのだ。この熱吸収を行う大気中の特定のガスが「温室効果ガス」と呼ばれるのは、温室のように大気中に熱を閉じ込める働きをするからである。

　大気中で行われているこの熱吸収は自然なプロセスであり、地球上の生物の生態を保つために、なくてはならないものだ。しかし、気象学者たちは、温室効果が急速に増大傾向にあるという結論に達した。その原因は18世紀の産業革命以降、人間が化石燃料を燃やすことにより生まれた各種のガスを、大気中に放出し続けてきたことにある。

　二酸化炭素は温室効果ガスの代表格だ。地球上の自然循環の過程において、二酸化炭素は空気中や水中、生命体や岩石、そして地中奥深くに埋まっている石炭、石油、天然ガスに含まれている。人間が化石燃料を燃焼すればするほど大気中の二酸化炭素は増加し、大気はより多くのエネルギーを閉じ込めて地球の温暖化が進むのだ。

気温上昇を予測する

　地球の長期的な温暖化傾向をいかに観察し予測するかについて、科学者間（しばしば科学的根拠に基づいてというよりは政治的な理由）で議論が続けられている。そのなかで、今後の気候変化の予測を担う切り札として、コンピューターモデルがある。地球上の大気や海、陸地や氷で覆われた地域の相互作用を算出する複雑な数式を利用し、予測内容は特定の天気情報ではなく、気象の全体像としてシュミレーションされる。

身近なところで温室効果ガスは増大している。

異常気象により海水があふれ冠水した、イタリア、ベネチアのサンマルコ広場。

温室効果ガスの放出が実際に減少した場合で、気温の上昇幅は0.3～1.7℃に抑えられると予想している。これに対して最悪のシナリオは、温室効果ガスが増加し、気温上昇幅は2.6～4.7℃になるという予想だ。しかし、最も変化が少ないシナリオも含めすべてにおいて、2100年以降も温暖化は進んでいくだろうと語っている。

温室効果ガスの種類

二酸化炭素：二酸化炭素は、大気、海、土壌、植物、動物の間で行われる地球の炭素循環の一部として、元来大気中に存在している。しかし今、人間の活動によって極度に増加している。他の温室効果ガスのなかでも大気中の二酸化炭素濃度は最も高く、産業革命以前と比べてほぼ40％近く上昇し、18世紀にはおよそ280ppmであった濃度が、2011年には391ppm（約1.4倍）となっているのだ。各国における二酸化炭素排出源は発電を目的とした石炭などの化石燃料の燃焼であり、それに続いて、輸送機関で使用するガソリンやディーゼルなど燃料の燃焼が挙げられる。

メタン：メタンは米国において、人間活動によって二酸化炭素に次いで多量に放出されている温室効果ガスである。2011年にはすべての温室効果ガスの約9％を占め（日本では日本の温室効果ガス排出量の約

二酸化炭素の排出量は、産業革命以来増加の一途をたどっている。

1.7％を占める）、天然ガス設備からのガス漏れや家畜類の飼育場などが発生源になっている。また、湿地帯のような自然界からの放出もある。現在、地球の大気中に含まれるメタンの量は、過去65万年で最も多い状態だ。

一酸化二窒素： 一酸化二窒素は2011年に米国で放出された温室効果ガスのうち、5％ほど（日本では約1.6％）しか占めていない。しかし、一酸化二窒素の分子は、自然消失するまで平均120年も大気中にとどまり続ける。このため、一酸化二窒素が気温上昇に与える影響力は、同量の二酸化炭素と比較して300倍以上になるという。

一酸化二窒素は自然界から放出されるものと、人間活動によって排出されるものがあるが、なかでも合成肥料の使用による土壌への窒素投入は、2011年米国での排出原因の69％を占めていた。このほかの原因として、家畜類のふん尿に含まれる窒素の分解時に発生することがわかっている。南極やグリーンランドで、時代ごとに積み重なった氷床から取り出された筒状の氷の柱「氷床コア」のサンプルを調査すると、一酸化二窒素の濃度は1万1500年の間、変化していなかったことがわかった。しかし、産業革命以降は約18％上昇しており、特

に20世紀末にかけて急激に増加している。

気候変動による深刻な影響

　日常のなかで気温が少々上がることは、それほどの大問題になるとは思えないだろう。しかし実際は、ほんの2～3℃気温が上下するだけで、地球の生態系に大きな違いが生まれ、影響はあらゆる所に現れ、劇的な変化をもたらすのだ。その現実を知るために、米国環境保護庁（EPA）が気温上昇に伴う気候変動の影響として挙げたいくつかの現象を次に紹介する。これは、「今年の夏の午後は、うだるように暑くつらいでしょう」などというレベルの話ではなく、はるかに深刻な問題だ。

降雨・降雪パターンの変化：気温が上昇すると、より多くの水分が陸地や水中から蒸発するため、大気中の水分が増える。一般的に空気中に水分が増えると暴風を伴う雨や雪が増え、さらに激しい豪雨も予測される。

干ばつの増加：水分の蒸発が進めば、土壌内の水分は減少する。その結果、世界各地の乾燥地域のなかには、さらに長期間、深刻な干ばつが起こる地域が現れる。

海水温の上昇：大気と海は互いに影響し合っているため、気温が上昇すると海水もその熱の一部を吸収して水温が上がる。水温の上昇は潮流を変化させ、雨雲の発生を促し、暴風雨を発達させる。さらに、熱帯のような場所では、より激しい暴風雨が起こりやすくなる。

海面の上昇：海水は温められると膨張し、容積が増える。水1滴は少しの量でしかな

> **Did You Know?　豆知識**
> ## 変更を余儀なくされた植物マップ
>
> 　過去数十年間での気温上昇は、園芸に適した植物マップを文字どおり変えてしまった。世界中の気温上昇に伴い、多くの植物や樹木の生育に適した地域が、今までよりも北に移動したのだ。また、低温時期の減少により、生育期が長くなった植物もある。米国における適応状況に関する最新情報は、米国農務省のサイト内「植物耐寒性区分地図」（英文。planthardiness.ars.usda.gov）で確認できる。

飼育場のウシが放出するメタンガスも、地球温暖化につながっている。

いが、海全体でそれが起これば膨大な量となって海面が上昇する。また、氷河や氷床が解けて海水が増えることによっても海面は上昇する。

海氷の縮小：冬になると北極海の氷面積は拡大し、夏になると縮小するものだ。しかし、北極海は過去数十年の間に他の地域よりも速く温暖化が進んだため海氷が減少し、2012年9月の北極海の海氷は過去最少量となった。1979〜2000年の同月平均で比較すると、その量は51％も減少しているのだ。

氷河の融解：氷河は雪と氷が堆積した大規模な層で、盛夏でも地表に見られる。米国西部やアラスカ、ヨーロッパ、アジアの山々など、世界中のさまざまな所に存在する。しかし、気温の上昇により新雪が積み重なるよりも前に、氷河が解けてしまう状況にある。

海水の酸性化：大気中に増加した二酸化炭素の約40％が海に吸収されてきたが、海水に溶けた二酸化炭素は化学反応によって炭酸が生成され、海水の酸性度上昇を引き起こした。海水の酸性化は、サンゴやプランクトンをはじめ、海の生物に対し有害になることがある。

雪塊氷原の縮小：雪塊氷原とは、陸地の上に積もった雪が堆積して氷となったもの

だ。高山地帯をはじめとする寒冷な地域では、冬の間に雪が積み重なって雪塊氷原ができ、春から夏にかけて解ける。しかし、気温の上昇が進めば雪は減り、雨が多くなる場所も出てくるだろう。すると雪塊氷原は従来の深さを保てなくなるのだ。また、気温が上がることで雪が解けるスピードも速くなり、雪塊氷原の縮小に追い打ちをかける。1950～2000年の間に、米国西部で確認された4月期の雪塊氷原の量は、75％も減少してしまった。

永久凍土層の融解：永久凍土層とは、年間を通して凍結状態を保っている土や岩石の層のことをいう。永久凍土層はアラスカの大部分、カナダの一部、極北の国々に見られる。永久凍土層がある場所は不毛な土地であると想像するかもしれないが、表面の層は気温の高い季節に解けるため、表面にある土壌では植物が生育している。通常、表層部の下には厚く凍った土の層が存在するが、このまま気温が上昇すれば地表温度も上がるため、永久凍土層の融解が進む恐れがある。

涼しさを保つ方法

電気の使用などによる温室効果ガスの排出を削減しながら、暑い季節に涼しさを保つためには、どうすればよいか。一時しのぎに冷房を強めるのではなく、もっと

合成肥料の散布が、一酸化二窒素濃度の増加につながっている。

威力を増したサイクロンによって破壊された中を歩くバングラデシュの村人。

根本的な解決策を考えよう。どんな小さな努力でも、積み重なると大きな成果を生むのだ。これから挙げる新しい習慣を実践することは、短期的にみても猛暑の不快感を和らげ、私たちが今後数十年の間に直面する気温上昇への対策にも役立つだろう。

生活空間を整える： 暖かい空気は上昇するため、たとえ換気を十分にしていても、上の階の部屋は下の階に比べて暑くなる。そこで、暑い季節は生活の場を（できれば眠る場所も）下の階に移動することをお勧めする。地下室であれば周りが土で囲まれているため室温を低く一定に保つことができ、さらに涼しさを感じるだろう。また、日中はカーテンやブラインドを閉めて、直射日光の侵入を最小限に抑える。コンピューターやテレビ、白熱電球であっても電化製品は、つけている限り発熱を続ける。使わないときは、すべての電源を切ることを心がけよう。

生活時間を見直す： できるだけ熱帯地域の生活を見習ってみよう。たとえば、日中に昼寝の時間をつくり、それが無理な場合は体を動かす活動を減らして過ごす。朝は早めに起き、太陽が照りつける前に家事や庭仕事を終わらせる。また、夏季は日が長くなるので、労働は昼の遅めの時間帯に変更する。就業時間をずらすことで、昼間の休息時間もとれるはずだ。

食事を工夫する： 暑さが特に厳しい時期は、食事の献立を見直すことも大切だ。生

の食べ物を食べれば調理する必要がなく、肉の代わりにナッツや乳製品を食べれば、コンロやオーブンなどキッチンで熱を使わずにすむだろう。さらに、こうした植物性タンパク質は、動物性タンパク質に比べ代謝エネルギーを多く必要としないので、消化の際に体内で発生する熱も減らすことができる。

同じような理由で食事の量も少なめにし、満腹になるまで食べないようにすることで体内の熱を減らすことができる。極端ではあるが、1日3食という食事の習慣を変えてもいいかもしれない。そして、水分は十分にとること。特に食事中の水は、適度に飲むようにする。

心身の変調を察知する

気温が高くなると不快感を生じるものだが、その不快な症状は体からの警告かもしれない。健康に問題が発生した場合、医療措置が必要だ。

「熱性けいれん」は、痛みを伴って無意識に起こる手足の筋肉の収縮で、筋肉そのものに原因や影響はないが、もっと深刻な問

↘ Good Idea　緊急時に役立つアイデア
風の通り道をつくる

窓の配置は、風通しと垂直換気を意識して設置するべきだが、既存の窓であっても風がよく通り抜けるように開閉の工夫をすれば、室温を下げることができる。そのためには、まず風向きを知り、外からの風が自然に入ってくるように窓やドアを開ける。扇風機があれば、風の入ってくる方向を背にして置き、冷やしたい場所に新鮮な空気を送るようにしよう。次に風が入ってくる窓やドアの反対側の窓やドアを開け、室内の空気が自然に排出されるようにする。扇風機がもう1台あれば、排出方向に向けて置こう。また、風向きをこまめにチェックし、場合によっては開ける窓やドアを変更すること。

垂直換気も同様の発想だが、異なるのは風を入れるために1階の窓やドアを開け、風を出すために開けるのが上層階の反対側にある窓やドアである点だ。こうすれば、熱を持った空気は建物の上から外に排出され、下の階には新鮮な空気が通るようになる。風を知れば、エアコンによる電力消費を抑えて涼をとる工夫が見えてくるだろう。

風の通り道をつくり涼しい空気の流れを保とう。

題である熱中症の「熱疲労」や「熱射病」の兆候である場合が多い。

熱疲労の症状には全身の疲労感の他に、嘔吐や吐き気、頭痛、めまいなどがある。熱疲労の患者の体を横にして水分補給を行っても、すぐに症状の改善がみられない場合は、より症状の重い熱射病に進行する恐れがある。

熱射病は体内の冷却機能が働かなくなった状態で、死に至る危険もある。乳幼児や高齢者は、特に熱射病になりやすい。熱射病の症状には熱疲労の症状とともに、より深刻な頻脈や発汗停止、幻覚や意識障害などが含まれ、けいれん発作が起き、

↘ Did You Know? 豆知識
過去の気温変動を探る

　ガリレオ・ガリレイが初の温度計を発明したのをきっかけに、科学者が気温測定を始めたのは、今から400年以上前の1592年ごろの話だ。しかし、地球の平均気温を日常的に記録するようになったのは1880年代からであり、それ以前の気温を知るためには「古気候モデル」が使用されている。はるか昔の気温を推測することができる古気候モデルは、過去の気候を再現するために、たとえば木の年輪や氷床内部に閉じ込められた気泡などの情報を集め、これらの断片的な情報を手がかりに、全世界の平均気温の変動を再現するものだ。こうした多くの情報をコンピューターで解析しシミュレーションすることで、科学者は何百万年前もの時代にさかのぼり、当時の気温や気候現象の解明を可能にした。

液体の密度と温度の原理を利用して作られたガリレオ温度計。

積雪の減少は雪解け水の減少となって、河川の水量も減ってしまう。

雨の中でメールを打つ女性。さまざまなアプリを駆使すれば、常に最新の気象知識を得ることができる。

最悪の場合は昏睡状態に陥る場合もある。

　熱疲労も熱射病も命に関わる深刻な症状のため、素早い対処が必要である。初期の兆候が現れたら、必ず休憩を取り水分を補給すること。前述のような症状の悪化がみられる場合は、すぐにかかりつけの医院か地元の救急病院に行き、医師の診察を受ける。不安を感じたら、ためらわずに救急車を呼ぶことだ。

気象・防災アプリを活用する

　気温上昇による影響のなか、特に顕在化している問題が本書で紹介しているような異常気象現象による緊急事態の増加である。iTunesやGoogle Playからダウンロードできる以下の天気アプリや緊急アプリは、その対策全般に役立つだろう。

→ 日本のアプリ『防災速報』は、自分の地域を登録すれば、その地域の豪雨予報、気象警報、避難情報、熱中症情報をはじめ、地震や噴火など自然災害の情報を知らせてくれる。

→ 『防災情報・全国避難所ガイド』は、緊急時の最寄りの避難所、避難場所の地図上検索をはじめ、各種気象情報、警報、各電力会社の電気使用状況、安否の確認などができる。ほかにも、各区市町村で警報の発令状況、避難所場所の情報、防災マニュアルなどの情報を配信するアプリを開設しているところもある。あなたの住む地域の防災アプリがあるかチェックしてみよう。

→ 東京都地球温暖化防止活動推進センターが開設する『環境家計簿』では、家庭で消費する電気、ガス、水道などからの二酸

化炭素排出量が計算できる。

→『ノア・ナウ（NOAA Now）』は、米国海洋大気庁（NOAA）が発表する最新ニュースや緊急情報を受信できるアプリだ。全米の紫外線指数、大西洋中部から東太平洋上の低気圧の最新情報、米国本土の最新の荒天警報などが確認でき、米国および北東太平洋、西太平洋、西大西洋の衛星写真も見られる。英語。

→『レーダースコープ（RadarScope）』は、気象愛好家のために開発された気象レーダーアプリだ。このアプリは次世代レーダー（NEXRAD）の簡易データを表示できる。場所の登録が可能で、156カ所あるレーダー情報のなかから選択できる。また、米国立気象局（NWS）の警報も表示することができる。英語。

→『アキュウェザー（AccuWeather）』は、表示も見やすく使いやすさを考えて作られた天気情報アプリだ。異常気象に伴う健康上の不安など、個別の関心事に対応するオプション機能も付いている。英語。

→『マイワーン（MyWARN）』は、NWSの出す荒天警告を数秒以内に配信してくれる。米国内であればユーザーがどこにいても、その地点に危険の兆候がないかモニターし、荒天予報や荒天注意報、各種警報を知らせてくれる。英語。

→『アメリカン・レッドクロス・シェルター（American Red Cross Shelter）』は、災害時に受け入れ可能な米国赤十字の避難所と現在の利用者数を、使いやすいインターフェースの地図で表示する。英語。

→『アメリカン・レッドクロス・ファーストエイド（American Red Cross First Aid）』は米国赤十字社の公式アプリだ。これを使えば、ごく一般的な応急処置を行うために必要な情報をすぐに入手できる。英語。

→『フィーマ（FEMA）』は、米国連邦緊急事態管理庁（FEMA）が提供するアプリ。災害から身を守るためのヒントや応急処置の対話型チェックリスト、米国内の緊急時集会所などがわかる。英語。

→『ディザスター・アラート（Disaster Alert）』は、日本を含め、世界中で発生している災害情報や警報をマップに表示してくれるハワイ発信のアプリだ。洪水、暴風雨、ハリケーン（サイクロン・台風）、地震や津波など、アイコンを押せば詳細が表示される。英語。

緊急時の心得 ➡ 水分を補給し続ける
CDC（米国疾病対策予防センター）

水分を十分に補給することは、暑さに起因する病気を防ぐために不可欠だ。暑い日は運動をしていなくても、喉が渇きを覚えていなくても、水分をとり続けよう。しかし、同じ水分だからといって、アルコール、カフェインを含む飲み物、冷た過ぎる飲み物、甘過ぎる飲み物を飲んではいけない。

被災者の証言：**アラスカ州シシュマレフの住人、先住民族イヌピアット　フレッド・エニンゴウク**

気温上昇に伴う生活の変化と危機

氷が薄くなり、自給自足のためのアザラシ猟の姿も変わった。

　フレッド・エニンゴウクは、気温上昇の最前線に立たされている。彼の住む米国アラスカ州シシュマレフ島は、先住民族イヌピアットの人々が、およそ4000年間暮らし続けてきた島だ。現在も約500人がこの島に住んでいるが、気候変動が原因で島を離れる人が続出している。

　ベーリング海峡にあるシシュマレフ島は北極圏の端に位置し、気温上昇の影響によって氷が解け、海岸の侵食が始まっている。住民の生活形態は昔ながらの自給自足を保ち、その多くを狩猟に頼っている。氷の減少によって、狩りに支障をきたしているのだ。彼らは氷が張っているからこそ、凍った海の上を移動できるのであって、氷がなくなれば狩りをするどころか、小さな島から出ることさえできなくなってしまう。しかも、住居が立つ海岸線は侵食により年々後退し、家が海にのまれているのだ。

　この事態に米陸軍工兵司令部は、シシュマレフ島の全島民が移住するしか方法はないと話す。海岸浸食によって、もはや嵐や

異常気象に耐えられる状態ではない、というのがその理由だ。

「近年は、春の訪れが1カ月ほど早くなり、秋の訪れは1カ月ほど遅くなっています。今年の春は特に変わっていました。一体どうしたことなのか、なぜ、いまだに嵐が続いているのかわかりません。いつもなら4月に終わるはずの季節嵐が、今年は5月になっても続いているのです。そのおかげで、生活は以前よりも苦しくなりました。

氷の上の移動も難しくなりました。嵐が氷の上に新雪を積もらせてクレバスや氷穴など、危険な場所を覆い隠してしまうのです。ですから、早く北風が吹いて春の狩猟が始められるようになることを、島の誰もが祈っています」

フレッドの説明によれば、吹雪は以前よりも激しくなったが、地上に積もる雪は減っているという。彼が「良い雪」と呼ぶ雪が2月になるまで積もらないため、その間にソリをはじめ雪上で使う、ありとあらゆる日常生活用具が破損し、大きな損害が出ているというのだ。しかし、今年で50歳になるフレッドは、他の土地に移住したくはないと話す。

「私はこの地で育ったので、当然ここに住み続けたいのです。年配の人ほど、そう考える人が多いのですが、私たちは現実問題として、次の世代のことも考えて、この先を考えなければなりません」

本土へ移住するという選択肢はある。しかし、フレッドは、移住によって今よりも生活がよくなるという確信が持てないでいるのだ。その理由は、「本土に移住するよりも、ここにとどまった方が幸せかもしれない。移住したとしても、本土でも永久凍土層が解けて、災害が発生する恐れはある」と心配しているからだ。

フレッドの考えに、誰が間違っていると言えるだろうか？ シシュマレフ島の氷が解けたために海岸が侵食され、家々が海にのまれたということは、同じことがアラスカ本土や他の場所で起こってもおかしくはない。しかし、現実として生活のために現状を改善する唯一の解決策といえば、海岸線での暮らしを放棄し、何十世代も守り続けてきたアザラシ猟の文化と伝統を捨てることしかないのだ。

「もし移住をしたら狩猟はできず、自給自足の生活ができなくなるでしょう。私たちは、島を中心にしたこの生活に慣れています。それが、私たちの暮らし方なのです」

島にとどまるにせよ移住するにせよ、気温上昇は4000年もの間守り続けてきたフレッドたちの生活様式を、永遠に変えてしまった。

"私たちは島を中心にした、この生活に慣れています。それが、私たちの暮らし方なのです"

海岸の侵食が住人たちを追い立てている。

専門家の見解：**ハイディ・カレン博士**

暖かくなった世界で生き抜けるのか？

傘の下で身を寄せ合う通行人たち。ニューヨークでは激しい豪雨が増えている。

ハイディ・カレン博士：米国ニュージャージー州プリンストンに拠点を置く非営利の科学ジャーナリズム組織クライメット・セントラルの主任気候学者。

→ 過去50年間に起きた世界的な気温上昇は、どれほど異常なことなのか？

気温上昇自体は、地球の長い歴史のなかで前例のないことではないのですが、問題は上昇率です。過去100年間で世界の平均気温は約0.8℃上昇していますが、これは並大抵の数字ではありません。1万年前に終了した最終氷期以降、同じ程度の気温が上昇するために千年単位の時間がかかったのに対し、現在はわずか数十年で上昇しています。

→ 0.8℃というと、それほど大きくはないように思えるが？

地球規模で捉えると、0.8℃は大変な数字です。覚えておかなければいけないのは、過去50年間に上昇した気温のうち9割以上が海に吸収されているということで、大気に影響を与えているのは、残るわずかな量だということです。つまり、私たちが直面している気候の変化、0.8℃の上昇は氷山の一角にすぎないのです。

→ 近年起きている異常気象は、気候変動のせいなのか？

たとえば雨をみてみると、ごく短時間に大量に降る激しい豪雨が、米国北東部で1950年代後半以降、74％も増加しています。単純に物理的に考えても、世界の気温が上昇すれば、大気中の水蒸気が増えるのは当然の結果です。その状況で雨が降れば、より大きなエネルギーと大量の水蒸気が、雨に形を変えているということになります。

→ 世界各地で最高気温の記録が塗り替えられているのは本当か？

その通りです。オーストラリアでは2012～2013年の夏期に史上最高気温を更新し、壊滅的な山火事と広範囲に及ぶ洪水を引き起こしました。まさに異常気象が牙をむいた年で、地元の人々はその夏を「怒れる夏」と呼んだほどです。

ある新聞の最近の記事によれば、地球温暖化のために同じような暑い夏を迎える可能性は、かつての5倍以上も高まっているといいます。今世紀の半ばから後半には、このような夏は世界的に珍しくはないものになるかもしれません。

→ 異常気象の日常化は、悲観的な見方ではないのか？

そんなことはありません。実際に考えられるシナリオです。仮に気温がこのまま上昇を続け4～6℃上昇したとしたら、あらゆる地域の気象現象も大きく変わり、地球環境はまったく違うものになってしまうでしょう。

→ 異常気象をどれぐらい深刻に捉えるべきか？

どれだけの熱が海に吸収されているのか、海水が混ざり合うのにどれほど長い年月がかかるかを考慮すると、残念ながら「もう元には戻せない」と考えるのが自然な状態です。二酸化炭素の排出を今すぐゼロにしたとしても、気温上昇のペースが落ち始めるのは1000年以上先になるでしょう。私たちの過去と現在の営みそのものが、子どもや孫、その先の代にまで影響を及ぼしているのです。

→ 変わり続ける気候に対して、個人としてできることはあるのか？

まず現状として、どのような危険があるのかを知ることです。たとえば、海岸の近くに住んでいるなら、高潮や海面上昇のことを考えなければなりません。現在、総合的に危険を減らすために何ができるか？ 家の土台を上げる必要はないか？ 大切な機械を地下に保管していないか？ もっと安心して暮らすために何ができるか？ など、個人や各地域社会が直面する異なる危険に対して、地域レベルで住民が一致団結し、災害に対する防災行動を起こす気配が高まっています。まずは一人ひとりが目の前の危険に対処する活動から一歩踏み出すことに、大いに期待したいと思います。

HOW TO：気温上昇への備え

するべきこと

[屋内]

- ☐ 扇風機を上手に設置し、風の通り道を確保する。
- ☐ ブラインドやカーテンを取り付けて直射日光を遮(さえぎ)る。
- ☐ 1日で最も気温の高い時間帯に日差しが入る、西向きの窓を遮光(しゃこう)する。
- ☐ エアコンを運転している場合、室内の涼しい空気を逃さないために、窓やドアの周囲の隙間は目張りなどでふさぐ。火災を拡大しないための設備「防火ダンパー」も、涼しい空気が逃げないように閉じておく。
- ☐ エアコンの予約設定を使えば、就寝中や外出の際にも、いちいち操作することなく自動で無駄なく室温調整ができる。
- ☐ 屋内の壁は遮へい性の高い建材で造り、隙間風も防ぐ。
- ☐ 自分の健康状態を知っておく。血行が悪かったり特定の薬を服用している場合、暑さに弱くなる傾向もある。
- ☐ 空調がきちんと効くか確認する。換気ダクトやフィルターはこまめに掃除しておく。
- ☐ 白熱電球の照明やパソコンなど、切り忘れている熱源がないか確認する。不要な電化製品の電源は切っておこう。

[屋外]

- ☐ 反射・耐熱率の高い素材や塗料、濃い色の屋根と比較して熱の吸収が少ない薄い色の屋根の設置を検討する。
- ☐ 日差しを遮るために窓の外によけを設置し、ひさしを広げ、大きな葉の植物を植える。庭に屋根だけの東屋を建て、日陰のある風通しのよい場所で日中をすごせるようにする。
- ☐ 可能であればソーラーパネルを設置して太陽エネルギーを有効に用いれば、電気代も節約でき、家も地球も涼しく保つことができる。

気温上昇

直射日光を遮るためにブラインドを閉めれば、室内の涼しさが保てる。

してはいけないこと

[屋内]

- 熱がこもりやすい2階や日あたりのよい部屋で活動しない。
- 防風窓や雨戸は取り外さない。窓から熱が入るのを防いでくれる。
- 屋根裏部屋の蓄熱状態を見逃さない。熱気がこもりやすい部屋の熱の排出を考える。屋根裏でファンを回せばこもった熱が排出され、家全体を涼しくできる。
- 近所の人たちとの連絡を絶やさない。特に高齢者は気温上昇の影響を受けやすいため、気遣うようにする。

[屋外]

- 車での不要な移動はしない。車は温室効果ガスや大気汚染物質を空気中にまき散らしている。
- 地域で高温による緊急事態が発生しているときは、庭への水まきや洗車で水を無駄に使わない。
- 夏の間は、南向きや西向きの窓の遮光を怠らない。日よけや雨戸の設置も検討する。
- 庭の土壌がむき出しのまま放置しておかない。マルチを敷くなど、できるだけ土の乾燥を防ぐ。

HOW TO：生き残るために

するべきこと

[屋内]

- ☐ 1日で最も暑くなる時間帯を調べ、日当たりがよく遮光が必要な部屋を把握しておく。
- ☐ 飲料水をボトルに入れて凍らせておけば、停電になった場合、それが冷たい飲料水になる。
- ☐ エアコンや扇風機を使い、常に体を平熱に保つ。
- ☐ 気温の高い日は、体温が上がって体調を悪化しないように、運動は控える。
- ☐ 気分が悪くなったら、日が当たらない涼しい場所で横たわる。
- ☐ 手ぬぐいを凍らせておく。首の後ろに当てれば、気温が上がったときに体を冷やすことができる。
- ☐ 洗濯乾燥機の通気口を掃除し、通気口が詰まっていることで起こる熱い空気の室内還流を防ぐ。また、適切に手入れをしないと、火災を起こす危険もある。
- ☐ 健康的な食生活を心がける。いつもバランスのよい食事をとることで、体調を維持し、暑さによって奪われる栄養素も蓄えておける。また、暑い時に辛い食べ物を食べると、発汗により体表温度を下げる効果がある。

[屋外]

- ☐ いつでも使える水を確保しておく。水分補給は体を冷やすために重要だ。
- ☐ いつでも日陰へ移動できるように常に周囲を観察する。
- ☐ 自分や周囲の人に日射病や熱射病、けいれんの兆候が出ていないか注意する。吐き気、嘔吐、頭痛、めまい、脱力感、意識障害といった症状が出たときは、体温が上がり過ぎている証拠だ。
- ☐ 外出するときは熱を反射する淡い色で、ゆったりした衣服を着用し、日よけ帽をかぶる。
- ☐ ペットを屋外に出しておく場合は、ほどよく冷えた水を常に与え、休憩や睡眠ができる安全な日陰があることを確認する。

水分補給を欠かさないことも、重要な暑さ対策のひとつだ。

してはいけないこと

[屋内]

- シーリングファンを時計回りに回転させない。反時計回りに回転させることで、空気を強制的に押し下げてかき混ぜ、素早く室内を冷やすことができる。
- 日中最も気温が高くなり、電気消費がピークになる時間帯は、照明をつけたままにしたり、消費電力の大きな電化製品（食器洗い機など）を使ったりしない。室内が暑くなるだけでなく、送電網に負担をかけて停電の恐れも高まる。
- エアコンがない場合、窓を閉めきらない。窓を開けて空気の通り道を確保する。
- アルコールやコーヒーなど、利尿作用のある飲み物を飲まない。これらは皮膚への血流を悪くし、発汗も減らしてしまう。

[屋外]

- 濃い色の服を着ない。濃い色は熱を吸収し、蓄えやすいからだ。
- 日中、長時間続けて活動しない。適度な休憩をとること。
- 日中、涼しい場所（たとえばエアコンの効いた車の中など）から急に外へ出て、運動やハイキングなどをはじめたりしない。まずは気温の変化に体を慣らすことが大切だ。

PART 3　猛暑による災害

米国ネブラスカ州で発生したまるで雨のような落雷を伴う嵐が、家の安全を脅かす。

異常気象
MORE LIGHTNING ON THE HORIZON
気温上昇がもたらす落雷の増加

- 史上最悪の死者数を出した落雷を伴う嵐は、1971年に発生した。アマゾンの熱帯雨林上空にさしかかったペルビアン航空機が落雷に打たれ墜落し、91人が死亡した。

- コンゴ民主共和国のキフカ村は、世界一落雷の多い場所である。1k㎡あたりの年間落雷発生回数は158回を数える。

- 米国内で最も落雷が多いのはフロリダ州である。暑さの厳しい夏場が主だが、1k㎡あたりの年間落雷発生回数は59回に及ぶ。

噴水を浴び、遊びながら暑さをしのぐ子どもたち。

CHAPTER 8

熱波

　その日、西ヨーロッパの人々は、あまりの暑さに天を仰いだ。2003年の夏、すさまじい熱波が数週間にもわたって、英国、フランス、イタリア、スペインを襲ったのである。そして、平年の気温を大幅に超えた地獄のような蒸し暑さのなか、推定7万人が命を落とした。死亡者の多くは（特にフランスで顕著だった）、日中の最高気温が40℃、夜も熱帯夜という状況にも関わらず、冷房のない家で暮らしていた高齢者であった。

> **緊急時の心得 ➡ まず、水分の摂取量を増やす**
> **FEMA（米国連邦緊急事態管理庁）**
>
>
> 猛暑は脱水症状を引き起こし、体内で必要な塩分やミネラルを奪う。その最も簡単な対策は、体内の水分の欠乏を補うために、水分摂取（特に水の摂取量）を増やすことだ。ただし、利尿作用のあるカフェインやアルコールは、脱水を促進する働きがあるので避けたい。場合によっては、1日の1回あたりの食事の量を減らし、食事による代謝熱を下げ、体内の水分欠乏を防ぐようにするとよい。
>
>
> 暑い季節には電解質を含んだ水分を補給することが大切だ。

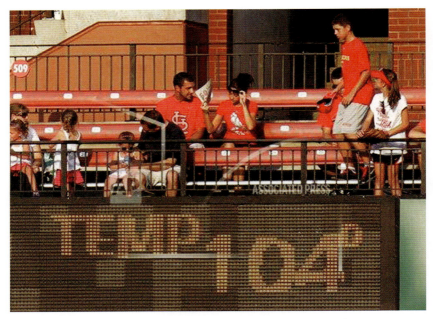

野球観戦でも暑さ対策を忘れてはいけない。くれぐれも太陽に挑むような真似はせず、日陰を探そう。

　熱波は気象のなかでも特に油断のならない異常事態だ。洪水や雷、竜巻や台風のような目に見える異変も何もなく、こっそりと地域に侵入し、そこに住む特に弱者たちに多くの被害をもたらすからだ。驚くことに、米国における熱波による死者の数は、他の気象災害の犠牲者数すべてを合わせた数よりも多い。そして問題なのは、熱波がどれほど恐ろしいかを十分に知っている人が、非常に少ないことだ。そこで、まず熱波の正体を知ることからはじめよう。

熱波が発生する仕組み

　簡単に言えば、熱波は高気圧が形成され、1カ所に長く停滞した場合に発生する。不運にも、たまたま高気圧の下に住んでいたことで、灼熱地獄を体験することになるのだ。高気圧に覆われた地域は上空からの空気が地面まで下降する際に空気が暖められ、圧縮される。そして、他の気象条件が入り込むのをブロックしてしまうため、いくつかの熱波は1カ所にとどまり続け、高気圧があると風が起こりにくく、雲も発生しづらくなる。これらの要因が重なり、気温が急上昇するのである。熱波の定義は各国それぞれだが、日本気象庁では、相当に顕著な高温状態が広範囲に4〜5日以上続く現象をいい、米国立気象局（NWS）では、気温32.2℃以上の日が連続して3日以上続く現象をいう。

↘ Gear and Gadgets　道具と装備
通気性の良い生地を選ぶ

　着る物を減らしたからといって、暑さ対策に有効な服装とは限らない。実際はできるだけ衣類で体を覆った方が、日焼けを防ぐことができて体力を消耗しにくいため、「どういう生地を選ぶか」がいちばんの問題だ。一般的に流通している多くの生地は通気性が悪く、汗の蒸発に必要な空気を、生地と肌の表面の間に行き渡らせることができない。そのなかで理想的な素材は、おそらく天然素材の綿と麻だろう。

　しかし近年、化学繊維の製造技術の発達は、通気性を著しく向上させている。新しく開発されたさまざまな化学素材は、通気性が良く、汗も速く蒸発させることに成功し、この機能が体を涼しく保ってくれるようになったのだ。スポーツ選手向けに開発された「クールマックス」や「ドライフィット（Dri-FIT）」などは、特許を取得して商標にもなっている素材だが、その他にも透湿速乾性のある素材は続々と登場し、今やこれらの新素材が生活シーンでも主流となりつつある。この種の素材は、水分を蒸発させると同時に、涼しい空気を皮膚の上に送り込み、体への影響が最も強いとされる紫外線を強力にブロックする機能を持った素材もある。確かに、サッカー選手のウエアの生地はいかにも涼しげだ。

　天然素材の麻は乾きやすいなど機能面だけでなく、肌触りがいい。一方で綿は、薄手の服には特に好まれる着心地のいい素材だ。しかし、今後訪れる21世紀の暑さと戦うには、21世紀のテクノロジーで作られた素材を選ぶべきかもしれない。

通気性に優れた生地は、暑さ対策の心強い味方だ。

熱波の行方、今後の予測

世界中で暑さはさらに厳しくなっているようだ。たとえば、米国セントルイス市では、2012年の6月28日から7月7日までの連続10日間、平均気温が37.8℃を超えた。この10日間のうち8日間は最高気温の記録を更新し、そのうちの7日間は40.6℃、またはそれ以上を記録するほどの暑さだった。

1994年以降、日本でも猛暑となる年が急増している。2013年8月に高知県四万十市で記録された41.0℃を最高に、40℃以上を記録した歴代18カ所の最高気温記録のうち15の記録が、1994年以降に観測されたものだ。そして、2000年以降、日本各地で熱帯夜となる最低気温や平均気温にも高温記録が続出している。

今後もさらに激しい暑さがやってくるかもしれないと、米国立大気研究センター（NCAR）は警告する。その報告によると、21世紀後半にかけて熱波はさらに激しさを増し、より頻繁になり、しかも長期化すると予測しているのだ。気候変動に関する政府間パネル（IPCC）の第5回評価報告でも、熱波の発生回数は増加し、期間も長期化する可能性が非常に高いという見解が発表された。

また、ポツダム気候影響研究所は2013年の調査結果で、気候変動から誘発された強い熱波の発生頻度が2040年までの間に、数倍も増えるであろうと予測している。彼らの研究モデルによると、「私たちは"新たな気候の段階"に突入しようとしている。今世紀末の夏の最低気温は、現在の夏の最高気温よりはるかに高くなる」と述べたのだ。さらに、環境保護を訴える非営

▶ Did You Know? 豆知識
コオロギの鳴き声で気温を計算する

温度計がなくても、気温を知る方法がある。たとえば、コオロギの鳴き方がそのひとつで、鳴く回数によって外気温が何度であるかを教えてくれる。まず、15秒間に何回鳴くかを数え、その数に8をプラスし、5を掛け、それを9で割った数字が気温となる。

【（15秒間に鳴いた回数＋8）×5÷9＝気温】

コオロギの鳴き声が気温と関係していることは、科学的にも証明されていて俗説ではない。簡単に言えばコオロギの鳴き声が速いほど、気温は高いことになるのだ。

エッフェル塔を背に涼をとる人々。

猛暑の影響を特に受けやすいのは、高齢者や乳幼児など体力のない人々だ。

利団体の国家資源防衛審議会は、このような要素をすべて考慮に入れた非常に大胆な予測を立てている。その内容は「今世紀末までに、全米において人口数が40位以内の都市だけで、気象変動による異常な暑さによって15万人が死亡するだろう」という恐ろしいものだ。

ヒートアイランド現象

都市部は、人工物が少ない場所よりも暑い。自然の土地を都市化させることで舗装路面が増え、かつては水が浸透し湿っていた土壌に水が浸透しなくなり、カラカラに乾燥するのだ。その結果、気温が上昇した都市部では「ヒートアイランド現象」が起こり、緑の多い周辺地域よりも暑くなる。

米国環境保護庁（EPA）によると100万人以上の人口を抱える都市は、緑が残っている近隣の地域よりも年平均気温が1～3℃高いという。また、夜間にはその差が広がり、都市部と地方の温度差は、なんと12.2℃になることもあるのだ。その理由は、都市部の道路や建物が日中に取り込んだ熱を夜になっても、なかなか放出させないことにある。そう考えれば、なぜ熱波が都市部に大きな被害をもたらすのか理解できるだろう。さらに、大気汚染も都市の状況を悪化させる。熱波の特徴である停滞した大気の状態が大気汚染を都市部に封じ込めるため、暑さだけでなく深刻な大気汚染

問題も加えてしまうのである。これらの理由から都市部の住民、特に高齢者や乳幼児など体力のない人々は、熱中症の兆候に気をつけ、十分に警戒しなければならない。そして、熱波による犠牲者のほとんどが、冷房のない家やアパートに住む経済的弱者であることも忘れてはならない。

殺人的な猛暑が人体に及ぼす影響

人間の体が熱を発散するには3つの方法がある。「血液の循環」、「発汗」、そして発散量的には少ないが「呼吸」だ。しかし、気温が上昇すると、特に湿度の高い状態では、適度な体温を保とうとする機能に支障を起こす場合がある。

血液の循環や発汗によって体を冷却できない、あるいは発汗で失われた水分や塩分を補えなかった場合、体の深部体温が上昇し始め、さまざまな病気を発症する恐れがある。軽い場合は熱性けいれん、最も深刻なものでは熱射病である。医学的には気温が40℃以上になると、熱射病を引き起こすといわれているのだ。

人体において暑さに最も弱い細胞組織は、神経細胞だ。なかでも脳はほとんどが神経細胞でできているため、体温の上昇に特に敏感に反応する。さらに、体を冷やそうとする力は皮膚への血液の流れを増加させるため、血液を送るためのポンプである心臓への負担が増えてしまう。これが発汗による脱水症状と重なり、心臓血管に負担を与え、その結果、脳や心臓がダメージを受ける。異常な高体温は他の生命維持に重要な器官や筋肉の損傷を引き起こす原因にもなるのだ。

熱射病になった場合の症状は、まず体温が急激に上昇し、10〜15分でぐったりした状態になる。手当てが遅れれば、それだけ体が受けるダメージは深刻になり、応急処置をしないと死に至る危険性も高い。しかし、暑さが人体に及ぼす影響には個人差がある。熱中症のリスクが最も高いのは、4歳までの乳幼児と65歳以上の高齢者である。乳幼児は中枢神経系が発達途上であり、高齢者は中枢神経に衰えが出始めているのが、その理由だ。

また、年齢以外に体温の調節に影響を与える個人的な要因は、肥満、高熱、心臓病、精神病、血行不良、処方薬、アルコール摂取、日焼けなどがある。

（271ページへ続く）

緊急時の心得 ➡ 体の冷却
CDC（米国疾病対策予防センター）

気温が32℃になると、扇風機では熱中症を防ぐことはできない。冷水浴か冷たいシャワーを浴びる、あるいは冷房の利いた場所で休むなどして、熱中症から身を守ろう。冷房の利いた涼しい所で数時間過ごすだけでも、体温の上昇を防ぐ効果がある。

PART 3 猛暑による災害

猛烈な熱波に襲われると、電力消費量が
急激に増加する恐れがある。

異常気象
RECORD-BREAKING HEAT
記録破りの猛暑

・史上最長期間を記録したオーストラリアのマーブルバーの熱波は、37.8℃以上の気温が160日間続いた。

・2012年は米国にとって最も暑い年であった。2011年6月から2012年9月まで、すべての月の気温が平年を上回り、これは1895年に記録が開始されてから初めてのことである。

・年平均気温の最高、最長記録は、エチオピアのダロルで記録された33.9℃である。

PART 3　猛暑による災害

水をかぶって体を
冷やす若者。

相対湿度に注意する

　発汗による熱の放出については、その役割の90％を皮膚が担っている。しかし、汗をかくだけでは体を冷やすことにならず、発汗後の体表に残った水分を蒸発させる必要がある。汗が蒸発し皮膚から熱を奪う蒸散によって体の表面に近い血管を冷やし、冷やされた血液が体内の中心部に流れて体温の上昇を緩和するのである。

　だが通常は空気中に含まれている水蒸気量が多いとき、つまり相対湿度が高いときは、汗はなかなか蒸発できない。大気が水分子で飽和状態になっているため、水蒸気の行き場がないからだ。人間の発汗機能を左右する相対湿度は45％前後が最も快適とされ、この数字は大多数の人が過ごしやすいと感じる湿度だ。相対湿度とは、ある特定の気温下で空気中に含むことができる最大限の水分量と比べ、現在どの程度の水分が含まれているかを示す値であり、相対湿度の値が高ければ大気中に含まれる水分が多いということになる。

　相対湿度が高まり蒸し暑い天候で気温が32℃を超えると、人体の主要な冷却システム、すなわち発汗機能が危機的状況に陥る。汗の蒸発によって体温を下げることが難しくなるため熱が体内にこもり、体温の上昇を招く危険があるのだ。

↘ Good Idea　緊急時に役立つアイデア
自分で作る経口補水液

　長時間の発汗と過度の真水の補給は、体内の電解質バランスを崩してしまう。そのバランスの乱れを知る目安になるのが、ふらつきやめまい、筋肉のけいれんといったさまざまな症状だ。医師の診察を受けるのが肝心だが、緊急の場合は、自分で経口補水液を作ることができる。

- 1ℓの水に対して、塩小さじ2分の1と砂糖小さじすり切り6杯を混ぜる。あれば重曹を小さじ2分の1加えてもよい。
- その液体をかき混ぜて、数分ごとにスプーン1杯程度ずつ飲むか飲ませる。そして尿の色が透明になるまで、根気よくこれを続ける。

砂糖と塩の組み合わせが、緊急時の水分補給の強い味方になる。

熱波の基礎知識
熱波の発生メカニズム

　熱波は、地上から非常に高い上空で発生している。高度約3000m以上の上空では、ジェット気流（偏西風の最も強い流れ）が風速160km/h、あるいはそれ以上の速さで流れ、通常、この気流は西から東へと移動しながら波形を描くように北や南へ蛇行している。ジェット気流が北から南へ向かっているときは空気がゆっくりと地上へ下降し、気圧の尾根が形成される。このとき空気の温度は300m下降するごとに、15℃ずつ上昇する。これに対し、ジェット気流が南から北へ向かうときは、空気がゆっくりと上昇する気圧の谷が形成され、雲と雨が発生するのだ。このジェット気流の波形が大きくなり、さまざまな条件がそろうと高気圧の塊などが生じて、気流の西から東へ向かう動きを阻む「ブロッキング現象」が現れる。それが原因となって、夏場に気圧の尾根の下部に熱波が形成される。
　熱波は上空から下降してくる空気が熱くなるだけでなく上昇気流も阻止させるため、雲や雨が発生せず、太陽の光は遮られることなく地上を熱し続ける。そして、熱波はこのブロッキング現象が終息し、冷たい空気と雲をもたらす気圧の谷が流れ込むまで続く。

熱波を予測する
　高層の気象パターンは、他の多くの気象現象と比べて予測しやすいため、予報士らは通常、熱波の発生日より数日前に警報を発信することができる。しかし、ブロッキング現象がいつ終わり、熱波がいつ去るかという予測は、残念ながら非常に難しい。

熱く、湿った空気が大気を押さえつけている。

湿度が高まると暑さ指数も高まり、温度計が示す気温よりも暑く感じられる。

暑さ指数を理解する

　米国の気象予報官ジョージ・ウィンターリングにより1978年に考案された「熱指数（HI）」は、気温に相対湿度を加えることで、人が実際に感じる"暑さ"を測定する方法だ。米国立気象局（NWS）では、この熱指数を採用しているが、日本では気温、湿度に"ふく射熱"を加えて計算した「暑さ指数（WBGT）」を採用している。どちらも熱中症の危険性を把握するための指標で、深刻

↘ Gear and Gadgets　　道具と装備
寝具のための送風機ベッドファン

　暑くて寝苦しい夜が増えると、眠っている間も涼しさを保つ工夫が必要だ。「ベッドファン」はその問題を解決してくれる、ひとつの方法かもしれない。高さ調節をしてシーツと肌掛け布団の間に送風でき、細長くすっきりした形状でベッドの脇にぴったり収まるため、これまで布団の上からのみ風を当てていた従来の扇風機と異なり便利だ。さらに、ベッドファンは部屋や家全体を冷やすのでなく、体を直接冷やしてくれるため電気代も節約できる。リモコン付きの製品も多く、風の強弱も思いのままだ。

仕事の手を休めて水を飲む。特に炎天下では、常に脱水状態にならないように注意が必要だ。

な熱中症被害から身を守る目安として活用されている。

　暑さ指数は算出されたWBGTを基に危険度が4段階で示され、WBGTが31℃以上は「危険」、28〜31℃で「厳重警戒」、25〜28℃で「警戒」、25℃未満は「注意」として熱中症の危険性が示される。また、日本体育協会ではこの値を基に運動中の指針として、WBGTが31℃以上は「運動は原則中止」、28〜31℃で「厳重警戒・激しい運動は中止」、25〜28℃は「警戒・積極的に休息」といったように、5段階で熱中症の注意喚起を行っている。

　これに対し米国で採用されている熱指数は、日なたや日陰など環境による差はあるが、たとえば気温36℃で相対湿度が65％の場合、体感温度44℃といったように示し、NWSでは熱指数が41〜43℃を上回る日が少なくとも2日間続いた場合（地域条件によって異なる）、熱指数警報を出しはじめる。

気温と感情の起伏に注意する

　熱波が人体に悪影響を及ぼすのは、体内の重要な器官だけではない。気温が高くなると、感情の起伏も激しくなりやすいのだ。特に多くの研究結果が「気温と攻撃性」の関連性に注意を促している。米国の気温と感情に関するデータを調査した英国ロンドン大学とランカスター大学の共同研究によれば、2004年の調査で気温に関する強い季節的パターンと数件の暴力犯罪の関連性

↘ Did You Know?　豆知識
停電時の対策

　発電所、あるいは変電所は、電力系統の容量を上回る電力需要の発生、送電線が垂れ下がっているなど送配電に関する問題が発生した場合、事故を未然に防ぐために電力供給の遮断設備が作動することがある。このため、熱波発生時は年間で一番多くの電力が消費され、あまりに多くの人々が同じ時間帯に冷房をフル回転で使用するために電力系統に過度な負担がかかり、停電してしまうのだ。

　家庭で使用する電子機器（コンピューター、スマートフォンやタブレットの充電器など）の増加に伴う電力需要の上昇も、発電所や電力網に高い負担を強いている。それは、熱波などの異常気象発生時だけではない。増大する日々の電力消費に気象要因による需要が加われば、停電はより頻繁に起こることが考えられるのだ。現在、気象に起因した停電の数は米国において、1990年代半ばに年間5～20件程度であったのに対し、今や年間50～100件にまで増えている。

○ するべきこと

→ 乾電池式ラジオを使って電力復旧に関する最新情報を入手する。

→ ろうそくや火を使った照明（ガスやガソリンランタンなど）は火災の原因となるため、停電時の明かりには懐中電灯を使うよう心がける。

→ 停電時はエレベーターも停止する。上層階に高齢者や特別なケアを要する人々が住んでいる場合、特に気をかけて様子をこまめに確認する。

→ 食品などを保冷するためにドライアイスを使う場合は、取り扱いに気をつける。手袋をして熱が伝わりにくい容器を使うこと。

→ 停電の復旧がすぐにわかるように、電子機器を何かひとつだけコンセントにつないでおく。こうすれば、他の電化製品や機器が急に通電して損傷してしまうのを防げる。

→ 非常用発電機は慎重に、正しく使用しないと危険だ。使い方に自信がない場合、電気技術者に相談すること。

✕ してはいけないこと

→ 停電時は冷蔵庫や冷凍庫を頻繁に開閉しない。扉が閉まってさえいれば、冷凍食品は最大で2日間凍った状態を保てる。

→ 停電中だからといって、切れて垂れ下がった電線に触ったり、近寄ったりしてはいけない。

→ 調理のためバーベキューグリルを屋内で使用しない。有害な一酸化炭素が発生し、非常に危険だ。

> **Did You Know?** 豆知識
>
> ## 猛暑と線路
>
> 　猛暑が原因で線路が曲がったり、ゆがんだりすることもある。気温が35℃に達すると米国交通局は通常、検査官を派遣して問題を調査することになっている。2010年の夏、熱波により線路が湾曲し、都市部では通勤電車のダイヤが大幅に乱れた。また、2012年の熱波では電車が脱線する事故も引き起こした。こうした熱波による事故に対して米国環境保護庁は、「今後も起こりうる厳しい熱波への備えとして、脱線事故を避けるための線路の修理、もしくはスピード制限が必須となるだろう」としている。
>
>
>
> 猛暑は線路を曲げたり、ゆがめたりすることもある。

が明らかになったという。

　その報告では、高い気温に反応して体内で生産されるストレスホルモンが攻撃性を生む可能性があると結論づけ、職場のデータ調査からは、気温と労働ストライキや退職者の数に関係性があることも示した。また、オーストラリアでの研究では、熱波に襲われると精神的、行動的障害で入院する人の割合が、7.3％ほど増加することも明らかになっている。

熱波が及ぼす影響

　熱波はインフラ設備にも影響を及ぼす。多く見られるのは、冷房の使用で電力網の

容量をオーバーした際に起こる停電である。停電は何日も続き、大きな混乱を招くことがあるが、冷房が使えず家の中の温度を下げられないために、人々の健康に深刻な影響を及ぼす危険性があるのだ。さらに、熱によって道路は曲がり、舗道はひび割れ、滑走路のアスファルトが溶けて飛行機が発着できなくなり、熱でねじれた線路は列車の脱線事故を引き起こす危険性もある。

ワシントンD.C.の通勤鉄道サービス、バージニア鉄道公社によれば、気温が27℃上昇すると全長550mの線路は膨張して約30cmも伸びるため、車掌たちに安全速度を警告する「熱波令」が発令されることになっているという。

また、気温の上昇は土壌を温めて乾燥を促し、乾燥によって土壌体積が縮小するため、埋設されている水道管が土壌から浮きはがれるような状態になる場合もある。その結果、土壌が移動する力に水の使用量が増えることによる水圧の上昇が重なり、水道管の負担が増すことで水道管の老朽か所が破裂しやすくなるという。

2011年の夏に米国で発生した熱波は、カリフォルニア州、カンザス州、オクラホマ州、テキサス州、インディアナ州、ケンタッキー州、ニューヨーク州で主要な水道管を多数破裂させ、一時的に米国中の人々が

暑い夏は予想以上に、電力網に大きな負担をかける。

電力の配電状況を映し出す電光掲示板の前に立つ職員。米国ロサンゼルス。

水を使えない状態に陥ったのだ。

地域の熱波対策

　一部の都市では熱波による深刻な被害を想定し、ニュースによる注意喚起や一人暮らしの高齢者の把握、人々が冷房の利いた場所を共有できる防災センターや給水車の配備、危険な状態にある人々の訪問診療といった対応策を講じている。他の災害と同様に熱波に対しても、自分の住む地域の自治体がどのような予防措置を取っているか確認しておこう。もしあなたが地域団体で活動しているならば、他の進んだ対策を調べて取り入れることで、地域全体での取り組みをさらに発展させることができるだろう。

　実際に熱波に襲われた場合、個人レベルでは家族や友人、近所の人々と連絡を取り合い、特に冷房を持たずに一人でいる時間が長い人や暑さに弱い人（子ども、高齢者、妊婦、健康上の問題を抱えている人）の様子をこまめに見に行ってあげよう。可能であれば、そうした人々を日中の一番暑い時間帯に図書館、映画館、ショッピングモール、その他の冷房が利いている公共施設に連れ出すよう心がける。また、地方自治体、国家機関ならびに赤十字社のような非営利団体は、猛暑や停電時に冷房完備の施設や避難所を提供することがある。

熱波専用アプリを活用する

　iTunesやGoogle Playからダウンロードできる次のアプリは、熱波の際に役立つだろう。

→ 日本の環境省と熱中症予防声かけプロジェクトによる『あなたの街の熱中症予防』は、登録した地域の天気、気温、湿度、熱中症危険度を知ることができるアプリだ。熱中症の危険度が上昇すると通知してくれたり、1週間の熱中症危険指数予報、日本全国の最高気温ランキングを知ることもできる。

→ 日本では『熱中症アラート』、『熱中症対策　暑さ指数・予報』をはじめ、気象機関や各市町村、天気予報会社が提供する熱中症対策アプリがある。これらは設定した地域の天気予報や熱中症危険指数の表示、危険レベルを超えた場合の通知サービスを行っている。

→ 『アメリカン・レッドクロス・シェルター・アプリ (American Red Cross Shelter

緊急時の心得　➡　砂じん嵐に遭遇したら、その場を動かない
NOAA（米国海洋大気庁）

熱波による乾燥状態が続けば、砂じん嵐が発生する地域もあるだろう。車を運転中に砂嵐や砂じん嵐に巻き込まれた場合はスピードを落とし、ライトを点灯し、すみやかに道路から離れる。そして、道路から離れたらライトを消すこと。他の運転手たちがライトを誘導灯と勘違いして、駐車している車に追突する恐れがあるからだ。

砂嵐の中では、視界はほとんど利かない。

緊急時の心得　➡　暑さへの対処方法
AMERICAN RED CROSS（米国赤十字）

猛暑日、特に夏の炎天下に発生する三大症状である、熱性けいれん、熱疲労、熱射病の治療に備えて、経験則に基づいた対処法を手元に用意しておくといいだろう。

1．熱性けいれん
対処法：患者を涼しい場所に移動させ、楽な姿勢で安静にする。けいれんが起きている筋肉を軽くストレッチし、優しくマッサージを行う。市販のスポーツドリンク、果汁や牛乳など電解質を含む液体をゆっくり与える。いくらかの真水を飲ませてもよいが、ナトリウムの錠剤は与えない。

2．熱疲労
対処法：風通しの良い涼しい場所に移動させ、可能な限り衣服を脱がせるか緩めるかして、冷たい濡れタオルを脇の下や首、皮膚にあてる。うちわであおいだり、スプレーで水を吹きつけるのもいいだろう。意識がある場合は、市販のスポーツドリンクや果汁を少量与え、失われた水分と電解質を補給する。牛乳や水を飲ませるのもよいが、その場合は15分ごとに120mℓ程度与える。症状が改善しない場合や急に意識がなくなったり嘔吐が見られた場合、119番、または現地の緊急通報用電話番号に連絡する。

3．熱射病
対処法：直ちに119番、または現地の緊急通報用電話番号に連絡する。熱射病は、適切な治療を怠ると死に至る場合がある。応急処置として首から下の全身を冷水に漬け、急速に体を冷やす。体に冷水をかけるか、スプレーで吹きつけるのもよい。氷水を含ませたタオルで体を拭き、頻繁に冷たいタオルと交換する。体温が測れない場合は安否に関係なく、上記の急速冷却法を20分間、もしくは症状が改善するまで行う。

米国の地域グループが暑さをしのげるようにと、必要な家庭に扇風機を寄付している。

app)』は、米国内に開設中の赤十字の冷房完備の避難所の場所と現在の受け入れ可能人数を使いやすいインターフェースの地図で表示してくれる。英語。

→『ヒート・セーフティ・ツール（Heat Safety Tool）』は、米国労働安全衛生局（OSHA）が開発した熱指数や労働者の危険度を算出するアプリだ。熱波に対する予防措置の情報もある。英語。

→ 世界各地の天気情報を知ることができる『ウェザー・アンダーグラウンド・アプリ（Weather Underground app）』をはじめ、信頼できる各種気象サービスで荒天警報や暑さ、大気汚染注意報を入手することができる。熱波の際には頼りになるだろう。日本語・英語。

ペットを守る

熱波のときの不快感は、相当なものだ。しかし、毛皮のコートを脱ぐこともできず、体温の調節方法といえば「ハアハア」と呼吸することや足の裏に汗をかくことしかできない動物は、特に暑さに弱い。米国動物虐待防止協会（ASPCA）はペットのために、気温が急上昇したときに役立つ以下の情報を提供している。

→ 新鮮できれいな水を用意し、日陰にペットが涼める場所をつくる。ペットにとっても脱水症は深刻な問題だ。

→ 気温が高い日の運動は、比較的気温の低い早朝か夜に行う。散歩する場合は、まず歩道や道路の路面に手のひらをあて、

米国ニュージャージー州の冷房施設では、高齢者の脱水症防止に取り組んでいる。

農場での仕事を終え、水風呂でくつろぐゴールデンレトリーバー。

温度を確認する。人間が手で触って熱い場合、靴を履いていないペットの柔らかな肉球にとっては、かなり熱いということだ。

→ 暑い日はペットを屋外に出さないようにする。できれば屋外で飼っているペットも屋内に入れ、冷房の利いた部屋に入れるようにする。屋内に入れることのできない動物は、日陰の風通しの良い安全な場所に移動させて、ペットがひっくり返さないように安定性のある容器に冷たい新鮮な水を入れて与える。

→ 駐車した車の中にペットを放置しない。車内はたとえ窓を開けていても、ほんの数分でかまどのように高温になり、命に関わる熱射病を引き起こす恐れがある。

→ 激しく呼吸をしている、もしくは呼吸困難、よだれをたらす、元気がない、もうろうとしている、けいれん発作、出血を伴う下痢、嘔吐といった人間と同じような熱射病の症状に注意する。ペットが熱射病を患っていると思ったら、直ちに獣医師に連絡しよう。

↘ Did You Know? 豆知識
異常な熱波の歴史

　世界史上、最も厳しい熱波は1923〜1924年にオーストラリア西部で発生し、気温37.8℃を超える日が160日間も続いた。

　そして、近年でもオーストラリア北部と南部の両方で、多くの熱波が発生した記録が残っている。まず、2009年にはオーストラリア北部のアリス・スプリングスで、10日連続で気温が40℃を超え、2014年1月にはオーストラリア南東部で40℃以上の気温を記録し、南部のアデレードでは、気温が35℃以上となる日が15日間も続いた。さらに、2013年にはオーストラリア全土で記録的な熱波が観測され、クイーンズランド州のバーズビルという町では、40℃を超える日が1カ月以上も続くという異常事態が起こった。

　ヨーロッパでも今世紀が始まって以降、たびたび高温に見舞われている。2003年、2006年、2007年、2010年、2011年、および2012年の各年に猛烈な熱波がヨーロッパを襲ったのだ。しかも2003年の熱波では気温が47℃にまで上昇した地域もあり、パリでは40℃を超える日が7日以上続いた。

　米国では、1980年に中部と東部を襲った熱波で約2000人が死亡し、多くの地点で夏のほとんどの期間、気温が32℃を下回ることがなく、テキサス州では46℃を超える過去最高気温を記録した。さらに、1995年にシカゴを襲った熱波は、700人以上の命を奪った。米国立気象局（NWS）によると、この熱波はシカゴ史上最も多くの死者を出した気象現象となったのだ。

　そして、ごく最近でも、米国では新たな熱波の気温記録が各地で更新されている。2006年にロサンゼルス郊外にあるカリフォルニア州ウッドランドヒルズを襲った熱波が、過去最高気温48℃を記録。2008年には東海岸で史上最高気温が記録され、その後、2010年にはそれら多くの記録が破られ、北東部でも100年以上前に記録された高温記録が更新されたのだ。さらに、2012年には最高気温の記録が延べ7000回以上も更新され、またも史上最高気温の記録は塗り替えられている。

ウルルがあるオーストラリアの内陸部では、極度に気温が上昇する。

被災者の証言：米国ロサンゼルス市水道電気局の送電線工事作業員
　　　　　　デビッド・ドノバン

災害後の電力復旧作業

1989年9月、ハリケーン・ヒューゴは、米国大西洋沿岸地域の住宅に壊滅的な被害を与えた。

　米国では停電が起きると、市の水道電気局の作業員であるデビッド・ドノバンのような人々が、その復旧にあたる。彼ら作業員を見かけるのは、電柱のてっぺんや地下道、高速道路の脇だ。そして焼けつくような暑さなど、非常に厳しい天候下で彼らは働いている。

　ドノバンのような送電線工事作業員が扱う送電線の電力量は大きく、命に関わる危険もある。ドノバンによれば、最大13万8000ボルトの送電線の作業を日常的に行っているという。そしてその多くは、気温が43℃、あるいは45℃を超えることもある地下道で行われている。

　そうした高温のなかでの作業は彼が専門とするものであり、すでに慣れた作業だという。また、電柱や鉄塔の上などの高所作業も焼けつくような暑さのなかで行うことがある。「問題ありません。それも私の仕事ですから」とドノバンは言うが、これまでの作業環境で最も厳しかった酷暑は、「通常の仕事のうち」とは到底言えない過酷なものだった。

　「ハリケーン・ヒューゴがプエルトリコを襲ったとき、私を含め18人が復旧作業のために現地へ赴きましたが、現地を見て、被害の大きさにがくぜんとしました。想像をはるかに超える、厳しい経験でした」

プエルトリコでは電力復旧のために、熟練した作業員を一人でも多く確保したい深刻な状況で、米国本土から専門技術を持った作業員が応援に駆けつけたのだ。ドノバンはまさに、その精鋭の一人だった。

「本当に信じられない光景でした。島はハリケーンで壊滅的な被害を受け、折れた電柱が重なり合って倒れ、島じゅうの電線が切れていたのです。私たちの仕事は、現場に乗り込んで電力を復旧させること。つまり、一から電線を張り直すことでした。電柱の立て直しから新品の電線と付帯設備一式を取り付けるまで、すべてをやりました。私たちは1日に平均14時間、およそ3週間も作業し続けたのです」

しかし、作業に関しては何の問題もなかったドノバンたちだが、プエルトリコの湿度の高さは完全な想定外、まったく予期していなかったと言う。

「異常に湿度が高く、多くの作業員がなかなか体を慣らすことができずに苦労していました。しかし、私たちは休暇で行ったのではありません。朝5時に起きて朝食の席に着き、無理をしてでも食べようと努めました。作業の最初のころは、食卓に座っている間も額から流れ出た汗が、ぽたぽたと食べ物に落ちるありさまでした。頭が皿の上にかぶさらないように注意が必要なほどでした。私たちの体は、まだ現地の暑さに適応できていなかったのです」

とにかく大量の水分をとっていたとドノバンは振り返る。しかも水を飲むときは、その水がペットボトル入り飲料水であることを確認する必要があった。なぜなら、プエルトリコは停電していたからである。

「プエルトリコのろ過プレートは、停電の影響もあって機能していませんでした。ですから島の水はすべて、ひどい汚染の恐れがあったのです。そのため、一緒に働いていた助手の一人が重症な食中毒になり、みんなで看病を続けました。数日間は危険な状態でしたが、私たちは何とか彼を助けることができました」

暑さばかりではない、作業自体も楽ではなかった。作業員も連絡手段も、設備さえ少なく限られていた。

「私たちは問題のある場所を確認するために電線に通電させ、電線の近くの屋根に上がって、火花が散っている場所を探したのです」とドノバンは振り返る。過酷な状況下で、夜間に火花が飛んでいる所を探して修理するという、原始的な方法に頼らざるを得なかったのだ。こうした作業のすべてが高温多湿のなかで行われた。

「仕事とはいえ、あの湿度には参りました。その環境下で電柱に上り作業をやり遂げたのですから、自分をほめてやりたいです。けれど、それが私の仕事なのです」

"湿度は予想以上のもので、私たち作業員の誰も想定していなかった、過酷な状況でした"

停電を未然に防ぐことも作業員たちの仕事だ。

PART 3　猛暑による災害

専門家の見解：**マシュー・J・レビー**

熱中症の急患の治療

熱波に襲われた東京で高齢者が熱射病で倒れている。このようなときは、一刻も早く救急車を呼ばなくてはならない。

マシュー・J・レビー：整骨医学博士、理学修士、米国メリーランド州ボルティモア市の ジョンズ・ホプキンス大学医学部救急医療学科助教授。

→ **熱波のときはどのような病状の急患が多いのか？**

　ごく軽症の部類では、熱性けいれんや軽度の頭痛の患者が多いですね。このような症状は、体に負担をかけ過ぎていることを知らせる、初期の警告サインです。その症状が進行して深刻化すると嘔吐が起こることもあり、その後、場合によっては意識状態に変化が生じます。
　倦怠感、意識障害、けいれん発作、昏睡状態などの症状が現れ始めたら、すでに体温を下げる調節機能が利かなくなっていて、体の各器官の調節機能も働かなくなっているということです。こうなると、非常に危険な状態だと考えた方がいいですね。

→ **体温の調節機関が機能しなくなると、死亡することがあるのか？**

　その可能性は大きいです。熱中症が進行すると深刻な合併症を引き起こすことがあり、複数の器官が次々と機能しなくなっていきます。人によっては深部体温が

40℃、あるいは41℃以上、ときにはそれ以上に高くなると腎不全が起き、意識がなくなってしまう場合もあるのです。

→ どのようなとき、救急車に救助を要請するべきか？

私が自分の家族に言うとしたら「挙動がおかしいとき」は、大きな問題が発生しているため救助を求めるべきだと伝えるでしょう。もし意識障害が生じてもうろうとしていたら、つまり意識状態に変化がみられたら、これはもう「危ない」と判断して間違いありません。直ちに医師の診断を仰ぐ必要があります。

→ 救急車が到着するまでの間、どう対処すればよいのか？

幼児や高齢者が熱中症になった場合、体を締めつけるような衣服を着ていたら、それをまず脱がせます。日なたから日陰に移動させ、自然の風にあてるか、うちわであおぎます。熱くなった床や熱を反射する物がある場所からは遠ざけ、ひんやりした場所に寝かせてください。その後で体を濡らせば、水分が蒸発することで体の熱をいくらか奪ってくれます。このとき決して、アルコールで体を拭いてはいけません。体表面に冷感を与えると、かえって体温が上がってしまう恐れがあるからです。また、体を濡らすと同時に、水、または電解質を含んだ飲み物を飲ませ続けるようにします。風邪などによる発熱とは違いますので、体温が高いからといって解熱剤や鎮痛剤を与えてはいけません。

幼児と高齢者の両方に共通するのは、自らの体の異変に気づかない場合があるということです。たとえば、暑い場所で元気に遊んでいた子どもが、あっという間に意識を失ってしまうこともありますので、注意が必要です。

→ 厳しい熱波が発生しているとき、救急救命室の急患の状況も異なっているのか？

私が働いているのは市街地にある大学病院で、日常的に多忙です。しかし、熱波が発生している間は、患者たちの傾向に明らかな変化がみられます。熱射病のように体が熱にさらされることによって起きる直接的な影響に加え、間接的に起きる合併症も見受けられるのです。合併症が起きると管理不良の糖尿病、肥満、心臓病、高血圧、呼吸器の問題などを抱えた患者さんは、熱によるストレスに適応できなくなります。気温も湿度も高く、スモッグも多いような環境下では、もともと高温の影響を受けやすい人々、特に高齢者や慢性疾患のある人、そして子どもたちにとって命取りになる場合もあるので、注意が必要です。

HOW TO：熱波への備え

するべきこと

[屋内]

- ☐ 外気の侵入を防ぐ。窓用のエアコンがある場合、しっかり取り付けられていることを確認する。エアコンと窓の間の断熱が不十分、あるいは未処理の場合は断熱処理を施し、熱気が排出される排気ダクトに適切な断熱処理を施す。

- ☐ 熱の侵入を防ぐには、窓とカーテン、あるいは日よけとの間に設置できる、簡易な窓用反射材も効果的だ。アルミ箔で覆った段ボール、熱を反射するその他の素材も反射材として使える。

- ☐ 冷房で冷やした空気を逃がさないよう、ドアや窓に貼った隙間テープの状態を確認する。

- ☐ 朝日や夕日がどの窓から差し込むかを確認し、その窓を遮蔽する。FEMAによれば、窓の外に日よけやシャッターを付けることで、家に入ってくる熱を80%も削減することができる。

- ☐ 日よけや断熱のために、一年中使用できる断熱・防風窓や雨戸を設置する。

- ☐ 天気予報を聞き、今後の気温の変化について常に情報を得ておく。

- ☐ 近所の人を気遣うようにする。特に高齢者、幼児、病人、肥満の人は、最も高温の影響を受けやすい。

- ☐ 熱中症とその治療方法について学ぶ。

- ☐ 飲料水と保存食を備蓄しておく。

- ☐ 停電に備え、室内にもクーラーボックス（保冷ケース）を常備しておく。

- ☐ 熱波や気温上昇が予想された場合、冷蔵庫と冷凍庫の開閉を控える。それによって停電になってからでも、庫内の温度がより長時間低温に保たれる。

- ☐ 調理用・洗浄用として、予備の水タンクを用意する。

- ☐ 固定回線が利用できる場合はコード付き電話を用意する。充電式コードレス電話よりも長く通話することができる。

- ☐ 停電や通電時の電圧の急上昇から電子機器類を保護するために、サージプロテクターを使うようにする。

- ☐ 停電でコンピューターの電源が不意に落ちてしまったときに備えて、データのバックアップをとっておく。さらに、電力使用量がピークになる前に、携帯電話、タブレット、ラップトップをフル充電しておく。

- ☐ 新しい電池を備蓄しておく。

- ☐ 停電に備え、懐中電灯と携帯ラジオを手元に置いておく。

- ☐ 車のガソリンを満タンにしておく。

- ☐ 自宅で生命維持装置など医療機器を使用している場合、代替電源を必ず用意しておく。

カーテンの開き具合を調節する女性。午後は特に日差しが強くなる。

[屋外]

- ☐ 熱波の恐れがある場合、屋外でのスポーツ試合や活動の予定を延期する。
- ☐ あなたの予定に影響する天気について、気象機関や各天気予報会社が提供している予報をテレビやラジオ、インターネットやアプリから情報を得る。
- ☐ 万が一の場合に備えて、屋内が涼しい場所（図書館、学校、映画館、ショッピングモール、その他地域の施設など）を探しておく。
- ☐ 猛暑のなかでは、日光を吸収しやすい濃い色の服ではなく、ゆったりとした淡い色の服を着る。

してはいけないこと

[屋内]

- ☐ 食料品を腐らせない。冷蔵室より保冷時間が長く保てる冷凍庫かクーラーボックスに食品を移し、熱波の際の停電時もできるだけ長時間、保冷状態を維持できるようにする。

[屋外]

- ☐ 高温による緊急事態発生中は、洗車で水を無駄遣いしない。
- ☐ 郊外に居住しているなら、自然豊かな環境が与えてくれる恩恵を忘れてはいけない。都会に住んでいる人は郊外に住んでいる人よりも、長期間続く熱波に襲われる危険性が高い。アスファルトやコンクリートの建物、濃い色の屋根は熱を集め、その熱を長時間保ってしまうのだ。

HOW TO：生き残るために

○ するべきこと

[屋内]

- ☐ 水分の摂取量を増やす（医療従事者から水分をとり過ぎないようにとの指示を受けている場合を除く）。涼しい場所で、じっとしているから大丈夫だと思っていても、高温によって急激に体調が悪化することがある。体が発する警告サインに注意するよう心がける。

- ☐ 乳幼児、高齢者、および心臓病や高血圧の人、肥満の人など、強い日差しの影響を最も受けやすい人の様子を定期的に（最低1日2回）チェックする。

- ☐ 家の中では1階にいるようにする。熱は上昇して上層階へ移動する性質があることを覚えておこう。

- ☐ 軽めでバランスのとれた食事は体調を整え、体温を下げるのに役立つ。高タンパク食品を食べないようにすれば代謝率が下がり、体温がより低く保たれる。

- ☐ 照明を暗くする、もしくは切る。こうすることで室内が涼しくなるだけでなく、発電所の負担も減る（電力の需要が大きくなり発電所への負担が大きくなると、停電の危険が高まる）。

- ☐ 冷たいシャワーを浴びる、もしくは冷水浴をする（心臓病や持病のある人は、冷水によるショックが起こらないように注意）。

[屋外]

- ☐ SPF値（紫外線防御係数）の高い日焼け止めを、肌が露出している部分すべてに塗る。

- ☐ つばの広い帽子をかぶり、頭と顔を日差しから守る。

- ☐ 水分を十分にとる。

- ☐ 激しい運動を控える。

- ☐ 日陰の場所を探し、こまめに休憩する。

- ☐ ゆったりとした、日光を吸収しにくい淡い色の服を着る。

- ☐ 猛暑のなかで作業をする場合は2人1組で行い、お互いの体調変化に注意する。

帽子は乳幼児を
日光から守って
くれる。

してはいけないこと

[屋内]

- １日のうちで最も暑い午後の時間帯に、激しい運動や作業をしない。
- アルコールやカフェイン、大量の砂糖を摂取しない。これらは体から水分を奪ってしまう。
- 極端に冷たい飲み物を飲まない。胃の痛みが起きて体力を消耗する。
- 高タンパク食品を食べない。代謝が上がり体内温度が上がってしまう。
- 内科医の指示なしに、ナトリウムの錠剤を飲まない。
- 気温が非常に高い場合は、扇風機だけで涼しくしようと我慢してはいけない。気温が35℃以上になると、扇風機では熱中症を予防できない。

[屋外]

- 駐車した車の中に乳幼児、ペットを絶対に置き去りにしない。
- できれば外出しない。屋内、もしくは空調の利いた場所にいること。
- 屋外や車の中などから、極端に温度変化のある環境へ急に移動しない。このような行動は、目まいや吐き気を引き起こすこともある。

PART 3　猛暑による災害

浜辺でくつろぎ、水遊びを楽しむ海水浴客。米国メリーランド州オーシャン・シティ。

異常気象
NOTABLE HEAT FACTS
異例の高温記録

・全米の最高年平均気温の記録は、フロリダ州キーウェストの24.5℃だ。

・1918年2月22日、米国ノースダコタ州のグランビルでは、たった12時間で気温が46℃(-36℃から10℃まで)上昇した。

・1977年、ギリシャのアテネでヨーロッパ史上最高気温となる48℃を記録した。

寒さ・雪による災害

PART 4

CHAPTER 9 寒波　CHAPTER 10 ブリザード

"身を切るような風だ"

極寒

　2014年1月、この年も米国に本格的な冬が到来した。そして、ミネアポリスでは62時間もの間、気温が－18℃以下の状態が続き、シカゴでは－27℃（体感温度－37℃）という最低気温を観測。さらに、驚くことに1月6日には、米国中西部に設置された50カ所の気象観測所で史上最低気温が更新され、米国全土の平均気温は－8℃を記録した──。

　現在、地球の気温は上昇しており、温暖化の進行はすでに科学的に実証されている。それにもかかわらず、なぜ冬の寒さは厳しくなっているのか？　なぜここまで記録的な降雪量や大幅な気温の低下に見舞われるのだろうか？

　その答えは、地球規模での急激な気温上昇が関係していると考えられている。科学者たちの見解では、地球の平均気温は今世紀中に5℃上昇すると予測され、長い時間をかけた穏やかな気温上昇に比べ、急激な気温上昇がさまざまな地域で、暑さや寒さ、湿度や乾燥度合いなどに大きな影響を及ぼすという。こうした気候変動の原因を簡単に説明すれば、気温の上昇が地球の水循環に大きな影響を及ぼし、その結果、雨や雪などの降水量におびただしい変化を生じさせるのだ。

　過去に比べて海水温が暖かくなったとしても、北半球の気温を左右する北極圏周辺の気候や寒冷な北極気団が、温暖になるとはいえない。その理由は、太陽が地平線上に出てこない「極夜」が長期間続くと、北極圏やその周辺の大気はいつも通り激しく冷え込み、北極圏上空を流れる大規模な気流の渦「極渦」によって、通常の寒気は北極圏やその周辺に閉じ込められているからだ。しかし、この気流が急激な気温上昇によって一時的に膨張し、寒気が南方まで押し出されることがある。その寒気の南方への押し出しが冬の寒さを厳しくし、大雪などを引き

寒い。ひどく寒い……"

―― ウィリアム・シェイクスピア著『ハムレット』

起こすという。

一部の科学者は、北極圏の温暖化によって極地のジェット気流の蛇行が大きくなり、以前より頻繁に寒気を南に押し出す可能性があると主張している。それと同時に、気流の蛇行が大きくなると、そのへこみにこれまでにないほど、暖かい空気が流れ込んでいると報告している。その結果、北極圏の温暖化はますます加速するとみられているのだ。

このように地球温暖化が進行していても寒波が襲来し続ければ、都市機能は麻痺するだろう。氷の重みで電線は切断し、水道管は凍結する。窓の隙間から吹き込む冷たい風が体温を奪い、凍結した路面と雪は、車の運転に支障をきたして危険さえ伴うのだ。

常に厳寒な地域に住む人々は、そういった寒波への備えは習慣になっているだろう。しかし、寒さに慣れていない地域の住民にとって急激な冷え込みと寒波は、生活の大きな障害となる。異常気象が続くなか、温暖な地域でも寒波への備えが、新たな課題になっている。

2012年のヨーロッパでは、最低気温の記録が更新された。

地吹雪といてつく寒さで交通は麻痺し、歩道を歩くこともままならない。

CHAPTER 9

寒波

　2014年の初頭、米国東部に住む数千万の人々は、極渦(きょくか)のもたらす脅威と恐ろしさを、身をもって思い知らされた。年明け早々、聞くだに不気味な極渦がカナダまで南下したのだ。その影響で五大湖からフロリダ州にかけて急激に気温が下がり、一部地域では平均気温を16.7℃も下回った。

　急速な気温低下をもたらした極渦とは何か？　極渦とは通常、北極圏の上空で発生する典型的な気流パターンのひとつだ。北極圏では寒気が気流の渦の中にとどまりながら、極を中心にした低気圧の周囲を流れている。極渦の外側と内側の気圧の違いによって北極圏を循環する強い西風のジェット気流（極夜ジェット）が生まれ、極渦中心部への暖気の流入が遮られて、北極の寒さが保たれているのだ。

　通常、この極渦は北極圏上空に存在しているが、一時的な気流の変化によって大きく蛇行し、緯度の低い地域にまで記録的な寒波をもたらすことがある。歴史上、この蛇行により最悪の寒波が押し寄せたのは、1899年2月初旬のことだ。一連の極端な寒波が北極圏とカナダを通過して米国に到来し、2月10日には強烈な突風によってメキシコ湾沿岸の気温が－18℃まで低下。さらに、米国モンタナ州のローガンでは、温度計が－52℃という信じがたい値を示し、ペンシルベニア州のピッツバーグに住む人々は、－29℃という記録的な寒さを経験したのだ。

　その後、この寒波は衰えをみせず、翌2月11日、ワシントンD.C.は気温－26℃を記録した。これは同地における、観測史上最低の気温だった。また、米国南部のフロリダ州でもフォートマイヤーズが大雪に見舞われ、タラハシーでは－19℃まで気温が低下し、さらに、バレンタインデーの2月

緊急時の心得 ➡ 厚着をする
AMERICAN RED CROSS（米国赤十字）

　寒い日の外出時は、必ず重ね着をして防寒すること。ゆったりした薄手の服を数枚重ねるだけで空気の層ができ、体温がほぼ一定に保たれる。また、手足や頭部もしっかりカバーし、足元は防水素材のブーツに靴下の重ね履き、手にはミトンや5本指手袋を重ねて着用すること。頭や首には必ず帽子とマフラー、あるいはマフラーの重ね巻きをして、防寒対策を怠ってはいけない。

14日には、常夏のマイアミですら-2℃を記録したのだ。

この寒波でミシガン湖の湖水も凍結し、数日の間、船は港から出られず、オハイオ川やジェームズ川、テネシー川、カンバーランド川では、川面の氷が蛇行部などに滞留して河川を詰まらせる「アイスジャム」によって、壊滅的な洪水が発生した。さらに、2月17日には、ミシシッピ川を経由してメキシコ湾まで氷が流れ着くという、史上2度目となる異変を米国人は経験した。

今から115年以上前に発生したこれら一連の現象は、「史上最悪の北極異変」、あるいは「モンスター寒波」と呼ばれている。結果、数千人とはいわないまでも、数百人が凍死したと考えられているが、現在残されているデータはほとんどなく、正確な人数を知ることはできない。しかし、少なくとも飼育されていた数十万もの鶏や羊、豚や牛が死に、その多くは立ったまま凍死していたという。

そして、21世紀の現在、私たちもたびたび大寒波に見舞われているが、天気予報の精度が向上したおかげで、かなり正確な注意報を得ることができるようになった。それでも1999〜2011年に米国付近を襲った寒波は、「極寒の寒さに長時間さらされた」ことが原因で、米国だけで計1万6911人（毎年の寒さによる平均死者は1301人）の死者を出している。

近年でも2013年の年末、凍てつくような猛烈な寒波による被害が各地で報告され、米国ノースダコタ州のビスマルクでは気温が-35℃に到達し、ニューヨーク州北部では2m近い積雪が記録された。そして、西はオンタリオ州からウィスコンシン州、ミズーリ州にかけて、東はマサチューセッツ州からメイン州、ノバスコシア州まで、なんと北米大陸の実に3分の2が雪で覆われたのである。さらに、厳しい寒波は1カ月もの間居座り続け、連日氷点下となった気温は凍結と豪雪をカナダ北極圏から南

> **Did You Know?** 豆知識

世界で最も寒い場所

南半球が真冬の時期である2010年8月10日、南極高原東部の尾根の中腹で-93.2℃という、想像を絶する数値まで気温が低下した。これは、地球上の観測史上最低の気温であった。

南極高原東部でも、最低気温記録が更新されている。

多量の積雪をもたらす暴風雪は、寒波を伴うことが多い。

部諸州、北大西洋にかけてもたらしたのだ。この年末の寒波によって多くの命が奪われたが、命に別状のないケガや病気をはじめ、生活上の支障や不便に人々が苦しんだことは言うまでもない。

　異常気象は厳しい寒さとなって、私たちに鋭い牙を向ける。近年は寒波が到来する確率やその時期を、より正確に予測することができるようになったからこそ、私たちは常に最新の情報を得て、家族や仲間たちを守るために備えておく責任があるといえるだろう。

寒波とは何か？

　寒波の定義は各国それぞれだが、日本気象庁では、冬季に広い地域で2〜3日以上顕著な気温低下をもたらす寒気が到来することをいい、米国立気象局（NWS）の説明によれば、24時間以内に気温が急激に低下し、農業や産業、商業、そして社会活動に損害を与え、大規模な保護と強化を必要とする状態をいう。NWSが挙げる判断基準は、気温の降下率と最低気温の2つだ。つまり、通常よりも気温が低い状態が長期間続けば寒波ということになる。

冬の気象用語を知る

　迫り来る気象現象を知るひとつの手段として、各国気象機関の冬季気象注意報をチェックしよう。寒波が迫っていれば、必ず何らかの情報が発信される。どんな気象状態にもいえることだが、「警報」は深刻な

PART 4　寒さ・雪による災害

雪に覆われた森を風が吹き抜ける。風が吹くと空気が冷たく感じ、体感温度は低くなる。

状況で緊急を要する場合、「注意報」は大規模な気象変化が発生する可能性がある場合、「特別警報」は危険な状況が近づいている場合に発令される。参考までに、以下に日本気象庁の冬季警報・注意報を紹介する。

暴風雪特別警報：数十年に一度の強さの台風と同程度の温帯低気圧によって雪を伴う暴風（風速20m/s以上）が吹き、重大な被害、雪を伴う視程障害などによる災害が発生する恐れが著しく高い。
暴風雪警報：雪を伴う暴風により、重大な災害が発生する恐れがある。
風雪注意報：雪を伴う強風により、災害が発生する恐れがある。
大雪特別警報：数十年に一度の降雪量が予測される大雪が予想される。
大雪警報：大雪で重大な災害が発生する恐れがある。
大雪注意報：大雪で災害が発生する恐れがある。
なだれ注意報：なだれによる災害が発生する恐れがある。
着氷注意報：送電線や船体などに、著しい着氷（水滴が地面や物に付いて凍結する現象）による災害が発生する恐れがある。
着雪注意報：送電線や船体などに、著しい着雪（湿った雪が付着する現象）による災害が発生する恐れがある。
融雪注意報：融雪（雪が大雨や気温上昇で解けること）により、浸水や土砂災害などが発生する恐れがある。
霜注意報：霜による農作物への被害などが発生する恐れがある。
低温注意報：気温の低下で農作物への被害や水道管の凍結、破損による著しい被害が発生する恐れがある。

↘ Good Idea　緊急時に役立つアイデア
水道管の断熱

家の中や屋外、屋根裏や地下室、床下などを通っている水道管を断熱すると、さまざまなメリットがある。水温も上がり、温水が出るまでの時間も早くなり、温熱コストが節約できる。また、寒波が来ても水道管が凍結しないため、凍結で水が使えずに困ることも、水道管の損傷による漏水を招くこともなくなる。自宅の水道管が凍結防止の断熱タイプでないのであれば保温テープを巻くなど、何らかの対処が必要だ。

発泡断熱材を使えば水道管を断熱できる。

体感温度の重要性

「体感温度」は今やおなじみの言葉で、天気予報でも広く使われるようになった。体感温度は、気温が低いときに風が吹くことなどによって「実際の気温よりどの程度寒く感じるか」を表した数値だ。実際、体感温度の指標である風速冷却指数は、数学の方程式を使って風速と寒さの組み合わせから熱損失の割合を導き出したものである。それによると、風速が大きくなるほど、体温が奪われる速さもぐっと増すことになる。

たとえば、気温−18℃で風速が2m/sなら体感温度は−24℃となり、30分で凍傷にかかる恐れがあるのだ。さらに、同じ気温−18℃で風速が7m/sになった場合、体感温度は−28℃となって、15分もしくはそれより早く凍傷になってしまうこともある。

この体感温度を算出する数式を最初に作成したのは、第二次世界大戦以前に南極観測に参加していたポール・アルマン・サイプルとチャールズ・パッセルである。彼らの計算表は1970年代に米国立気象局に採用され、その後修正されたが基本的な考え方は変わっていない。体感"温度"と聞いて勘違いしてはいけないのが、実際にその数値まで気温が下がるわけではないということだ。風が吹くと体の周囲にある比較的暖かい空気が奪い去られるため、風がない場合より早く、寒さを感じるということを表しているのだ。

↘ Did You Know? 豆知識
米国で記録された最低気温トップ10

順位	場所	気温	日付
1位	アラスカ州プロスペクトクリーク	−62℃	1971年1月23日
2位	モンタナ州ロジャースパス	−57℃	1954年1月20日
3位	ワイオミング州イエローストーン	−54℃	1933年2月9日
4位	コロラド州メイベル	−52℃	1985年2月1日
5位	アイダホ州アイランドパーク	−51℃	1943年1月18日
6位	ミネソタ州タワー	−51℃	1996年2月2日
7位	ノースダコタ州パーシャル	−51℃	1936年2月15日
8位	サウスダコタ州マッキントッシュ	−50℃	1936年2月17日
9位	ウィスコンシン州コウデレイ	−48℃	1996年2月2、4日
10位	オレゴン州ユカイアおよびセネカ	−47.7℃	1933年2月9、10日

※日本での最低気温は1902年1月25日、北海道上川地方旭川で記録した−41.0℃。

寒波のなか厚着をして、寒さから身を守る子ども。

今、何が起きているのか？

　近年、寒波が続くなかで、この極端な冷え込みと積雪量の多さは、地球温暖化を示す科学的な調査結果との関連性は低いといわれてきた。しかし、寒波や1カ月あるいはひと冬の間続く異例の寒さは、気候変動の結果と必ずしも矛盾してはいないのだ。気候変動に関する政府間パネル（IPCC）は最近の報告で、「地球全体の平均気温の上昇に伴い、高温による異常気象はより頻繁に起こり、低温の異常気象はより少なくなっていくだろうことは断言できる」と報告しているが、同時に「この先、極端に寒い冬もたびたびみられる可能性がある」と予想している。その分析は気象学的にも十分裏付けられているのだ。

　北極の海氷融解が進むにつれて、北極海の海水温は上昇している。なぜなら、氷と雪は太陽の光も熱も反射してしまうが、海氷の解けた濃い海の色は、日光や熱を吸収するからだ。そして、海表面温度は上空の気圧に影響を及ぼすため、「北極海の一部では冬期海水温の変動により、極渦内の気圧が上がって不安定になるだろう」という仮説も出されている。気流の風速は気圧の高低差によって強さが変わるため、海水温が上昇すると極渦が北極上空にとどまる力を失って、より多くの冷たい空気が南へ押し出される形になると考えられているからだ。

　このような極渦の強さの変化を「北極振動（AO）」と呼び、AO指数が正（＋）のときは低気圧が北極圏の上にあり、北緯55度付近（アラスカ州南部とカナダ南部）の上空に強い風が吹いている。この気圧配置によって、北極の寒気は米国北東部やカナ

冷たい海へ順番に飛び込む南極大陸のペンギン。人間なら命懸けだ。

ダへの侵入を阻まれている。その一方で、AO指数が負（−）のときは高気圧が北極圏の上にあり、北緯55度付近の上空では弱い風が吹くため、この気圧配置の場合、寒気が南下して米国東部と北東部、日本が寒波に見舞われる確率が高まるのだ。

AO指数は、数日単位で正負の変動を繰り返す場合もあれば、長期間にわたって一方の状態を保つ場合もある。1960年代初頭から1990年代半ばにかけて、AO指数が正を示すことが多かったのだが、近年は負の指数を示すことが増えているようだ。特に最近は2009〜2010年、2010〜2011年、2013〜2014年の冬が、負のパターンとなっている。

北極振動のAO指数が負の時期は、気圧の差が生じて極渦を閉じ込めておく力が弱まる。すると、冷たい北極の空気が自由に流れ出して南へ向かい、そこで南からの暖かく湿った空気と出合って冬の厳しい悪天候をつくり出す。以上の分析から、地球の平均気温が上昇を続ける一方で、冬季の激しい悪天候をもたらす頻度が減少する傾向にあるとの見解があるにしても、発生した寒波が極端な猛威を振う可能性があることに変わりはない。

低体温症の恐ろしさ

寒波は、人間の生存に必要な体熱保持能力を脅かす。人間の理想的な深部体温は、37℃である。それがほんの2℃下がり体温が35℃以下になると、人体は低体温状態になり、低体温は命を落とすことにもなりかねない。

寒い場所では人間の体から次々と熱が奪われていき、熱をつくり出す能力が追いつかなくなることがある。寒くて体が震えるのは、人体に備わった本能的な防寒手段である。人間は寒さを感じると無意識に筋肉を震わせることで、平常時の最大5倍もの熱を発生することができるのだ。しかし、寒冷な状態のなかで震えがあまりに長く続くと、筋肉は疲労し、体内のエネルギーをつかさどるグルコース濃度が低下する。震えはたった数時間のうちに衰え、やがて止まってしまう。その時点で体内では、合併症が併発されている恐れがある。主な合併症としては、体内組織に十分な酸素が送れなくなる低酸素症、膵炎、肺炎、急性腎不全、心不全などだ。

体温が極端に低下すると手足のしびれだけでなく、脳もうまく機能しなくなる。人から酔っているように見られ、「何を言っているのかわからない」「足元がふらつく」「手先がうまく使えない」「ぶつぶつ言う」といった症状も出る。なかでも一番恐ろしいのは、

（310ページへ続く）

↘ Gear and Gadgets　道具と装備
寒さに負けない重ね着の重要性

防寒に最も効果的な服装は、重ね着である。一番内側には吸汗性に優れたアンダーウエア、中間着には暖かさを保つ衣類、外側のアウターには防風、防水の透湿素材の衣類を選ぶとよい。そして、昔ながらの長袖、長ズボンの下着よりもずっと頼りになるのが、最近の吸湿発熱アンダーウエアだ。寒冷地でも体を動かせば汗をかくが、その際に最も問題となるのが、発汗したままで冷たい空気に肌やウエアをさらすことである。そんなときこそ、吸湿速乾保温素材のアンダーウエアが役に立つ。汗を外側の中間着に逃がし、内側に乾いた暖かい空気を保つことができるからだ。ほかにも水分を逃がす素材として、ウール、シルク、吸湿性を高めた化学繊維などがある。

中間着には断熱性と保温性が求められるため、ウールのセーターやフリースが望ましい。ウールやダウン（羽毛）は断熱性に優れているが、特にダウンは水に弱い。その点、化学繊維のフリースは断熱性も速乾性も備えている。

体を守るアウターには、雨や雪に強く、摩擦や衝撃にも耐える素材が望ましい。厚手で重量のある生地素材のアウターは、運動量が少ない場合は問題ないが、運動量が多く体が温まるような活動をする場合、軽い生地を選ぶのが最適だろう。

暖かさを保つために重ね着は必須だ。

南極大陸でクレバス内部を調査する探検家。

異常気象
RECORD LOWS
最低気温の記録

- 2012年、ヨーロッパを寒波が襲い、650人以上の死者を出した。特に東ヨーロッパで多くの人が凍死した。

- 2014年1月、北極からの寒波が米国とカナダに達し、一部地域で気温が体感温度−51℃にまで下がった。

- 広い国土を持つロシアは、アジア側とヨーロッパ側の両方で最低気温記録を持っている。オイミャコン（アジア側）の−71.2℃と、ウスチ・シュゲル（ヨーロッパ側）の−58.1℃だ。

低体温症により判断力が低下し、生存のための判断力が欠如することだ。その場合、速やかに応急処置を行わないと心臓や呼吸器官の機能不全を併発し、死に至ることもある。

　低体温症は、室内、屋外にかかわらず、子どもや高齢者が発症しやすい。たとえ気温が0℃以上あっても、雨や汗で濡れた状態、冷たい水の中に落ちた場合は、非常に危険だ。高齢者の場合は特に低体温症になりやすく、夏でも冷房の効かせ過ぎで軽い低体温症を発症することもある。その理由は、高齢のため基礎代謝機能が落ち、運動能力も落ちているため体内で熱をつくり出す力が衰えているからだ。寒波が到来し、65歳以上の人がいる場所では、サーモスタットや暖房を高めに設定し、室内を暖めておくことが大切だ。

凍傷に注意する

　低体温症が体内の中心部に影響を及ぼすのに対し、凍傷は手足など体の末端に悪影響を及ぼす。気温が氷点下以下になると発症しやすくなるが、氷点下に達していない場合でも風による冷却効果が加わると、無風の氷点下よりも早く凍傷になる場合がある。たとえば体感温度が－28℃の場合、15分もたたないうちに凍傷になる恐れがあるのだ。

　凍傷は、皮膚とそのすぐ下の組織が凍ることで発症する。影響を受けやすい部位は、指やつま先、鼻や耳など体を露出している小さな部分だ。凍傷になると感覚がなくなるため、本人も何が起きているか気づかないうちに症状が進行し、取り返しのつかない傷が残る恐れもある。凍傷から壊死、壊疽を引き起こし、重傷の場合は切断を考えなくてはならないのだ。まれに、壊疽のような合併症から死に至る危険性もある。

　凍傷の兆候と症状は以下のとおりだ。
→ 体の部位に軽いしびれと痛み、ちくちくと針で刺されるような痛み、かゆみなどがある。
→ 赤や白、青白い、灰色がかった黄色になるなど、皮膚の色の変化。
→ 表面が硬くなり、ロウを塗ったような弾力の失せた皮膚状態に変化する。
→ 冷たい、または焼けるように熱いなどの感覚を皮膚の表面に感じる。
→ 感覚がまったく麻痺してしまう。
→ 関節や筋肉が硬くなることから、体の動きのぎこちなさが顕著になる。

　さらに凍傷は以下の3段階で進行する。
(1) **軽度の凍傷**：皮膚が赤くなり、感覚がなくなり、ちくちくと針で刺されているような痛みがある。皮膚に永久的な傷が残ることはない。
(2) **表面的な凍傷**：皮膚の色が白または青白くなる。この時点で組織細胞が凍りつつある可能性も考えられるが、逆に皮膚は暖かく感じられることもあるので要注意だ。
(3) **重度の凍傷**：損傷が皮膚の奥深くまで達し、感覚もないので痛みも不快感もない状態となる。

　もしも、自分や周りの人に凍傷の症状が現れたら、医師の治療を受けるのが一番だ。それが不可能な場合は、米国疾病対策予防センターが勧める以下の応急処置を行う。
→ できる限り早く、室内の暖かい場所に移

寒波 311

厳寒の屋外は要注意だ。低体温症で判断力が低下することもある。

手と頭は常にカバーして暖かくしておこう。

動する。
→ 患部がつま先など足の場合は、歩かせないようにする。
→ 患部を温める。温かいお湯（38〜40℃程度）か、体熱で温める。たとえば脇の下は、凍傷にかかった指を温めるのに適した温度だ。
→ 組織が凍っている場合もあるので、患部をこすってはいけない。
→ 損傷が悪化する恐れがあるので、患部をマッサージしてはいけない。
→ 患部を温め過ぎない。感覚が麻痺していてやけどの恐れもあるので注意する。
→ 患部を温めるのに電気パッド、赤外線ランプ、ストーブ、暖炉、放熱器を使わない。感覚が麻痺している場合があるため、やけ

どの恐れがあるからだ。

室内で安全に過ごすために

暖房やサーモスタットの設定温度が低過ぎる、あるいは服装が防寒に十分でない場合、室内にいても低体温症を発症する恐れがある。病人や高齢者は特に注意が必要だ。厳寒期には注意を怠らず、親しい人同士でたびたび連絡を取り合うように心がけるといいだろう。

以下は、室内で暖かく過ごすためのアドバイスだ。いずれも常識的なことばかりだが、厳しい寒さに慣れていない人は知らないルールもあるので参考にしてほしい。
→ 暖房やサーモスタットの設定温度は常に20℃、またはそれ以上にしておこう。こ

れは米国立老化研究所（NIA）が勧めている数値である。
→ 暖める必要のない部屋に通じるドアは閉め、効率よく室内を暖める。
→ 自動停止機能と危険防止装置が付いた室内暖房器具を使用する。
→ ショートによる発火を防ぐため、1つのコンセントにつなぐ室内暖房器具は1台だけにする。
→ 延長コードを使用する必要がある場合、本体のコードよりも太いものを使用する。米国エネルギー省では、断面積が2㎟以上の太さの延長コードを勧めている。
→ 室内暖房器具はカーテンや衣服、家具など、あらゆる可燃物から1m以上離れた場所に設置する。
→ 調理用オーブンを家の暖房のために使用しない。
→ 寒波が訪れている期間は昼夜を問わず、冬用の暖かい服で過ごす。

緊急時の心得　→　暖かさを維持する
CDC（米国疾病対策予防センター）

寒波の最中、積雪による断線で停電が発生した場合、屋内の暖かい空気を逃がさないようにすること。むやみにドアや窓の開閉をせず、しばらく使わない部屋の扉は閉め、壁に亀裂や隙間があればタオルなどの布地を詰めてふさぐ。特にドア枠の周囲は念入りに確認しよう。また、カーテンを閉めておくのも効果的だ。日ごろから夜間はカーテンを閉める習慣も身につけておこう。停電時に対応できるように、暖をとる手段を確保しておくことが大切だ。

熱い飲み物を飲んで体を温める女性。

寒波の基礎知識
寒波の発生メカニズム

　地球の地軸が太陽を回る公転面の垂線に対して傾いているため、寒波が発生する。夏至から冬至までの間、北半球は太陽から離れた方向に傾き、昼は徐々に短くなり、太陽の高度は次第に低くなる。その逆に冬至を過ぎて夏至までの間は、昼がゆっくりと長くなり、太陽の高度は高くなるのだ。

　このサイクルが繰り返されて季節が変化していくのだが、この原理によって北極点は極夜になり、秋分に沈んだ太陽が春分まで再び昇ることはない。そのため、北極圏周辺は秋分から春分まで、太陽光がほとんど届かない状態で空気中の熱が宇宙空間に放出される。そして、太陽光によって熱が補充されることがない冷たく乾燥した高気圧団が生まれ、この北極気団は直径数百キロの大きさに成長することもあるのだ。こうした冷たい高気圧団が上空の気流（ジェット気流を含む）によって断続的に南に押し下げられると、寒波が発生する。冷たい空気は暖かい土地の上空を移動するうちに徐々に暖まっていくが、非常に強い寒波の場合、米国南部のメキシコ湾岸諸州にまで氷点下の気温をもたらすことがある。

　米国本土48州を襲う寒気団のなかで特に強力なのが、東部シベリア上空で発達し、南東に移動してアラスカ、カナダを通過して国境を越えてくるものだ。通称「シベリア気団」という名の大陸性寒帯気団である。

　近年は北極の温暖化傾向により、極渦と呼ばれる冷たい低気圧が北極から大きく南下し、異常な寒波を北米大陸の南西部から北東部にかけてもたらし、猛威をふるったことがある。2013～2014年の寒波もこのケース。

寒波の予測

　寒波はジェット気流の決まったパターンの動きによってもたらされる。しかし、近年の気象観測により、寒気団内部の異常や動き方についても事前の予測が可能になった。これにより数日前には警告が発令されるようになったため、寒波に備える時間は十分にある。

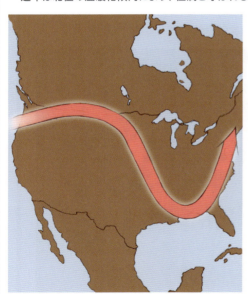
ジェット気流は西から東に吹き抜ける。

→ 就寝中もパジャマの下に長袖の下着やタイツ、その他のインナーウエアを着用する。
→ 素足はご法度だ。夜寝るときは靴下、昼間は靴下を履いた上に靴、もしくは暖かいスリッパを履くようにする。
→ 寝るときはナイトキャップをかぶり頭も冷やさない。

→ 木炭を使うコンロや発電機のような、有害物質を出す機器を室内の暖房に使用しない。
→ 石油ストーブを使用するときは、換気のために窓を少し開ける。自分が住んでいる地域行政の石油ストーブ使用に関する法令や決まりごとも確認しておこう。

↘ Good Idea　緊急時に役立つアイデア
手足を保護する

　極度に気温が低下すると、私たちの体は心臓や肺など重要な臓器を守るために、血液が手足に行き届かなくなる。このため、手足の指は真っ先に凍傷になりやすく、特別な注意が必要だ。

　靴下や手袋も含め、重ねられる場所はすべて重ね着をすること。マフラーや帽子、そして、目を守ることも忘れてはいけない。サングラスやゴーグルは目を保護するための重要なアイテムだ。雪や氷に反射した紫外線は、目に深刻なダメージを与えることがある。屋外で過ごす予定があればサングラスやゴーグルなどを装着し、目の保護を心がけることが大切だ。また、手袋を選ぶとき、5本指タイプかミトンタイプかで迷ったら、ミトンタイプを選ぶといいだろう。4本の指が寄り添えば、それだけで指の温度を保てるからだ。細かい作業をする場合は5本指の手袋の上からミトンを重ね、細かい作業は必要に応じてミトンを外して行うようにしよう。そして、外側に着るアウターは防水性と透湿性、中間着は保温性と透湿性に優れた素材を選ぶようにする。

しもやけにはバンソウコウを貼り、凍傷への移行を防ぐようにする。

ペットを守るために

　毛皮があるからといって、ペットはどんな寒さにも耐えられるというわけではない。一般的に長い毛や密集した毛皮を持つ動物は比較的寒さに強いが、厳しい寒波が来れば油断はできない。短毛の場合、さらに敏感に寒さを感じ、脚が短いタイプのペットは、屋外で体に氷や雪と接触する頻度も高まる。

　幼い動物、年老いた動物、慢性疾患のある動物は、極端な気温変化、寒さにもかなり弱いと思っておいたほうがいいだろう。それでも犬は散歩をしたがる動物だ。寒波が訪れている間は大切なペットを守るために、次のようなことに気をつけたい。

→ 急に寒くなったら犬と飼い主の双方の安全のため、散歩をいつもより短めにする。
→ 犬専用のセーターやコートを着せてブーツを履かせれば、外出中も体温を保つことができる。
→ 散歩中や散歩から戻ってからも、犬の足に問題がないか注意しよう。足の裏にひび割れができることもある。また、足の裏に氷が付着する場合もあるので、肉球の隙間の毛を切り、氷が付かないように注意する。
→ 散歩から戻ったら犬の足や腹部をしっかりと拭き、体に付着した化学物質をなめさせないようにする。特に市街地では、除氷剤や不凍液、その他の冬季に使用される毒性が疑われる化学物質が、犬の足や

腹部に直接触れることがある。
→ 寒い車の中に犬を放置しない。
→ 外気温が氷点下の場合、犬や猫を長時間屋外に出してはいけない。犬を外で飼っているなら、犬小屋の床は地面と離して一段高くし、風が入り込まない方角に入り口を作る。厚手の敷物と水も必要だ。ただし氷点下では、水はあっという間に氷になることを忘れてはならない。
→ 犬小屋の中で室内暖房器具を使ってはいけない。犬がやけどをする危険性が高く、火事になる恐れもあるからだ。
→ 寒波が訪れている間、低体温症の兆候がないか様子をみる。主な兆候としては、ク

↘Good Idea　緊急時に役立つアイデア
もしも、冷たい水の中に落ちたら

　急に氷が割れる、ボートから落ちる、桟橋から足を踏み外すなど、突然冷たい水の中に落ちた場合、体は低温ショックを引き起こす。そのとき、あなたはパニックに陥り、呼吸を急ぐあまり過呼吸となって、正常な呼吸ができなくなることで心拍数が上昇してしまうのだ。

　そうなった場合、月並みだが慌ててはいけない。水中でむやみに手足をばたつかせたりせず、胸の前で膝を抱え込み、卵のように丸くなる熱放出低減姿勢の「HELPの姿勢：Heat Escape Lessening Position」をとり、体温の低下を抑えながら救助を待つことだ。もし、ライフジャケット着用時にこの姿勢を取ったため顔が下を向くようなら、両脚をぴったり合わせて胸の方に引き寄せ、両腕は脇をしめて胴体につけて頭を後ろに反らせる。その場合、足首を交差させると、両脚を上げやすくなる。胸の前で腕を交差させることも浮力を得る助けになるだろう。あとはできるだけ動かないことだ。泳げば体力が奪われ、生存時間も短くなってしまう。仲間が近くにいるならば、顔は内側に向け、できるだけ体を寄せ合って円陣を組む。衣類は絶対に脱いではいけない。衣類のバックルやボタンは完全に閉じてファスナーを上げ、体温低下を抑えよう。可能であれば、頭部を浮力のある何かに乗せて、常に顔と頭部を水面の上に出すようする。

　米国の捜索救助隊タスクフォースによれば、冷水の中では冷たい空気中より32倍も早く体温が奪われるため、一刻も早く水から上がることが大切だという。しかし、何よりもまず、水に落ちないことだ。寒波のなかで無謀にも、冷たい湖に単身ボートを漕ぎ出したり、薄い氷の上を歩いたりしては決していけない。

低温ショックは一瞬にして起こる。

ンクンと鳴く、体を震わせる、不安そうにする、動きが鈍くなる、元気がなくなる、じっと動かずにいる、穴を掘ろうとするなどだ。

凍傷の場合は発見が難しく、症状が悪化するまで気づかないこともある。低体温症や凍傷の恐れがある場合、すぐに獣医師の診察を受けること。

→ 犬の多くは、雪の中で駆け回ることが好きだ。しかし、これも注意が必要だ。吹雪の季節には犬が嗅覚を失うこともあり、迷子になりやすい。犬がどんなにうれしそうだからといって、大雪の後はリードを外してはいけない。

→ 犬用の防災セットや必需品を備える。水、ペットフードの他に過去の治療記録から薬、犬用救急セットなども手元に準備しておく。

→ 首輪やタグに最新の識別票を着けているか確認する。米国動物虐待防止協会（ASPCA）では、恒久的に識別ができるように、マイクロチップを埋め込むことを勧めている。

火の取り扱い

薪ストーブや暖炉に用いる薪は、比較的安価で経済的な効果に加えて、心も癒してくれる暖房器具だ。しかし木材を燃やすには自分たちの健康と安全のために、必ず守るべき基本的なルールがある。

設置と品質管理： 使用前に暖炉や薪ストーブの安全性を確認する。薪ストーブは検査機関でチェック済みの製品を設置すること。設置場所は壁や家具、その他家の中にある物のそばから、最低1mは離す必要がある。

普段の手入れ： 薪ストーブや煙突の内部に薪のタール分が化学変化した毒性の強いクレオソートがたまるのを防ぐため、1日に2回以上、勢いよく火を燃やす。また、夜は薪ストーブの空気の吸口を調節し、燃焼を抑える。暖炉の場合は完全に冷やしてからダンパーを閉じる。

毎年の手入れ： 毎年、使用前には煙突の検査と清掃を業者に依頼して行う。

燃料と着火剤： 暖炉や薪ストーブの中では、着火剤などの揮発性化学薬品は使わ

> **Did You Know?　豆知識**
> ## 自然からのシグナル
>
> 室内にいつもより多くのクモの巣が見つかったら、寒冷前線が近づいているかもしれない。気温が低下すると、クモは屋内に巣を張ろうとするからである。クロゴケグモは特に寒さを嫌うクモで、薄暗い部屋の隅や地下、クローゼットなどに潜むことがあるため注意しよう。

寒波

船の航路から取り除かれた厚い氷。

毛皮があっても、どんな寒さにも耐えられるというわけではない。厳しい寒さが続いているときは、犬を家の中に入れてあげよう。

ない。薪の燃焼力を上げるために、紙を使い過ぎてもいけない。

安全運転： 暖炉で火を燃やしている間は、金属製の柵を前に置いておく。暖炉の飾りつけであるマントルピースからも離しておく。

寒波専用アプリを活用する

　多くの気象アプリがスマートフォンに内蔵されたGPSを利用することで、あなたの現在位置を検知し、その場所の現在の天候や気象予報を提供している。iTunesやGoogle Playからダウンロードできる以下のアプリには、体感温度を概算するために風速が計れるなど、特に寒波が訪れた場合に役立つ機能が付いている。

→ 日本のアンドロイド用アプリ『体感気温天気予報』は、観測地の入力やGPSを利用し、3時間毎の気温や湿度、体感気温、そのときに合った服装をアニメーションで教えてくれる。

→ 『eWeather（イーウェザー）』は、設定地域の天気予報、体感温度の表示をはじめ、気温の変化をグラフ化して表示してくれるiOS向けアプリ。英語、日本語、他。

→ 『サーモメーター・ウィジェット（Thermometer Widget）』はアンドロイド用アプリで、体感温度と気温が表示される。英文。

→ 『ウインド・スピードメーター（Wind Speed Meter App）』(アンドロイド用)、『ウインド・メーター（Wind Meter）』(iPhone用)スマ

ートフォンを風速計に変身させてくれる画期的なアプリ。スマートフォンがキャッチした風の音に基づいて風速を計算する。英語。

→『ウインド・チル・アンド・ウインド・スピード（Wind Chill and Wind Speed）』はiPhone用のアプリで、体感温度と風速の両方を計算して表示する。2つの数値がどのように関連しているのか、それによって自分がどのような影響を受けるのかを知るのにも役立つ。英語。

→『ウインター・ウェイクアップ（Winter Wake-UP）』は、目覚まし時計に地元の天気予報機能が付いている。もし霜が下りたり雪が降ったりした場合は、余裕をもって準備できるように、いつもより早く目覚ましを鳴らしてくれる。おもちゃのように思えるかもしれないが前もって準備ができ、時間の余裕を持って慎重に移動できるので、結局は我が身を守ることにつながるだろう。英語。

緊急時の心得 ➡ 上手に体を温めるには
CDC（米国疾病対策予防センター）

体温が低下し自力で体を温める力が落ちたら、一刻も早く暖かい場所に移動する。衣服が濡れていれば脱ぎ、まず体の中心部（胸、首、頭、脚のつけ根など）を電気毛布や毛布、タオル、シーツなどを重ねて使い、体を圧迫しないように温める。温かい飲み物を飲むことも、体温を上げるにはよい方法だ。しかし、アルコールは控えること。そして、できるだけ早く医師の診察を受けよう。

温かい飲み物は体温を上げてくれる。

被災者の証言：**写真家・冒険家　セバスチャン・コープランド**

－20℃の日々

北極探検には特別な装備が必要だ。

セバスチャン・コープランドは、受賞歴のある写真家というだけでなく、これまでに冒険家として北極や南極に赴き、たけり狂う極寒との戦いを数多く経験してきた。なかでも、グリーンランドでの極寒体験は忘れられないものだという。

「あの時ほど、自分が無力だと感じたことはありませんでした。6日間、昼も夜も、グリーンランドの氷上に張ったテントの中から一歩も動けず、薄いナイロンの壁に風速36m/sの暴風が容赦なくたたきつけて、と

にかくこの嵐が過ぎ去るのをひたすら待つしかなかったのです」

事前に嵐が迫っていることはわかっていた。そのため、コープランドとパートナーは周到に準備をしていたという。

「テントの向きはセオリーどおり側面を風上に向け、テントからの細引きロープは特に念入りに固定しました。ソリはテントの脇にまとめて置き、スキーは積雪が深くなって見失わないように、垂直に氷に突き刺して万全の態勢で臨みました。

嵐が来たのは翌朝のかなり早い時間で、テントに被せたフライシートがバタバタと激しい音を立てたのが合図でした。その音で目覚め、ものの数分もすると風は急に強まり、風速は18m/sになっていたのです。私たちは慎重に風音に耳を傾けて、じっと動かず最小限の行動にとどめ、しばらく様子をみることにしたのです。結果的にこの判断は正しかったのですが、風は1時間も経たずに風速31m/sを超え、一時は36m/s近い猛烈な突風がテントに吹きつけました」

強風と寒さがタッグを組めば、人間の命など容易に奪われてしまう。コープランドはまさに、死の恐怖に直面していたのだ。

「グリーンランドの大部分は、人の住めない不毛の氷床です。一番厚い場所で3200mもある氷床に覆われた大地を、沿岸部の山々が取り囲んでいます。海抜は平均1920m。おそらく、"凍てついた海"という形容が一番ふさわしいでしょう。要するに、

どこを見ても誰も居ないのです。そのような場所であれほどの嵐に遭い、救助の望みもゼロに近いなかで仮にテントが風で吹き飛ばされようものなら、人間などわずか1日、いや数時間で凍え死ぬでしょう」

寒波のなかで生き残るには、そこが北極であれニューヨーク州のオールバニであれ、適した装備があるかないかにかかっている。コープランドはこれまでの経験上、それを知り過ぎるほど知っていた。

「外に出てみるとテントを固定する細引きロープには、風で霜が真横にびっしりと付着していました。体感温度は－10℃。しかし、テントの中は太陽さえ顔を出せばその温室効果で適度というか、心地良いくらいの気温に保たれていました。ナイロンの布と4本のポール、それを固定する数本の細引きロープ。たったそれだけの組み合わせで、あの激しい嵐でも比較的平穏に過ごせる空間を維持できたことには驚きます。どんなに過酷な環境でも生きていける人間の能力は、すごいと思いました」

昔から学んできたサバイバルの基礎的な知識も、重要な役割を果たした。しかし、長引く停滞のなかで、風がテントの生地を破損する恐れに加え、新たな不安材料も浮かび上がったという。

「雪の吹きだまりの壁が徐々に高くなり、テントを押しつぶす恐れがでてきました。2日目までに、風下には90㎝近くまで雪が積もっていたのです。もし、あの姿を誰かが見たら、雪の中に穴を掘ってテントを捨てたのではないかと思えるほどの状態でした。そこで私たちは数時間ごとに交代で、周囲の雪かきをしました。雪が硬い氷になってしまってからでは、薄いシートを傷つける恐れがあったからです。しかし、子どもがぬいぐるみをいじるようにテントは常に嵐にもて遊ばれ、フライシートが激しく風にあおられる音は、まるでジェット機の轟音のようでした」

しかし、どんな嵐もいつかは衰える時が来るものだ。その平穏な瞬間は、風雪に閉じ込められて7日目の朝に訪れた。

「午前4時ごろだったと思います。夢から覚めたばかりでぼうっとしていた私は、しばらくしてテントが静まりかえっていることに気づきました。そして、弱い突風がテントをパタパタとたたき、再び静かになったときに初めて、嵐が去ったと確信できたのです。そこで私たちは行動を再開し、スノーカイトでの24時間最長距離という挑戦に成功しました。しかも、1日に595㎞を移動するという世界記録を達成したのです」

確かに、冒険において風雨や風雪に立ち向かうことは、多くの困難を伴うだろう。しかし、生存するために何を備え、アクシデントにどう対処するかは日常でも同じだ。その基本的なスキルを学んでおくことは、今後、脅威を増す異常気象を乗り越えるうえでも、非常に大切なことなのだ。

> "寒波のなかで生き残るには、適した装備があるかないかにかかっている"

専門家の見解：**アラスデア・ターナー**
極寒のなかで生き抜くための服装

このような環境では、適切な服装でなければ生き残れない。

アラスデア・ターナー：米国南極調査プログラム、マクマード基地の山岳ガイド。

→ 極寒のなかで仕事をするとき、最も危険なことは何か？

一番恐いのは凍傷です。非常に気温の低い状況では、あっという間に皮膚が凍ってしまうのです。ちょっとうっかりして、手袋なしで物を触ったり、こぼれた燃料が肌に触れたりするだけで、すぐに凍傷になる可能性があります。

私は南極でスノーモービルを使って多くの仕事をしていますが、乗車時の基本的な注意点は、肌を完全にカバーすることです。

→ 低温環境下でベストな服装とは？

私は常に重ね着をしています。重ね着は気温変化への対応に都合がいいからです。長時間歩く場合や登山のときは、汗をかくだけでもマイナス要因となります。そのため、行動中は少しずつ服を脱いで、休憩時には寒さを覚えないうちに着るように心がけています。こうして寒さの程度に応じて、重ね着する服を増減するのです。厚くて暖かい衣服を単体で使うことを避けて、薄い生地の服を重ねていれば、気温変化への対応も容易に行えます。そのため、南極探検用の厚手の全身保温下着は使いません。

その代わりに、薄手の下着を2枚重ねて着ます。同様にジャケットも軽い断熱素材のものを2枚重ねることで、ものすごく厚くて暖かい上着を1枚着るよりも都合がいいのです。また、足は汗で湿ると非常に冷えるので、制汗剤を塗布して発汗を抑えるようにしています。それだけでも、かなり足の冷えを抑える効果があります。

凍傷防止の基本技術は、ほんのわずかでも皮膚を外気にさらさないように完全にカバーすることです。なかでも鼻や耳など凍傷になりやすい突出した部位が多い顔面は、それなりの防護が必要です。私の場合、ひとつで用途に足るものがないため、複数のアイテムを組み合わせて顔をカバーしています。特にフェイスマスクは、口元の開口部を自分で大きめにカットすることで、激しく動いたときでもゴーグルを曇らせることもなく、楽に呼吸ができます。

→ **手袋を着ける場合の注意点は？**

間違った手袋の使い方をよく見かけます。寒い屋外に出るとき、分厚いミトンをする人は多いのですが、ミトンをしたままでは作業がはかどらない。そこでミトンを脱いで、素手を出す人がいます。低気温下では、たったそれだけで凍傷になることが多いのです。極度に寒い屋外に出るのなら、分厚いミトンの下に薄手の5本指手袋をしておきます。私は外出するときは常に手袋を5組用意し、何をするかに応じて使い分けるようにしています。

→ **南極での経験から、極寒を生き抜くためのアドバイスは？**

何より大事なことは、現場と状況を理解して適切な装備を携行し、アクシデントに遭った場合でも対応できる周到な準備をしておくことです。そして、寒いと思ったら食べ物と飲み物を口にして少し体を動かすなど、現場の条件と自分のコンディションに常に注意を払います。服装を考える場合でも、必ず風のことを頭に入れておかなければいけません。−18℃で風速13m/sの状態は、−34℃で無風の状態よりもはるかに厳しい状態に陥るのです。

南極では複数のアイテムを組み合わせて顔を覆うことが重要だ。

HOW TO：寒波への備え

するべきこと

［屋内］

- ☐ 室内暖房器具が使えるように準備を整え、予備の燃料を安全で換気のよい場所に備蓄しておく。あるいは暖炉やストーブ用に予備の薪を準備しておく。
- ☐ 保温性に優れた冬服や毛布が十分にあるか確認しておく。
- ☐ 気象機関からの注意報など気象情報を聞き、小まめに気温をチェックするようにする。
- ☐ 家の壁や屋根裏部屋には断熱材を施工し、ドアや窓はコーキングを施して隙間テープを張る。さらに、防風窓や雨戸の取り付けを検討する。
- ☐ 雨どいを掃除し、破損した屋根は修理しておく。また、積雪や風で折れる危険のある庭木の枝は切っておく。
- ☐ 暖房器具や煙突の掃除をし、いつでも稼動できるようにメンテナンスしておく。
- ☐ 水道管が露出している所は、手が届くなら断熱処理を施す。
- ☐ 暖房器具からの火災に備えて、消火器がある場所を確認しておく。家族にも場所と使い方を教えておく。
- ☐ 寒さによる水道管の破損を考慮し、水道の止水栓の場所と閉め方を確認する。
- ☐ 専門業者に屋根をチェックしてもらい、積雪の重みに耐えられるかを確認しておく。

［屋外］

- ☐ 寒い屋外に出るときには、必ず何層も重ね着をする。
- ☐ 常に予想より気温が低くなることを想定し、衣類を準備する。重ね着した服は、暑くなったら脱ぐことができるからだ。
- ☐ ミトンや5本指手袋は手首にぴったりフィットしているものを使う。
- ☐ 外出用のアウターは、防水・はっ水加工が施されたものを選ぶ。
- ☐ 寒い屋外に出る場合、事前に高タンパクで栄養バランスのよい食事をとっておく。高タンパク質の食品を代謝するには、より多くのエネルギーを燃やすので、その分体温も上がるからだ。
- ☐ 風が強く、冷え込みが厳しい場合、顔を保護する目的でスキー用のマスクを備えておく。
- ☐ 外出するときは水を持参する。人体は脱水状態になると、寒さの影響を受けやすいからだ。
- ☐ 非常時に暖をとるために、濡れないようにジップ袋に入れたマッチを携帯する。

雨どいの掃除をしておけば、雨どいに水がたまって凍結するのを防げる。

してはいけないこと

[屋内]

- [ ] ペットをほったらかしにしない。家畜も風や雪のあたらない場所に移動させ、新鮮な水を与える。水は凍らないように配慮する。
- [ ] 燃料を燃やして使う器具を、排気管のない場所に保管してはいけない。屋外かガレージに置き、可燃物や危険な液体、危険物質を近くに置かないこと。
- [ ] 水道管を凍結させてはいけない。氷点下の寒さが予想され、水道管が寒さに弱いようであれば、蛇口から水が滴る程度に開栓し、凍結を予防する。
- [ ] 動物の避難場所にも、動物はもちろん自分たちに必要な物を備蓄しておく。そして家畜小屋や犬小屋には防寒対策を施す。これらの場所は、緊急時にあなたや家族にとってのもうひとつの避難部屋になる可能性がある。

[屋外]

- [ ] 気温だけで寒さを判断してはいけない。体感温度を考慮に入れて備える。
- [ ] 気温が−18℃以下に下がった場合、長時間話す、歌うといった活動を行ってはいけない。極度の寒さのなかでは、寒気により肺や喉に異常をきたす可能性がある。
- [ ] 無計画な長距離の移動はやめる。どこへ行く場合でも、避難場所の有無を確認して行動する。

HOW TO：生き残るために

するべきこと

[屋内]

- □ 暖房の設定温度を20℃以上に上げない。これを習慣づければ、寒さが予想より長引いても燃料を節約できる。
- □ 室内暖房器具の使用は、必要な注意事項をすべて守る。家具や布製品、可燃性の物から離れていることを確認する。
- □ 石油ストーブを使う際は、換気のために窓を少し開ける。灯油の入れ替えは屋外で行うこと。
- □ 一酸化炭素中毒に注意する。一酸化炭素用の警報器を取り付けておこう。
- □ 水道管が凍結したら、断熱材を取り除く。そしてぼろ布で包み、その上から湯をかける。この場合、寒さの影響を一番受けやすい場所から始める。再び凍結してしまわないように、家中の蛇口を少し開けて、水が流れるようにしておく。
- □ たとえ屋内にいて自分がそれほど寒さを感じていなくても、周囲の人の凍傷や低体温症に注意する。寒さに対する反応は、人によって違う。
- □ 断熱のため、車庫の扉は閉めておくこと。特に給水設備が車庫の中にある場合は必須だ。
- □ 家に暖房がない状態が長期間続く場合、適度な運動として散歩などを行い、体を温めるように努める。
- □ ノンアルコールの温かい飲み物をとりバランスのよい食事を心がけ、体温を適正に保つよう心がける。
- □ 屋内でも必要に応じて重ね着する。服でカバーできない部分もミトンや靴下、帽子やスカーフなどで防寒する。

[屋外]

- □ 風や雪、雨を遮る避難場所を探す。
- □ 暖かい服で身を包み、手や首など服から出ている部分もカバーする。
- □ 厚手の服を1枚着るよりも、薄手の服を重ね着する。
- □ 常に体を動かして、体を温めるようにする。ただし、頑張り過ぎて汗をかかないように気をつける。
- □ 寒くても少しずつ水分補給をする。脱水状態は低体温の影響をより受けやすい。

寒さが長引くとき、室内で安心して過ごせるように燃料を節約しよう。

してはいけないこと

[屋内]

☐ 家を留守にする場合、その期間にかかわらず暖房やサーモスタットの設定を13℃以下に下げてはいけない。

☐ 屋内で発電機を使ってはいけない。

☐ 屋外で燃料を燃やして使う器具を、室内の暖房に利用しない。バーベキューグリルやコンロをはじめ、ガソリンやプロパン、天然ガス、木炭を燃やす器具を家の中で使用するのは厳禁だ。

[屋外]

☐ 夜間に一人で車の運転や外出をしない。また、除雪と安全が確認された主要道路以外を使わないようにする。

☐ アルコールを摂取してはいけない。アルコールで血行がよくなると思われているが、実は血管を収縮させて皮膚への血流を阻害する。

☐ スポーツなどで頑張り過ぎない。心臓発作は寒さが厳しいときに頻発している。

☐ 体を濡れたままにしない。汗をかき続けると深部体温が下がり、濡れた服は体温の低下を早める。

☐ 雪を食べてはいけない。体の中から熱を奪ってしまうからだ。雪を使わなければ水分補給ができない場合、溶かして水の状態にしてから飲むこと。

☐ 長距離を歩くことを考えてはいけない。寒さのなかを歩くことはより激しく体力を消耗させ、地面に雪が積もっていれば距離の見当もつきにくくなる。

HOW TO：寒波からの復旧

するべきこと

[屋内]
- ☐ 凍結による水道管のひび割れや水漏れがないかチェックする。必要であれば断熱材を取り替える。
- ☐ 台所や浴室の戸棚を開けて、暖かい空気が水道設備の周りに行きわたるようにする。その場合、戸棚にある有害な化学薬品や洗剤は、子どもの手の届かない所に置くこと。
- ☐ 激な気温の変化によって収縮が起こり、家の土台や壁、天井にひび割れができていないかチェックして必要なら修理する。

[屋外]
- ☐ 寒波が去った後でも、避難所を探して行ってみる。それが適度な運動となって体調を整え、他の人々と互いに凍傷ができていないかチェックし合うことができる。
- ☐ もし濡れてしまったら、暖かく乾燥した場所を探して濡れた服を速やかに脱ぐ。
- ☐ 体を温める場合、暖房の温度は少しずつ上げて、ゆっくりと体を慣らす。

してはいけないこと

[屋内]
- ☐ 熱い浴槽やサウナ、蒸し風呂などにいきなり入らない。貧血を起こしたり、場合によっては意識を失う可能性がある。
- ☐ 濡れた服を着たままでいてはいけない。
- ☐ 凍結した水道管やバルブに直接熱湯をかけない。衝撃で破裂する恐れがある。まず、最初にすべての蛇口を開き、水道管を布で覆って寒さの影響を一番受けやすい場所から湯をかけていく。
- ☐ 寒波が去っても、いきなり車でドライブをしてはいけない。道路に雪や氷があると、たとえ気温が0℃以上になったとしても運転は危険だ。地域の監督機関に、いつから、どの道路なら運転してよいか安全を確認してから運転する。

↘ Good Idea　緊急時に役立つアイデア
寒冷時の車の運転で注意するべきこと

　極端な寒さはエンジンを凍結させ、バッテリーの働きを弱め、あなたを道路脇に立ち往生させるかもしれない。そうならないためにも事前に準備と整備をしておこう。

冬が近づいてきたら最低でも、次項の点検を行う
・不凍液
・バッテリーと点火装置
・ブレーキとブレーキオイル
・排気システム
・ヒーターとデフロスター
・ライトとウインカー
・オイル
・サーモスタット
・タイヤ
・ウォッシャー液
・フロントガラスのワイパー

車両用の冬季緊急装備を確認する
・ブースターケーブル、または
　ジャンプスターター（車両用充電器）
・緊急用の発煙筒や遭難信号旗
・フラッシュライトや予備のバッテリー
・凍結路面のスリップ防止用の塩、
　または砂
・雪を払いのけるための小さなほうき
・フロントガラス用スクレイパー
・けん引用のチェーンやロープ

運転する場合、現在と今後の気象状況をしっかり把握しておこう。寒波のなかで、あるいは寒波が来ている場所に移動しなければならない場合、自分自身の安全のために細心の注意が必要だ。

**車の中に次のような
冬用の安全セットを用意する**
・電池式ラジオと予備の電池
・毛布
・予備の防寒着
・救急セット
・マッチ
・スナック類
・水
・車用の携帯電話充電器

異常気象時は家族や友人など連絡をとるべき人を決めておき、ドライブの状況や無事に着いたことを報告する。

凍結した道路で引っくり返った車。氷と雪の組み合わせは、死を呼び込むこともある。

異常気象
COLD WAVES AND HISTORY
寒波とその歴史

- 1812年、ロシアのすさまじい寒さがナポレオン軍を撤退に追い込んだことはよく知られているが、200年後の2012年、寒波がヨーロッパ大陸の同じ地域を襲い、最低気温の記録を数多く残した。

- モロッコは国の大部分が地中海式気候だが、1935年にイフレンで−23.9℃を記録した。これは、アフリカ大陸における最低気温の記録となっている。

- 南極点の冬の平均気温は約−70℃、北極点は約−30℃で、南極の方が寒い。

ブリザードは雪だけで
なく強風を伴い視界を
さえぎる。

CHAPTER 10

ブリザード

　ある年の3月11日、世界有数の商業都市ニューヨーク市は、朝から冷たい雨に覆われていた。「ニューヨーク・トリビューン」紙の片隅には、「小雪がちらつき、その後晴れるが、気温は下がるだろう」という予報が載った。しかし、夜になるとノースカロライナ州付近で急速に低気圧が発達し、暖かく湿った大西洋の空気に北西の冷たい空気が流れ込んだ。まさに、いつ大雪が降ってもおかしくない条件がそろってしまったのだ。案の定、翌日3月12日の正午には、2階の窓の高さまで吹きだまるほどの大雪。そして、風速34m/sというすさまじい突風が吹き荒れ、気温は−17℃まで冷え込んだ。しかも、その大雪は36時間、ひと時も休むことなく降り続けたのだ。

　「1888年のグレート・ブリザード」として知られるこの吹雪は、チェサピーク湾からメイン州までを襲い、ニューヨーク市だけで2000万ドル以上の損害をもたらした。地域全体で400人以上が死亡し、そのうち約100人は海で命を落とした。また、死亡したニューヨーク市民200人の大半が歩道に積もった雪の中から発見されるという、前代未聞の大惨事だった。

　現在でも、当時と同じような猛烈なブリザードが、いつ起きても不思議ではない。しかし、気象予報の目覚ましい発達に伴い、事前にさまざまな雪対策を講じられるようになったことで、当時と比較して命を落とす人ははるかに少なくなった。

　2011年2月に北米を襲った吹雪も、その規模はかなり大きなものだったが、幸いにもグレート・ブリザードほどの大惨事には至らなかった。北米大陸のロッキー山脈から東側の大部分を荒らし回った吹雪は、シ

緊急時の心得 ➡ 車から離れる
FEMA（米国連邦緊急事態管理庁）

　ブリザードが吹き荒れた状態で最も安全な場所はあなたの家、あるいは避難所だ。生活必需品を切らして車で買い物にでかける場合は、明るい昼間のうちにすます。そして、決して単独では行動せず、除雪された主要道路を使うようにすることだ。また、行き先、道順などは必ず誰かに伝え、万が一立ち往生した場合でも、迎えに来てもらえるように手配しておこう。

カゴ近郊で特に猛威を振るった。50cm以上の積雪や風速31m/sの強風のために空港や高速道路、鉄道路線が閉鎖され、最終的に10人の命を奪ったのだ。さらに、その翌週、2回の吹雪がまたも米国を襲った。テキサス州ダラス市では、2月4日に15cmの積雪を記録し、2月8日と9日には、米国中西部と南東部が再び大雪に包まれた。

また、2011年には温暖なオクラホマ州タルサ市でも、これまでに例のない大雪の年となって、合計70cmの積雪に見舞われた。特に2月10日、同じくオクラホマ州のノワタでは、同州観測史上最低気温である−35℃を記録したのだ。

一見矛盾しているようだが、気象学者や気候学者たちは、こうした記録的な吹雪や低温は地球温暖化に関連があると考えている。今後、温暖化で吹雪の回数は減り、冬の寒さも短期的になるかもしれない。しかし、一回のブリザードの規模は今まで以上に激しくなるだろうと多くの学者は予測している。そうした大規模なブリザードに備えるためには、まずブリザードを理解することが極めて重要だ。そこで、吹雪やブリザードの定義について解説しておこう。

ブリザードとは？

私たちは当然、ふぶいている雪はすべて吹雪だと思うが、その定義や分類は各国でさまざまだ。米国立気象局（NWS）の基準では、風速16m/s以上の風を伴う大量の降雪、あるいは吹雪によって視界が400m以

↘ Gear and Gadgets　道具と装備

公共緊急警報放送受信ラジオ

雪の重さで送電線が切断され、突然停電することがある。そんなときには、各種災害や避難勧告など公共の緊急警報放送が受信可能なラジオが役に立つ。充電式バッテリー、手回し充電、ソーラー充電、これらすべての充電機能がそろい、ライトやアラームが付いた便利なものもある。日本ではAM/FM放送局から緊急警報放送が発信されると感知し、自動的に電源が入るものもある。これに対し24時間体制で米国の天気予報や警報を放送している「米国海洋気象局（NOAA）ウェザーラジオ・オール・ハザード（NOAA Weather Radio［NWR］All Hazards）」は、通常のAM/FMラジオで受信できない。独立した受信機、マルチバンド／多機能型受信機、「NOAAウェザーラジオ・オール・ハザード」や「公共警報（Public Alert）」のロゴが付いたラジオ、もしくはスマートフォンで視聴できる。

ブリザード

ブリザードに襲われた米国東海岸。嵐の後、スコップで除雪する母親。

下になり、しかも3時間以上その状態が続く吹雪を「ブリザード」、風速20m/s以上で気温が−12℃前後、あるいはそれ以下で視界がゼロとなった場合を「激しいブリザード」としている。そして、このブリザードの条件の1つか2つの要素を満たした吹雪が発生すると、「ブリザード」または「暴風雪警報」が発令される。

日本では、やや強い風（風速10〜15m/s）以上の風が雪を伴って吹く状態を「吹雪」。強い風（風速15m/s）以上の風を伴う吹雪を「猛吹雪」。暴風（風速20m/s以上）に雪を伴うものを「暴風雪」という。また、「暴風による重大な災害」に加えて「雪を伴うことで視程障害などによる重大な災害」の恐れがある場合「暴風雪警報」が発令され、その被害が著しく大きい恐れがある場合は「暴風雪特別警報」が発令される。

そして、雪が降る地域なら世界中、ハワイでもどこでも、吹雪やブリザードが起きる可能性があり、数時間、あるいは悪くすると数日続くこともある。

吹雪が発生する気温の条件は非常に限られている。その条件とは、基本的に気温が0℃以下であり、最低気温が−7〜−2℃程度。気温がそれ以下に低下すると大規模な吹雪が起こりにくいのは、空気が雪のもとになる水分を十分に保持することができなくなるためだ。この微妙な気温の上昇が水分を蓄え、その影響で乾燥した寒冷前線を吹雪に変える。

ところで、米国でブリザードが多発する地域の大半が、米国中西部とグレートプレーンズだ。ここは平坦な地形で森林が少な

PART 4　寒さ・雪による災害

ブリザードが発生したら早い段階で頻繁に除雪することが事故防止のために最も重要だ。

く、風や吹雪を妨げるものもほとんどない、ロッキー山脈から降りてくる低気圧の影響を特に受けやすい地域だ。ブリザードの発生要因の多くは、ジェット気流の南下によって寒気団が北西から訪れ、その寒気団と南から北上する水蒸気含んだ暖気団とが合流して起きる。

また、湖水効果によって発生するブリザードもある。ユタ州ソルトレイクシティやインディアナ州サウスベンド、ニューヨーク州ロチェスターなど、大きな湖に近い地域はこのブリザードによって、たびたびの被害に見舞われている。湖水効果によるブリザードとは、湖水上の気温と陸地の温度差によって発生する。湖水上は陸地と比べ気温が高く、湖水から蒸発した水分を含む冷たい空気が上空の雲へと運び上げられる。そして、水分を多く含んだ雲は湖上を離れ陸地の上を移動し、さらに冷えて水分が雪となって地上に舞い降り、気圧の変化によって強い風を伴うブリザードになるのだ。比較的水温の高い大西洋の海でも同じ原理が働き、空気中に水蒸気がもたらされた結果、東海岸でブリザードを発生させている。

ブリザードは、ニューハンプシャー州のワシントン山やワシントン州のレーニア山など、標高の高い山頂でもよく発生する。山の斜面は暖かく湿った空気の塊を冷たい空気が広がる上空へ押し上げるのに都合がよく、山頂付近の雲に水分が密集して氷や雪をつくるのだ。また、同じ山でも突風が吹きつける風上の斜面は、山頂の手前で湿った空気が集まり降雪するため、反対側の斜面よりはるかに多くの雪が積もる。

冬の天候を表す言葉

北極圏に暮らす人々の言語には、なぜ「雪」を表す言葉が数多くあるのだろうか？

> **Did You Know?　豆知識**
>
> ### 年間平均降雪量
>
> 下記は、米国における年間降雪量の平均が8m以上を記録した地域だ。
>
> | [地域] | [降雪量] |
> |---|---|
> | ワシントン州レーニア山パラダイス・ステーション | 17.0m |
> | ユタ州アルタ市 | 13.9m |
> | オレゴン州クレーターレーク国立公園本部 | 12.3m |
> | ユタ州ブライトン市 | 10.4m |
> | カリフォルニア州エコーサミット | 10.3m |
> | コロラド州ウルフクリークスキー場 | 10.0m |
> | カリフォルニア州ケーブルズ・レイク | 9.5m |
> | アラスカ州バルデューズ | 9.3m |
> | コロラド州マウントエバンス・フィールド・ステーション | 7.6m |

なぜ今に至るまで語り継がれてきたのだろうか？　それには納得のいく理由がある。雪の発生前や発生後、あるいは発生中に、雪にはそれぞれ独自の兆候や特徴がみられるからだ。そして、雪を表す名称から雪の状態を共通認識として予測し、古来の知恵で備えてきたのだ。すべてのタイプの雪がブリザードに発達するわけではないが、な

> **Good Idea**　緊急時に役立つアイデア

雪かき

　スコップを購入する際は、握り部分がカーブしているものや長さが調節できる製品を選べば、雪かきでの腰の上下運動や背中の曲折運動を最小限に抑えられる。また、さじ部の面が小さくて軽い製品は、ひとかき分が軽くなって雪かきのピッチも上がり作業もはかどるだろう。

　そして、雪かき作業を始める前には、必ずストレッチや柔軟体操で体を温め、滑り止めを装着した防水シューズや長靴を履いてから行うようにする。また、一度にスコップで運ぶ雪の量は少なめを心がけ、無理のない一定のペースで時間をかけて作業すること。そして、10〜15分おきに必ず休憩を入れよう。

正しい雪の持ち上げ方
- 雪に対して足を前後し出し、腰と肩が真っすぐ雪の正面を向くように構える。
- 前かがみに腰を折るのでなく、膝を曲げ、胸を前方へ押し出すように水平移動すると、腰に負担がかかりにくい。
- 握り部分を持つとき、片方の手は自分の持ちやすい範囲内でなるべくさじ部に近い場所を握り、もう一方の手で柄の部分を握るようにする。
- 雪を放り投げるときは腕をねじったり、伸ばしたりすることは避ける。
- 常に両足を地面に着け、安定したポジションで行う。

正しい雪かきの技術を学んでおくことは重要だ。

米国コロラド州の大雪は、標識も家もほとんどを埋め尽くしてしまった。

かには危険性の高い厄介な雪も多い。
　以下に米国と日本で共通する雪のタイプとその名称を紹介する。

フルーリー（にわか雪）：小雪が一時的にちらつく程度。わずかに積もることもあるが、まったく積もらない場合もある。

スリート（凍雨）：文字どおり雨粒が地表近くで凍り、氷の粒となって地面へ落ちる。通常は地面に落ちると跳ねてから解け、そのまま積もることはないが、積もった場合はかなり危険だ。

シャワースノー（しゅう雪）：降雪の強度が短時間の間に激しく変化し、多少の積雪がある。

フリージングレイン（着氷）：樹木の枝や車、道路などの凍った場所に雨が降り、さらに凍りついて氷の膜ができる現象。ほんのわずかでも氷の膜が積み重なれば、重大な危険を引き起こすこともある。

ヘビースノー（大雪）：24時間で数十センチ以上の降雪がみられ、降雪が数日以上続いたことにより交通障害や孤立、建物被害など、生活や経済に大きな影響をもたらす。

スノーストーム（吹雪）：吹雪は激しい嵐をもたらすことがある。降雪と強い風が同時の場合もあれば、地面に降り積もった雪が強い風で舞い上げられる場合もある。視界が悪くなり、場所によって大きな吹きだまりができる。

ヘビースノー（大雪）

　米国の気象用語における「ヘビースノー（大雪）」の定義は、雪の量で決まる。12時間で10㎝、もしくは24時間で15㎝降っ

アイスストームは樹木や電線を倒し、停電をもたらす。

た場合、「ヘビースノー」ということになる。しかし、車道や歩道やポーチの雪かきを行う人にとってヘビースノーは文字どおり「重たい雪」でしかないだろう。

　空から舞い散る雪には、重さなどないように見える。しかし、雪は水からできていることを忘れていけない。深さ30cmのふわふわの雪は、深さ2.5cm余りの解けた雪（または水）に相当し、重さにすると1㎡あたり24kg。さらに、雪は降積する先から次々に圧縮され、0.1㎡（スコップ山盛り1杯分）の雪は、おおよそ2kg以上にもなるのだ。

　緊急医療の専門誌「アメリカン・ジャーナル・オブ・エマージェンシー・メディシン」の調査によると、1990～2006年の間に米国では、雪かきが原因で約1万1500人がケガの治療を受けていたことが明らかになった。その多くが筋骨格の酷使によるものや腰部負傷、転倒や落下によるケガだった。加えて、雪かきによる心臓への負担が原因で、年間100名近くが命を落としていることも忘れてはならない。

　たとえほんのわずかの雪かきでも、安全な作業を行うためには次の項目を頭にいれておくとよいだろう。

→ 雪かきの前後にウォーミングアップとクールダウンを必ず行う。ゆったりとしたウエアを重ね着し、手袋をはめ、帽子をかぶり、まずスコップを握る前に筋肉を伸ばす。雪かき後は屋内でストレッチをしてから休むと疲労が残りにくい。雪が多い場合、一度にすべて片付けようとせず、こまめに休憩を入れて作業すること。

→ あらかじめ作業全体をイメージして、計画性を持って行う。運んだ雪を何度も移動

することがないように、雪置き場を決めておこう。また、1カ所に積み上げた雪は地面を覆う雪より融解に時間がかかることを頭に入れて、雪置き場を決める。

→ 背筋を伸ばし、両足と腰で雪の重みを支える。腰や背中をねじるなど、筋肉に負荷をかける無駄な動きは避ける。スコップを持つときは両手を広げ、片方の手はスコップのさじ部近くを、もう片方の手はスコップの握り部分を持つようにする。

→ 基本的に無理のないペースで行う。吹雪の真最中でも、数回に分けて雪かきを進めた方がよい。降ったばかりの軽い雪のうちに道を造っておけば、その後の雪かきが容易になる。

→ 雪かきは朝のうちに始め、日光の熱を利用する。吹雪が去り、青空が広がれば太陽を効率的に使って雪を解かすこともできる。コンクリートの歩道やアスファルトの車道など、濃い色の場所に雪を散らして露出させると、熱を吸収して解けやすい。

→ 精神的に追い込まず、「のんびり、頑張り過ぎない」のが、雪かきの鉄則だ。また、時々休憩を入れて水分をこまめにとりながら、汗をかくのを前提に重ね着で臨む。可能であれば、家族や近所の人たちと協力して行おう。

屋根に積もった雪の重さも心配の種だ。屋根の設計構造や傾斜角度、材質や伝熱性などのすべてが家の耐雪性を決める重要な要素だ。家の購入や建築を考えているのなら、居住地域の降雪量を考慮して、屋根の素材や設計を考える必要がある。

樹木や枝、電線や物干しロープ、縁側やベランダなど、雪や氷は身の周りのさまざまな物に重くのしかかり、屈曲や破壊を招く原因にもなる。冬が来る前に家の周囲を確認し、必要のないものは片付け、植木を刈り込み、枝を落としておこう。想定外の降雪に襲われた場合のことをイメージして、事前に準備を終えておくことが大切だ。

（346ページへ続く）

↘ Did You Know?　豆知識
救援の合図

車が雪の中で立ち往生した場合、ぼろ布やレジ袋、あるいはどんな布の切れ端でもよいので窓やアンテナから垂らし、遭難信号の代わりにする。徒歩の場合は、足で地面の雪を踏みつけて大きく「HELP」または「SOS」の文字を書き、踏み固めた溝の文字に石や木の枝を置いておこう。こうすることで白い雪の中でも文字が際立ち、上空から捜索している救助隊から発見されやすくなる。

PART 4 　寒さ・雪による災害

異常気象
CRIPPLING BLIZZARDS
大被害をもたらしたブリザード

- 世界観測史上最悪のブリザードは、1972年にイランで発生した。1週間で792㎝の雪が200の町に降ったのだ。このブリザードで約4000人が死亡した。

- 1888年に米国を襲った「グレート・ブリザード」は、北東部の一部地域に152㎝の雪を降らせ、400人の命を奪った。

- 米国で1993年に発生した通称「世紀の暴風雪」は大量の雪をもたらし、米国人口の約半分がその影響を受けた。死者は200人以上に上った。

猛吹雪の後、自宅の雪かきをする人。

アイスストーム（氷雪嵐）

ときに暴風雪は、雪ではなく（あるいは雪の前後や雪と一緒に）氷を降らせる氷結性の嵐、「アイスストーム」を発生させ、特有のリスクと危険をもたらす。

アイスストームが発生する場合、まず雪が上空の高い所で降りはじめ、暖かい空気を通過する途中で解けて雨になり、この雨が地表近くの氷点下の空気の層を通り抜けることで、再び凍結して「スリート（凍雨）」となる。スリートは小さな粒状の氷で、地面に跳ね返った後も解けずに積もることがある。

一方で雨が地表付近の狭い冷気帯を通過した場合は雨のまま降るが、冷えた地面などに接触して氷結したものを「フリージングレイン（着氷）」という。フリージングレインはスリートよりも滑りやすく視認しづらいため、さまざまな意味で危険だ。

スリートとフリージングレインが同時に降る場合もあれば、ひとつのアイスストームが移動しながら大気や地表の温度変化の影響を受けて、雪やスリート、フリージングレイン、そして通常の雨といったように、次々に違うものを降らせるパターンもある。過去に強力なアイスストームが路面に2.5cmもの氷を積もらせることもあった。スリートやフリージングレインで路面はスリップ状態となるため、車の運転は極力避けなければならない。非常に危険だ。

ホワイトアウト

降雪量が増えた場合、ホワイトアウト現象が起きることもある。雲が低く垂れ込めて雪の表面に同化したような状態となり、視界がゼロ、あるいはゼロ近くまで低下し、地平線が判別できなくなるのだ。そうなると辺り一面が白くなり、色の差異がほとんど消え、遠近感がなくなってしまう。

こうしたホワイトアウト現象が起きる条件として、次の4種類がある。

→ ブリザード時に地上の雪が巻き上げられ、光の乱反射が起きた場合。

→ 大雪が降り、大量の雪によって視界が悪くなる場合。

→ 地表が完全に雪で覆われ、そのほぼ全面から光が反射している場合。

→ 雪が降っているとき、地表近くに霧が発生し視界が損なわれるような場合。

緊急時の心得 ➡ 体調保持に努める
U.S. SEARCH AND RESCUE TASK FORCE（米国捜索救助タスクフォース）

寒さによって体調に異変をきたしたら、暖かな水分を補給し続けよう。また、低体温症の兆候として、激しい震え、記憶を失う、方向感覚を失う、意味不明なことを言う、ろれつが回らなくなる、眠気に襲われる、目に見えてぐったり消耗しているなどの症状に注意する。ほかにも凍傷の兆候（感覚がなくなる、手足が白くなる、血の気がなくなる）にも気をつけよう。このような症状が見られた場合は、すぐに医師の診察を受ける。

雪に覆われた道路を走る車。ホワイトアウトは視界を著しく悪化させる場合がある。

ブリザードの基礎知識
ブリザード、その内部で起きていること

　寒波が到来しても、降雪がわずかで風も弱ければ、行事の中止や日常の業務が中断されることはほとんどない。しかし、寒気と雪が温帯低気圧（熱帯から遠く離れた偏西風帯で、冷たい空気あるいは冷たい海水の上に形成された、風速15m/s以上の風を伴なう大型の暴風帯）と合体するとブリザードが発生し、破壊的な冬の天気となって人命さえ脅かす恐れもあるのだ。

　このようなブリザードの発生は、非常に冷たく乾燥した空気が湿った空気も引き込むことではじまる。湿った空気は雪のもとになる水蒸気を供給するだけでなく、スリートやフリージングレインが降る確率を高め、もちろん通常の（ただし冷たい）雨も降らせる。そして、ひとつの地域を移動しながら大雪を降らせる強い線状の降雪帯を伴うことも多く、幅16～80kmにわたって1時間に8cm、もしくはそれ以上の雪を降らせることがあるのだ。

ブリザードの予測

　米国では現在、コンピューターによる気象モデルの精度向上で、ブリザード発生日のほぼ1週間前に注意報が発令されるようになった。これにより事前の準備や対策を練ることが可能になったが、注意報の時点では、まだ、自分たちの行事や旅行の予定を変更するべきではない。ブリザードがやって来る1～2日前でも変更が利くように手配しておくだけでいいだろう。これは特に、米国東海岸沿岸地域のブリザード発生予報のケースにあてはまることで、この地域を襲うブリザードの多くは内陸に暴風雪を発生させるが、海岸に近い場所は強い風雨しかもたらさないからだ。

　また、現状では降雨帯と降雪帯の境界地点を予測することは難しく、時にはブリザードが発生するまで予測できないこともある。しかし、2013年4月に米国立気象局（NWS）のすべての気象レーダーシステムが新しくなったことで、天気予報官はブリザードの内部状況をより詳しく把握でき、その情報を数時間先の予測に役立てているため、精度は確実に上がっている。

湖に発生するブリザード
湖水効果によるブリザード発生の原理は、まず、非常に冷たい空気が相対的に温かい湖水の上を流れ、水分を含んだ上昇気流が生まれる。その後、上空に水分が蓄えられて移動し、陸地の冷たい空気にぶつかって大雪を降らせた場合に発生する。

雪に覆われたフィンランドのバス停。このような場合でも、交通情報アプリを活用すれば、バスの運行スケジュールを知ることができるだろう。

ホワイトアウトは多くの脅威をもたらす。特に車のドライバーや航空機のパイロットは、遠近感が失われるので要注意だ。歩行者にとっても危険がつきまとい、自宅の前庭で自分の居場所がわからなくなった人もいるほど視界が遮られる。

サンダースノー（雷雪）

吹雪のなかで雷鳴がとどろき稲妻の閃光を確認したら、それは「サンダースノー（雷雪）」だ。この気象現象は、通常、晩冬か早春に起きる。この季節はサンダースノーに必要な条件である、暖かい空気の上に冷たい空気の塊が存在し、さらに地表近くに湿った空気があるという特殊な環境がそろうからだ。

しかし、名前こそ雷と雪で楽しそうに聞こえるかもしれないが、サンダースノーは屋外にいる人にとって、大きな危険を招く場合もある。落雷をもたらし雹よりも大きい氷の塊を降らせることもあれば、条件がそろえば渦状の雲を持つ持続的な暴風雪となって雷が長時間続き、大雪の前兆となる場合もあるのだ。ある調査では、吹雪のときに落雷があると、15cm以上の降雪となる確率が高いことがわかった。

ブリザードに遭遇したら

ブリザードのとき、一番安全なのは屋内にとどまることだ。しかし、どうしても車を運転する必要がある場合、以下の重要な安全ルールを覚えておいてほしい。

→ 運転は日中に行う。
→ 単独では出かけない。
→ 主要道路を使い、裏道を使って近道をしようとしない。
→ 予定しているルート、目的地、到着予定時刻を必ず誰かに知らせておく。

犬の嗅覚は、吹雪やブリザードのなかでは利かなくなる場合があることを覚えておこう。

→ 運転する前に車の窓、ライト、ボンネット、屋根に積もった雪や氷をすべて取り除く。
→ ヘッドライトをつけたまま運転する。
→ 前方の車との車間距離を十分以上に空けて走行する。
→ ブレーキは速めに細かく、何度かに分けてかける。決して急ブレーキをかけない。
→ あらゆる方向に普段よりも注意を払い、遠くを見渡すようにする。

走行をやめて途中で停車し、しばらく車の中で待つ場合は、以下のアドバイスを守って安全を確保しよう。
→ 車の外に出ない。
→ エンジンを止める。雪の吹きだまりは排気管をふさぎ、一酸化炭素中毒を引き起こすことがあるため、どうしても暖房を使う必要がある場合は、必ず排気管の周囲に雪がないことを確認すること。また、エンジンをかける時間は1回につき10分以内にする。
→ 車が立ち往生した場合は、アンテナかドアの取っ手に鮮やかな目立つ色の布切れを結び付け、救助隊にわかるようにする。
→ 汗がこもらないように衣服を緩め、体を

動かす。両手をこすり合わせる。また、時々足をさするなどして体温の低下を防ぐ。

ブリザード専用アプリを活用する

不測の気象状況に遭遇したとき、携帯電話やスマートフォンはとても役に立つ。119番に電話をして救助を要請することもできれば、自分の正確な居場所を確認することもできるからだ。iTunesやGoogle Playから入手できる以下のアプリを使えば、スマートフォンはブリザードや大雪のとき、力強い味方になるだろう。

→『ダーク・スカイ・アプリ(Dark Sky app)』はiTunesからインストール可能。気象レーダーのデータを利用して、知りたい場所の1時間ごとの雨や雪の予報を提供してくれる。英語。

→『ウインター・サバイバル・キット・アプリ(Winter Survival Kit app)』雪道で車の中に閉じ込められた場合の安全確保に役立つアプリだ。アイドリング時に費やすガソリンの残量時間の計算、積もった雪が排気管をふさがないように30分ごとの警告アラームなどの機能がある。英語。

→『ウインター・ストーム・ワーニングス(Winter Storm Warnings)』はGoogle Playから入手可能。暴風雪に関する最新情報や予報、知識、ニュースを提供して、接近する恐れのある暴風雪の動向を教えてくれる。英語。

→ 日本にも暴風雪や大雪、着氷などの情報を配信してくれる各種天気予報アプリや警報アプリがある。内容を比較し、精度が高く使いやすいものを選んで活用しよう。

↘ Did You Know? 豆知識
吹雪やブリザードに備えた服装で乗車する

吹雪やブリザードになる恐れがあるときは、車を運転しないのが鉄則だ。しかし、どうしても運転する必要がある場合、雪道で車に閉じ込められるケースを想定して、寒さのなかでも生存に支障のない服装をしよう。雪で車が立ち往生し、安全な場所まで歩いて行くことも考え、屋外で活動できる服装も念頭に入れておくべきだ。長袖、長ズボンのアンダーウエアを着用し、おしゃれな薄手のコートの代わりに、防水・はっ水性のパーカーを羽織り、ビジネスシューズの代わりにブーツと分厚い靴下。さらに、手袋、伸縮性の高いストッキングキャップを着用する。極度に寒い場合は、スキーマスクを着用してもよいだろう。

ストールと帽子で顔と頭も守ろう。

被災者の証言：元米国マサチューセッツ州ウースター市の市政管理官
マイク・オブライエン

新たなブリザードに備えよ

深く積もった雪の中で除雪機を押す住民。米国マサチューセッツ州。

「本能的な直感。それは、ブリザードに対する最終的な安全対策を活かすキーポイントになる」と、元市政管理官であり、緊急連絡責任者でもあるマイク・オブライエンは言う。彼が勤めていたマサチューセッツ州ウースター市は、米国内で特に積雪量の多い地域だ。オブライエンのブリザード対策は、市の職員としての20年以上のスキルと地元の気候を知り尽くした彼自身の知識に加え、北東部の暴風雪に詳しい専門家の知識が前提となっている。

そして2013年2月、大きく発達した暴風雪がウースター市に71cmの降雪をもたらしたが、ウースター市は万全の準備態勢で大雪を迎えた。たとえば大雪対策の会議は、暴風雪が到来するほぼ1週間前からはじめ、公共事業局や警察、消防署や緊急事態管理局、さらに、電気、ガス、水道各社のすべてがその会議に参加し、使用できる車両や必要な資源を検討していたのだ（ちなみにウースター市の年平均降雪量は173cm。2012～2013年にかけての冬の降雪量は277cmに上り、除雪だけで年間500万ドルを支出している）。

また、ウースター市は「7つの丘を持つ市」として知られるほど、標高の高い居住区もあり、除雪に必要な機材を降雪や道路が凍結する前に配置しておく必要がある。
「上り坂を除雪するのは大変ですからね。降雪状況によって除雪が進まない場合、学校や大規模な事業所に閉鎖を要請する必要もあります。また、交通渋滞も不安材料のひとつです。水曜の午後に行う暴風雪対策と土曜の朝に行うそれとでは、対策の内容がまったく異なります」
　ウイークデーに暴風雪が発生した場合、雪の混乱と通常の交通渋滞が重なり、道路に砂や塩をまく車両や除雪車による作業が滞る可能性が高い。それを避けるために、市は企業と連携して各社の終業時間をずらすなどの対策をとらなければならないのだ。また、暴風雪が到来し、道路の除雪が始まり、ほとんどの人が屋内に退避してからでも、新たな検討課題が持ち上がる。それは、電力供給に関する問題だ。
「私たちの社会は、電気の供給によって成り立っています。それは認めざるをえない事実です。1日か2日の停電ならなんとか乗り切れますが、それ以上に長引くと深刻な事態になります。避難所の開設を急がなければならないのです」
　2013年の暴風雪の際は、赤十字が自分たちスタッフの安全さえ保証できないと判断し、ウースター市に避難所を開設しないと発表した。そこで、市当局は州兵を要請して除雪作業を行い、救急車の代わりにしていた軍用ジープの中で赤ん坊が生まれたというのだ。
「2013年の暴風雪は道路の除雪を終えて電気も復旧し、地域メディアやソーシャルメディアを通じた状況報告が途切れることなく発信されるようになっても、難題が残っていました。
　暴風雪の場合、安全宣言を出すタイミングがとても難しいのです。宣言した後で、また雪が降ると困りますからね。安全宣言の最終的な判断は、本能的な直観に頼らざるをえません」とオブライエンは言う。
　そして、このような難題をさらに難しくしているのが、最近の気候パターンの変化によるものだ。
「確信を持って言えますが、近年の降雪パターンは、ブリザードの激しさ、頻度、降雪量のすべてが以前とはまるで違います。だからこそ私たちはインフラ面を最優先し、今後の予想外の厳しい状況に、どう備えるかを常に考えているのです」

"ブリザードの激しさ、頻度、降雪量のすべてが以前とはまるで違います"

除雪車が塩と砂を混ぜた凍結防止剤をまいている。

専門家の見解：**ポール・コシン**

猛烈なブリザードの増加

2011年に発生したブリザードによる積雪の影響で、米国シカゴのレイク・ショア・ドライブで車が立ち往生した。

ポール・コシン：米国立気象局（NWS）の気象学者及び『北東部の吹雪』の共著者。

→ **ブリザードの定義とは？**

「ブリザード」というのはそもそも造語で、大量の降雪、視界不良、非常に強い風、そして定義の仕方によっては低温を伴う激しい吹雪のことを言います。つまり、これらすべての現象が重なったものがブリザードです。その結果、単純に大雪が降っただけのときに比べて、はるかに人命を脅かす可能性が高くなるのです。

→ **5年、もしくは10年おきに発生している猛烈なブリザードの要因は？**

米国の猛烈なブリザードはジェット気流が大幅に南下し、異常な寒波が流れ込んだときに起きることが多いのです。2011年にシカゴで発生したブリザードは、最大25〜76cmの積雪と風速31m/s以上の風を伴っていました。

→ **米国のハイウェイで多くの車やトラックが立ち往生したのは、そのブリザードによる影響だったのか？**

そうです。極めて広範囲にわたる猛烈な嵐でした。これまで積雪量が少なかったオ

クラホマ州からミズーリ州、イリノイ州、ミシガン州に至る地域でも大雪が降り、ハリケーンの風力に近いほどの突風が吹いたのです。そして、幅広い地域でホワイトアウトが発生し、特にシカゴは甚大な被害を受けました。

→ **ここ数十年間で、激しい吹雪やブリザードは増えているのか？**

増加傾向を示す兆候は認められます。私の研究では、吹雪の規模は徐々に大きくなっていて、積雪量も増えてきていることがわかっています。この10年間の気候条件との相関関係が明らかになったわけではありませんが、何らかの関連はあると思います。

→ **つまり、問題は吹雪の規模や勢力の拡大で、発生回数の増加ではないのか？**

そのとおりです。場合によっては地球温暖化で大気が暖かくなるにつれ、吹雪の発生回数は減ると思われます。しかし、それは地域にもよります。たとえばワシントンD.C.のように、そもそも吹雪があまり発生しない地域では、規模や勢力の強い吹雪が起こりやすくなる傾向にあるでしょう。

→ **ここ数年間、冬の異常気象が続き、ある年は豪雪に見舞われ、翌年は暖冬という具合に冬の気候が変わりやすくなっているように思うが？**

以前よりも、より大きく変化しているようです。ただし、客観的に見ればそう感じるかもしれませんが、必ずしもそのような統計が出ているわけではないのです。

米国北東部のいくつかの大都市では、気候が温暖になるにつれ、過去数十年間にわたって降雪回数は減少しています。しかし、同時により規模の大きい吹雪が発生したため、平均的な降雪量は増加していると思われます。この現象はニューヨークで顕著にみられ、通常、ニューヨークは冬に嵐が起こることがなかったのですが、暴風雪が発生したときには非常に規模の大きいものでした。また、ワシントンD.C.では2009〜2010年に、最大級の暴風雪が3度も発生しています。

→ **近年、ヨーロッパもたびたび極寒に見舞われているが、その一方で、過去十年間は観測史上最も暖かいともいわれている。これは異常な事態だと言えるのか？**

全般的に見て地球温暖化が進行するなかで、異常な気候パターンは今後、局地的にみられるでしょう。たとえば、降雪量が急激に増すなど、温暖化とは正反対とも思える現象が発生するかもしれません。

積雪により数日間にわたって学校が閉鎖されることもある。

HOW TO：ブリザードへの備え

するべきこと

[屋内]

- ☐ 冬の間は常に最新の天気予報をチェックする。
- ☐ 使用可能な懐中電灯と予備の電池を必ず用意しておく。
- ☐ ラジオを使って気象情報を入手する方法を確認し、電池式、もしくは手回し充電式ラジオを手元に置いておく。
- ☐ ブリザードなど暴風雪によって停電が起きた場合に備えて、非常用発電機や暖房器具の設置を検討する。
- ☐ 冬の間は常に、少なくとも3日分の食料と水（1人につき1日4ℓ）、薬を備蓄しておく。
- ☐ 自宅のすべての窓枠、ドア回り、通気口に隙間テープをしっかりと張り、隙間が空いていればコーキングする。
- ☐ 電動缶切りや電動歯ブラシなど、充電して使うタイプのキッチン用品やバス用品を使っているなら、手動で使える物も予備としてそろえておく。
- ☐ 夜に停電したときのために、家族一人ひとりに予備の毛布や数枚の暖かい衣類を用意し、すぐに使えるようにそれらを決まった場所にしまっておく。

[屋外]

- ☐ 簡単な造りや老朽化で傷んでいるかもしれない古い屋根は必ず点検し、積雪に備えて修復やリフォームを検討する。
- ☐ 古くなった屋根の問題点を探す。たとえば、屋根のふき替えを繰り返して屋根板が3層以上重なっている場所、適切な換気口を設けずに施工した断熱工事などを確認する。
- ☐ 降雪の多い地域に家を建てる場合は、屋根をメタルルーフにする。メタルルーフなら通常の屋根板より簡単に雪が滑り落ちるからだ。
- ☐ 地域ごとの雪の危険性に応じて、屋根の勾配を決める。平たい屋根だと雪は滑り落ちない。
- ☐ 散水用ホースにつながる止水栓を閉めておく。雪、氷、氷点下の気温でホースが破裂する恐れがある。
- ☐ 車の冬支度もしよう。不凍液の濃度を調べる。バッテリー液は十分な量を保ち、バッテリー端子は常に清潔な状態にしておくこと。寒い時期は、より軽量なオイルに取り換えよう。ワイパーも点検し、ウォッシャー液を満タンにしておく。タイヤはあなたが住む地域の冬の道路状況に適した冬用に交換しておく。

色付きの融雪剤や塩が氷を解かす。

してはいけないこと

[屋内]

- 暖炉やストーブなど、熱を発する物の近くに消火器を置かない。
- 水道管を凍結させない。極度に冷え込むことが予想されたら、水道の蛇口を少し開いて水が滴るようにしておく。室内を暖かい状態に保ち、シンク下の収納棚の扉を開けて水道管を冷やさないようにする。
- 携帯電話のバッテリー残量を著しく低下させない。停電などにより壁のコンセントから充電できない期間が長く続く可能性もある。

[屋外]

- 家や車、電線に引っ掛かりそうな樹木の枝を伸びたままにしない。積雪により枝が折れる場合がある。
- 車のガソリンの量をタンク容量の半分以下にしない。ブリザード発生時に給油に行きたくても燃料不足で家から出られない事態を避けるため、ガソリンは原則として満タンにしておく。
- 警報を聞いたら無視しない。風雪注意報（米国の暴風雪注意報）は、今後大雪が発生することが予想されるという意味だが、暴風雪警報やブリザード警報（米国など）が出されたら、暴風雪やブリザードはすでに発生しており、すぐそこまで迫っているということを忘れてはいけない。

HOW TO：生き残るために

○ するべきこと

[屋内]

- ☐ 燃料を節約する。ほとんど使っていない部屋は暖房を弱める、もしくは消すことも考える。
- ☐ 水道管が凍結したら断熱材を外して水道管をぼろ布で巻き、家の蛇口の栓をすべて開け、布の上から水道管にお湯をかける。
- ☐ 携帯式石油ストーブを使用する際は、有毒ガスが充満しないように必ず換気を十分に行うようにする。
- ☐ 石油ストーブの燃料は必ず屋外で補給し、その際は燃えやすい物から1m以上離す。
- ☐ 外出する場合は、室内の暖房の設定温度を13℃以上に設定しておく。それだけでも、室内の水道管の凍結を防げる。

[屋外]

- ☐ 雪が積もり、凍りついた歩道を歩く際は気をつける。
- ☐ ブリザードやホワイトアウトに遭遇して身動きがとれなくなり、屋内に逃げ込むこともできない場合、最も安全なのは動かずにじっとしていることだ。
- ☐ 吹雪に見舞われたら、黒く汚れた雪の塊や濃い色、もしくは明るい色の衣類などを前方に投げ、目の前の安全を確認してから、そこに向かって移動する。それを繰り返して、前へ進む。
- ☐ 車の運転中は常に気を抜かず、ラジオを天気情報にしておく。飲み物を飲むなど、脇見運転につながるような行為はなるべく控える。
- ☐ 運転中に休憩をとりたいときは、道路から離れる。車を路肩に停車するのは衝突や追突の恐れがあり、かなり危険だ。
- ☐ 車を路肩に寄せざるをえない場合は、ハザードランプをつける。その際、時々ランプを消してバッテリーを節約する。
- ☐ エンジンをかけたら1時間おきに10分間、暖房をつけた状態で車を走らせる。その間に携帯の充電も行おう。
- ☐ エンジンをかける前に排気管に雪や木くずが詰まっていないか確認する。排気ガスが車内に侵入するのを防ぐためだ。
- ☐ 停車中でもエンジンがかかっているときは、窓を少し開ける。
- ☐ 乗車中にアクシデントに巻き込まれても救助隊に気づいてもらえるように、夜になったら車内灯をつけておく。
- ☐ 仲間がいる場合は交代で起き、身を寄せ合って体を温める。体温を維持するために、できるだけ体を動かす。

吹雪発生時にやむをえず外出する場合、車で走るのは主要道路だけにする。

してはいけないこと

[屋内]

- 当然のことだが、ブリザードが発生したら外出したり散策したりしない。室内にとどまるようにする。
- 発電機、バーベキューコンロ、ガスもしくは木炭を燃やすタイプの暖房器具を室内で使用しない。これらの器具から出る一酸化炭素の中毒で死に至る可能性もある。家に隣接したガレージ付近で使用したとしても、有毒ガスが室内に流れ込んで人体に害を及ぼす可能性がある。

[屋外]

- どうしても車での外出が必要なときは日中に出かけるようにし、脇道は走らない。近道をするために裏道を通ることは避ける。より安全な選択としては、公共交通機関を利用するのがよい。
- 決して急ブレーキをかけない。ブレーキは早めに細かく、何度かに分けてかける。
- 車線変更をしたり、他の車を追い越そうとしたりしない。
- 車の窓を閉めた状態でエンジンをかけ続けない。一酸化炭素中毒になる恐れがある。
- 外を歩いているときに吹雪に遭遇したら、そのまま前進しない。むしろ来た道を引き返した方が安全だ。
- ペットを外に出しておかない。普段外で飼っているペットも屋内へ避難させる。

HOW TO：ブリザードからの復旧

○ するべきこと

[屋内]

- ☐ 今後の天候の変化に備えて、常に警戒を怠らない。
- ☐ 雪かきを始める前に、ストレッチをして十分に水分補給をしておく。
- ☐ 車に積もった雪は、さらさらした状態のうちにほうきやモップを使って取り除く。
- ☐ 窓やドアのシーリング材が破けていないかチェックする。貼り直す際は隙間テープを使う。
- ☐ 水道管が凍結したら、水漏れをしていないか確認する。水が漏れている場合は、水道管を修理する、もしくは交換する。
- ☐ 雪や氷が解けて滴り落ちている場所を点検する。頭上から、つららが大きな塊のままで落ちる恐れもあるからだ。
- ☐ 電力も暖房器具もない場所にいるときは、避難所に指定されている公共施設へ一時的に移動することを検討する。
- ☐ 幼児や高齢者は、若者や大人に比べてはるかに寒さの影響を受けやすいので注意する。
- ☐ 家族に高齢者や小さな子どもがいる近所の家庭にも連絡を取ってみる。必要であれば援助するよう心がける。
- ☐ ブリザードが去った後に初めて暖炉に火を入れる場合、煙の流れ方をよく見て、煙突が破損したり、雪や氷が詰まったりしていないか確認する。

[屋外]

- ☐ できるだけ早く歩道や道路の雪かきを行い、太陽の光が直接地面にあたるようにする。日光の熱は残った雪を溶かし、地面が凍結するのを防いでくれる。
- ☐ 塩と砂を混ぜた物をまいて、雪や氷を溶かす。
- ☐ 地面が雪や氷で覆われたままの所があれば、滑り止めとして砂や固まらないタイプの猫砂をまく。
- ☐ 切れて垂れ下がった電線に気をつける。そのような電線を見つけた場合は、地元自治体か電力会社に連絡する。
- ☐ 万が一、車の鍵穴が凍ってしまった場合、マッチやライターで鍵を暖めてから差し込んでみる。
- ☐ 屋外で作業する際は適切な服を着用する。目的地がどこであれ、車を運転するときは防寒対策に適した衣服を準備しよう。道路状況によっては車に閉じ込められるか、遠くまで歩く羽目になることも考えられるからだ。

ブリザード　361

できるだけ早く除雪することを心がけよう。

してはいけないこと

[屋内]

- ディーゼル発電機やガソリン発電機を屋内で使用しない。
- 石油ストーブは、窓を開けて換気できる状態になるまで使わない。
- 現在、暖房が使用できるからといって防寒対策を軽視してはいけない。常に重ね着をして暖かさを保つようにしよう。

[屋外]

- 舗装道路に張った薄氷を見落とさない。薄氷は半透明な氷の膜で、多くの危険な事故を引き起こす可能性がある。特に橋や陸橋は、路面の上も下も冷たい空気にさらされているため、薄氷が張りやすい。
- 雪が車のボンネットや屋根に積もったままの状態で運転しない。雪が落ちると危険だ。
- 雪かきを頑張り過ぎない。冬期の主な死亡原因のひとつである心臓発作を引き起こす恐れがある。
- フロントガラスを覆う雪や氷を溶かす際に、ぬるま湯を使用しない。フロントガラスが割れる可能性がある。
- 融氷剤を地面に散布し過ぎない。車道や歩道を腐食させることがある。

PART 4 寒さ・雪による災害

ブリザードによるホワイトアウトの中、電柱を頼りに歩く人。

異常気象
SNOWFALL AMOUNTS
記録的なブリザードと降雪

・1921年、米国コロラド州のシルバー湖において24時間で193㎝もの雪が積もり、観測史上最大の積雪を記録した。

・2011年2月2日に発生したブリザードは、米国における観測史上最悪の吹雪であった。ボストンとボルティモアで、それぞれ70㎝、72㎝という記録的な積雪を観測した。

・2013年12月に起きたブリザードは、南極大陸に向かっていた旅客船の周辺に海氷を押し出し、船をその場で氷漬けにしてしまった。52人の乗客が1週間以上の立ち往生を余儀なくされた。

実践する

　本書に書かれた最も大切なメッセージは、3つのアクションを実行するということだ。それは「備える」「生き残る」「復旧させる」である。異常気象に対してこの3つは、「備える＝生き残る＝復旧させる」のように同列に結ばれており、それぞれのアクションが次のステップへつながっている。このメッセージを理解することが、今後、さらに猛威を振るうであろう異常気象への心構えのすべてだ。

　異常気象への備えは、習慣として身につける必要がある。それは、毎年子どもに健康診断を受けさせ、経営する会社が賠償責任保険に加入するのと何ら変わらない。しかし、備えに不備があれば、その代償は今後ますます高くなるだろう。ハリケーン・サンディのケースからもわかるように、予期せぬ巨大な暴風雨は交通を混乱させ、経済を麻痺させ、地域を破壊し、世界の金融界をリードする大都市さえも水浸しにしてしまう。専門家たちの予想によると、気候変動に関連した激しい暴風雨、洪水、干ばつ、その他の異常気象は世界規模の経済的損失を招き、その損失は2025年までに50％も増加する可能性があるという。

　異常気象は、気候変動だけが原因となっているわけではない。異常気象をもたらすエネルギーの多くが自然現象であり、予測不可能な場合が多いのだ。しかし、長期的な傾向ははっきりしている。大気や海水の温度上昇に伴って起きる悲惨な異常気象現象は、今後増える可能性が高いのだ。

　このことは、今から行動を起こすことで多くの異常気象の影響を軽減できるということにほかならない。一人ひとりによる小さな行動は、災害を予防する手段として、たしかに小さな効果がある。そして、大勢の人の力が集まれば、小さな行動から大きな変化を起こすこともできるのだ。仮に米国におけるすべての家庭で従来の白熱電球5つを省エネタイプの電球型蛍光灯に切り替えたとしたら、4500億kg以上もの温室効果ガスを大気から排除できるのである。

　温室効果ガスは、ありとあらゆる形で天候に影響を及ぼす。なかでも最も顕著な問題は、温室効果ガスの増加による気温上昇だ。つまり、温室効果ガスの増加を食い止めることは、気温上昇に伴う異常気象を食い止め、私たちの子孫を救うことにもつながるのである。

　そのために、本書の主な目的は、戦術となる情報を伝えることであり、その情報は暴風雨や他の異常気象の際に即座に役に立つはずだ。同じように大切なのは、気候変動によって引き起こされる環境全般への影響や長期的な影響に対して、いかに行動

すべきかを一人ひとりが考え、提案することだ。以下に挙げる項目は、あなたがその第一歩を踏み出すために、簡単に始められる行動である。

→ **備えるために、つながろう。**

たとえば米国では、災害準備コミュニティー（www.community.fema.gov）に参加すれば、ほかの人々と連携して暴風雨に備える最適な活動を協力して行うことができ、お互いの経験を共有することもできる。会員登録は無料で、会員になると会員限定の情報やワークショップ、ミーティングにアクセスでき、危機管理の専門家から最新情報を入手することも可能だ。もっと積極的に活動したい、あるいは暴風雨対策に直接関わりたいという人は、ニュースレター、ブログの記事、ポスターなどのツールキットをダウンロードし、地域の防災教育に貢献することもできる。同じように世界各国で、災害に対する地域コミュニティー活動が広がっている。安全対策への取り組み方を他者と共有することは、結果的に自分にとって安全な環境づくりにつながるのだ。

→ **家を補強する。**

あなたがどこに住み、どこに家を建てるのか。これは、あなたの行動が環境に与える影響と同じぐらい、重要な問題だ。慎重に土地を選び、災害に強い建物を建てることは、あなたの家が災害の被害を受けるかどうかだけでなく、近隣の人々の安全にも

スノーシューを履いた男性が寒波に見舞われた町を歩いている。2011年2月、米国ミルウォーキー。

関わってくる問題なのだ。

　台風や竜巻の多発地帯に住んでいる場合、その威力に十分持ちこたえられるように、できるだけ頑丈な家を建て、そうでない場合は積極的に補強するべきだ。特別な防護策を施すことで、あなたも家族も安全に過ごせるし、あなたの敷地からがれきが飛んで近隣に被害を与えることも防げる。

→ 地元の食べ物、生産品を買う。

　土地を劣化させる主な原因は、大規模な農業である。工業規模に拡大した農場は単一栽培をすることが多く、そのために土壌から栄養分が奪われ、大きな農場は合成肥料や殺虫剤を使用する。そして、洪水によって農地から流れたそれらの化学物質は川を汚染し、結果的に沿岸の生態系や川岸に悪影響を与え、被害をより広く深刻なのにしてしまうのだ。また、植物や微生物によって培われ保たれている、自然堤防を補強するための土壌の質の低下も招く。その結果、堤防は決壊しやすくなり、洪水の被害を拡大させている。毎年、米国表土のおよそ1％が浸食により失われ、実際に農業に使用する半分近くの土壌の質が低下しているのだ。大量生産、大型物流の消費システムに伴うリスクを減らすためには、地産池消を心がけよう。

→ リサイクルやコンポスト作りをする。

　刈り取った草、枯葉、食べ残しなどの有機物からコンポストを作ることを検討しよう。さらに、ガラスやプラスチック、缶や金属などのリサイクルを積極的に進め、エネルギー消費を抑えよう。

→ 使っていない電気は消そう。

　発電のために化石燃料を燃焼させることは、地球上に温室効果ガスを発生させる最も大きな問題で、大気中に二酸化炭素を発生させる。二酸化炭素の増加は気温を上昇させる主な要因のひとつであるが、もともと自然界にも存在する。実際、大量の二酸化炭素が、植物、海洋、土壌や他の要素間で絶えず循環している。これ以上の余分な二酸化炭素の増加を防ぐために、電気のスイッチはこまめに切ろう。

→ 車のアイドリングをやめよう。

　車のアイドリングは、寒い時期には車内を暖かく、暑い時期には涼しく保つのに便利に思える。しかし、余分な燃料を使って無駄に排気ガスを出すことは、経済的にも環境的にもまったく価値のないことだ。さらに、走行中よりも停車中のアイドリングの方が、有害な排気ガスをより多く吸い込んでしまう危険性もある。現代のエンジンは、運転前の暖気アイドリングの必要はないが、旧式のエンジンやや寒冷地域に住んでいる場合は、エンジンブロックヒーターの使用を検討しよう。また、車内用の「補助ヒーター」は、オンラインショップやカー用品店で購入できる。

実践する

→ **散策やハイキングをする際は、道から外れないようにする。**

砂漠を疾走するような真似を、四輪駆動車や四輪バギーでするのはよくない。道のない所を走り回ると、壊れやすい野生の環境や植生を破壊してしまう恐れがあるからだ。また、それにより土壌が弱り、地表の粒子が風に舞い上がりやすくなる。するとコクシジオイデス・イミチスという病原菌が、空中を浮遊するちりとともに舞い上がって渓谷熱をばらまき、呼吸器系にとどまらず神経系統の合併症までも引き起こしてしまうようなことも招くのだ。

→ **電化製品のプラグを抜こう。**

電化製品は待機電力を消費する。待機電力とは電化製品のスイッチが入っていないとき、あるいは待機モードになっているときに消費される電力のことだ。プラグを抜いておけば、ピーク時の電力需要を減らせるだけでなく、停電（熱波のときに起きやすい）から復旧した際、電圧が急激に上昇することを防ぐこともできる。

確かに、これらはあなたが実践できることのなかでは、ささいなことかもしれない。しかし、私たちが住む世界をより良く、安全な場所にするための一歩なのだ。私たちは環境への優しさと心配りを、つい忘れがちである。気候変動の科学的情報は耳に入っていても、真剣に向き合おうとせず、気候変動が日々の天気に関係することを否定してしまうことさえある。

多くの自然要素から気象現象がつくりだされているとはいえ、自然の一部である人間がその均衡を崩してしまうこともあるのだ。つまり、気候変動という大きな世界に人間が与えている悪影響を減らせば、天候が私たちの生活に及ぼす被害を防ぐことにつながる。そして、重要なことは、今すぐ行動することだ。

2013年に東南アジアを襲った台風ハイエンは、史上最強クラスの台風だったし、2012年に米国大西洋沿岸を襲ったハリケーン・サンディは、かつてないほどの経済的損害をもたらした。ここ数年、激しい竜巻や洪水、山火事やブリザードが世界で猛威を振るうようになっている。そして、毎年多くの人が、異常気象に関連した災害で亡くなっているのだ。本書はそれを予防する意味で大いに役立つはずだが、それでも異常気象という現実を前に、安全を確保し、準備するための一歩にすぎない。

日本でも米国でも、9月は防災月間である。備蓄品の在庫を調べたり、大自然が私たちにもたらす異常気象に備えるために何をすべきかを書き留めたりするにはよい機会だ。9月はその必要性を思い出させてくれる月でもあるのだ。しかし、本来は、毎日が備えをするべき日なのだ。もし、あなたがまだ準備を始めていないとしたら、今日がその日である。

協力機関・参考資料一覧

本書は国を問わず多くの機関からの情報とアドバイスを基に作成された。
各機関のウェブサイトを参照し、より一層見識を深めていただくことを願う。

American Red Cross
米国赤十字社
米国で緊急時の救護、災害時の支援、教育活動を行う人道支援組織。
www.redcross.org

American Society of Prevention of Cruelty to Animals (ASPCA)
米国動物虐待防止協会
動物虐待を防止する非営利団体。動物とペット所有者のための教育活動、動物の保護、その他の情報提供を行っている。
www.aspca.org

Centers for Disease Control and Prevention (CDC)
米国疾病対策予防センター
公衆衛生に関する研究を行う米国の連邦機関。疾病、傷害、障害の管理と予防を通じて、人々の健康と安全を守る。特に、伝染病、環境衛生、健康増進に関する教育に力を入れている。
www.cdc.gov

Environmental Protection Agency (EPA)
米国環境保護庁
国民の健康と自然環境を守ることを目的としてつくられた米国の連邦機関。環境基準の維持に加え、環境アセスメント、研究調査や教育活動を行っている。
www.epa.gov

Federal Emergency Management Agency (FEMA)
米国連邦緊急事態管理庁
米国土安全保障省の一機関として、米国内の災害復旧の際に各機関の業務を調整することを主な目的としている。
www.fema.gov

Insurance Institute for Business & Home Safety (IBHS)
産業・家庭の安全性協会
ハリケーン被害に耐える建物を造ることを支援する米国の団体。科学的な研究を基に、強度のある建物や災害安全計画を考案している。
www.disastersafety.org

Intergovernmental Panel on Climate Change (IPCC)
気候変動に関する政府間パネル
国連と国際的な専門家によって設立され、気候変動に関して科学的見地から評価を行う組織。
www.ipcc.ch

National Interagency Fire Center (NIFC)
米国家合同火災対策局
米国の火災と航空に関する執行委員会に属し、洪水、ハリケーン、地震の際の対応に加えて、原野火災の際に消防活動の調整をする。
www.nifc.gov

National Aeronautics and Space Administration (NASA)
米航空宇宙局
米国の連邦機関として、航空、宇宙研究、宇宙開発計画や、人工衛星による観測を通じて地球の研究調査を行っている。
www.nasa.gov

National Climatic Data Center (NCDC)
米国立気候データセンター
米国海洋大気庁の管理下にあり、活発にデータ収集を行う世界最大の気象データセンター。
www.ncdc.noaa.gov

National Drought Mitigation Center (NDMC)
米国立干ばつ軽減センター
1995年、ネブラスカ大学リンカーン校に設立。干ばつの被害軽減策を立案、実行することで、人々や研究機関を支援している。
www.drought.unl.edu

National Drought Policy Commission (NDPC)
米国立干ばつ政策委員会
1998年設立。国家、州、居留地などの干ばつに対する準備について調査している。
govinfo.library.unt.edu/drought/

National Oceanic and Atmospheric Association (NOAA)
米国海洋大気庁
米国商務省内にある科学機関。海洋と大気の状態を監視、研究している。また、毎日の天気予報、激しい暴風雨に対する警報、気象モニターサービスを提供している。
www.noaa.gov

National Storm Damage Center
全米暴風雨被害対策センター
消費者擁護団体として、激しい暴風雨の前後に住宅所有者の支援を行う。家屋の監視や保護に関わる情報と技術を、無料で提供している。
stormdamagecenter.org

National Weather Service (NWS)
米国立気象局
米国海洋大気庁の部局として、天気予報、警報や米国内の天候パターンに関する全般的な情報を提供している。
www.weather.gov

National Wildlife Federation (NWF)
全米野生生物連盟
米国の自然環境保護の分野では最大の非営利民間組織。環境問題をバランスよく良識的に解決すること、また野生生物の保護に関する教育を目的としている。
www.nwf.org

U.S. Army Corps of Engineers (USACE)
米陸軍工兵司令部
工学技術、設計、建築を管理する世界最大の公的機関のひとつ。ダムや運河の建設、洪水に対する保護、水力発電、屋外のレクリエーションに関する業務を行っている。
www.usace.army.mil

U.S. Department of Agriculture (USDA)
米国農務省
米国の連邦政府機関として、農業、林業、食糧に関する国家政策の実施と開発を行っている。
www.usda.gov

日本語版資料

環境省『2013年度の温室効果ガス排出量（速報値）〈概算〉』
新田尚 監修、日本気象予報士会 編『身近な気象の事典』（東京堂出版）
宮沢清治『近・現代 日本気象災害史』（イカロス出版）
内閣府、環境省、気象庁、国土交通省、JAXAの各ホームページ

非常時のためのウェブサイト

日本 内閣府 防災情報

日本の政府機関である内閣府の防災に関するウェブサイト「防災情報」では、現在発生している災害情報を知ることができる。土砂災害、洪水、高潮、竜巻などの突風、雪害、地震や火山などの自然災害などの対策ページでは、大きな被害が予測される地域の被害想定を知ることができる。FacebookやTwitterで最新の災害情報も配信してくれる。

http://www.bousai.go.jp/index.html

日本 気象庁 防災情報

日本全国、各地ごとの気象情報、現在発令中の気象警報・注意報、台風情報、指定河川洪水予報、土砂災害警戒情報、竜巻注意情報、降水・雷・竜巻の現在の状況と発生予測（レーダー・ナウキャスト）、降水予報、異常天候早期警戒情報、季節予報などを見ることができる。

http://www.jma.go.jp/jma/menu/menuflash.html

日本 国土交通省　ハザードマップポータルサイト

あなたが住む町の洪水、内水、高潮、土砂災害、津波などの各種ハザードマップ、道路冠水力所などの地図情報を検索できる。

http://www1.gsi.go.jp/geowww/disapotal/index.html

日本赤十字社

日本における災害時の避難所情報を提供している。

www.jrc.or.jp/

日本 各都道府県 防災・危機対策課

各都道府県の防災・危機対策課が開設する防災サイトでは、それぞれの地域で予測される災害の対策ガイドライン、現在の気象情報、防災情報を公開している。メール登録をしておけば、各都道府県下の気象警報、土砂災害警戒情報、洪水予報、竜巻注意情報、避難関連情報などを配信してくれる。

Stay Ready

米国連邦緊急事態管理庁（FEMA）が企画している情報提供サイト。米国民を教育し、自然災害や人災による緊急事態に対する備え、対応が可能になることを目的としている。英語とスペイン語の2カ国語対応。

www.ready.gov

Regional Extreme Weather Information Sheets

米国海洋大気庁（NOAA）により、ハリケーンの被害を受けやすい州や地方（大西洋岸地域、メキシコ湾岸地域、ハワイ）を対象に情報を提供している。英語。

www.ncddc.noaa.gov/activities/weather-ready-nation/newis/

Responding to Natural Disasters

14種類の自然災害について、米国連邦緊急事態管理庁（FEMA）職員の経験に基づき、その危険度、対処法などが書かれている。英語。

www.ready.gov/naturaldisasters

Finding Shelter During Disaster

赤十字が提供する最寄りの避難所の場所を地図で教えてくれる。緊急性のある地域のニーズに応じて、30分おきに情報が更新される。英語。

www.redcross.org/find-help/shelter

Safe and Well Message Board

赤十字が運営するウェブサイトで、災害時に大切な人と連絡が取れるように伝言板形式になっている。使用するには、事前の登録が必要。24時間365日、利用可能。英語とスペイン語の2カ国語対応。

www.redcross.org/find-help/contact-family/register-safe-listing

執筆者・協力者紹介

Eric Williams

トーマス・M・コスティジェン
Thomas M. Kostigen

ジャーナリスト、環境問題の専門家。「ニューヨークタイムズ」紙ベストセラーとなった『グリーンブック』(マガジンハウス、2008年、共著)、『今、世界で本当に起こっていること　現代でもっとも刺激的な環境問題』(楓書店、2010年)など、環境に関する著作を多数執筆してきた。世界の多くの国の新聞や雑誌に記事が掲載されている。また、テレビやラジオの出演を通じて、気候変動や異常気象について伝えている。

ピーター・ミラー
Peter Miller

「ナショナル ジオグラフィック」誌の寄稿者であり、『群れのルール　群衆の叡智(えいち)を賢く活用する方法』(東洋経済新報社)の著者でもある。科学や冒険に関する分野を専門とする。以前は「ナショナル ジオグラフィック」誌の編集主任をしていた。

メリッサ・ブレイヤー
Melissa Breyer

科学、健康、文化に関する分野の執筆、編集を行っている。ナショナル ジオグラフィック協会刊行の *True Food:8 Simple Steps a Healthier You* と *Build Your Running Body* の共著者。ウェブや雑誌、「ニューヨーク・タイムズ」紙をはじめとする新聞各紙でも活躍している。

ジャレッド・トラーブニーチェク
Jared Travnicek

科学、医学分野のイラストレーター。ジョンズ・ホプキンス大学医学部で生物学、医療イラストの修士号を取得。医療イラストレーターとして認定され、医療イラストレーター協会の専門会員でもある。彼のイラストは、米ナショナル ジオグラフィック協会の書籍にも掲載されている。

Darlene Shields

ジャック・ウィリアムズ
Jack Williams

「USAトゥデイ」紙で、1982年の創刊当時から編集者として天気コーナーを担当していた。2005年に同紙の職を退き、2009年まで米国気象学会で教育普及活動の指導者を務めた。現在はフリーランスの記者として、ナショナル ジオグラフィック協会の書籍をはじめ複数の書籍に寄稿している。

図版クレジット

全てのロゴは各団体から許可を得ています。

カバー (UP LEtoRT) Jim Reed/Jim Reed Photography/Corbis; KWJPHOTOART/Shutterstock; Australian Land, City, People Scape Photographer/Gray P. Hayes/Getty Images; brozova/iStockphoto; (LO) Minerva Studio/Shutterstock; 1, Australian Land, City, People Scape Photographer/Gary P. Hayes/Getty Images; 2-3, Josh O'Connor/National Geographic Your Shot; 4, Jim Reed/Corbis; 8, Andrea Booher/FEMA; 10, skodonnell/iStockphoto; 11, AP Photo/Mel Evans; 12, AP Photo/Rick Bowmer; 13, neotakezo/iStockphoto; 14-15, vkbhat/iStockphoto; 17, Jon Hicks/Corbis; 18, jerbarber/iStockphoto; 20, bluebird13/iStockphoto; 21, swa182/Shutterstock; 22, antony spencer/iStockphoto; 24, Jared Travnicek; 25, Sam Abell/National Geographic Creative; 26, egd/Shutterstock; 27 (UP), erashov/Shutterstock; 27 (LO), J. Bicking/Shutterstock; 28-29, cowardlion/Shutterstock.com; 30, Patsy Michaud/Shutterstock; 31, Rob van Esch/Shutterstock; 32, Jim Reed/Jim Reed Photography/Corbis; 33, Jared Travnicek; 34, Jared Travnicek; 35, Ryszard Stelmachowicz/Shutterstock; 36, Don Smith/Getty Images; 37, GlobalP/iStockphoto; 38, Jeppe Wikstram/Getty Images; 39, Hoberman Collection/UIG via Getty Images; 40, Jim Reed/Corbis; 42, fpm/iStockphoto; 43, Nicolas McComber/iStockphoto; 45, Ian Bracegirdle/Shutterstock; 46, youngvet/iStockphoto; 47, 97/iStockphoto; 48-49, Bruce Dale/National Geographic Stock; 50, Jason Hedges/iStockphoto; 52, Michael Rieger/FEMA; 53, KenTannenbaum/iStockphoto; 54, MOSCHEN/Shutterstock; 55, lovingyou2911/iStockphoto.com; 56, Vanish_Point/iStockphoto; 57 (UP), Bernadette Heath/Shutterstock; 57 (LO), George Clerk/iStockphoto; 58-59, Andrea Booher/FEMA; 60, Jared Travnicek; 61, manxman/iStockphoto; 62, AP Photo/M. Spencer Green; 63, Luna Vandoorne/Shutterstock; 64, crtahlin/iStockphoto; 65, lenzjona/iStockphoto; 66, ChameleonsEye/Shutterstock.com; 67, EdStock/iStockphoto.com; 68, hyside/iStockphoto; 69, pcruciatti/iStockphoto; 70, Brian A Jackson/Shutterstock; 71, PickStock/iStockphoto.com; 72, Eric Thayer/Getty Images; 73, GlobalP/iStockphoto; 74, Win McNamee/Getty Images; 75, Eric Thayer/Getty Images; 76, Andrea Booher/FEMA; 78, skodonnell/iStockphoto; 79, Jodi Cobb/National Geographic Creative; 80, mgkaya/iStockphoto; 81, AndreyGatash/iStockphoto.com; 83, Michael Rieger/FEMA; 84-85, Andrea Booher/FEMA; 86, Jeff Schmaltz, MODIS Rapid Response Team, NASA/GSFC; 89, Mike Theiss/National Geographic Creative; 90, David Alan Harvey/National Geographic Creative; 91, Walt Jennings/FEMA; 92, Anton Oparin/Shutterstock.com; 93, Christi Tolbert/Shutterstock; 94, Otis Imboden/National Geographic Creative; 95, 18mm/iStockphoto; 96-97, Smiley N. Pool/*Dallas Morning News*/Corbis; 98, Jared Travnicek; 99, Felix Lipov/Shutterstock; 100, AP Photo/Gerry Broome; 102, Jared Travnicek; 103, Jocelyn Augustino/FEMA; 104, Tech. Sgt. Paul Flipse/U.S. Air Force; 105, EdStock/iStockphoto.com; 106, Don Nichols/iStockphoto; 107, Andrea Booher/FEMA; 108, LifesizeImages/iStockphoto; 109, Ed Edahl/FEMA; 110, Mario Tama/Getty Images; 111, blackwaterimages/iStockphoto.com; 112, seclemens/iStockphoto; 113, Carolina K. Smith M.D./Shutterstock; 114, dsharpie/iStockphoto; 115, Maria Dryfhout/Shutterstock; 116, belchonock/iStockphoto; 117, Jim Reed/Science Faction/Corbis; 118, Jocelyn Augustino/FEMA; 119, Annie Griffiths/National Geographic Creative; 120-1, JanaShea/iStockphoto.com; 122, Jim Reed/Jim Reed Photography/Corbis; 124, toddtaulman/iStockphoto; 125, Minerva Studio/Shutterstock; 126, AP Photo/Jeff Roberson, File; 127, Jocelyn Augustino/FEMA; 128, DanielLoretto/iStockphoto; 129, *Miami Herald*/Hulton Archive/Getty Images; 130-131, Tech. Sgt. Bradley C. Church/U.S. Air Force; 132, Jared Travnicek; 133, Joshua Lott/AFP/Getty Images; 134, AP Photo/Mark Humphrey; 135, Dustie/Shutterstock; 136, AP Photo/*Anderson Independent-Mail*, Will Chandler; 137, Jodi Cobb/National Geographic Creative; 138, Layne Kennedy/Corbis; 139, Andrea Booher/FEMA; 140, digitalr/iStockphoto; 141, Lincoln Rogers/Shutterstock; 142, Simon Brewer/Corbis; 143, Carsten Peter/National Geographic Creative; 144, Jim Reed/Jim Reed Photography/Corbis; 146, brozova/iStockphoto; 147, AP Photo/Dave Martin; 149, Larry W Smith/epa/Corbis; 150, frankoppermann/iStockphoto; 151, Alexey Stiop/Shutterstock.com; 152-153, Todd Shoemake/Shutterstock; 154-155, shaunl/iStockphoto; 157, ksteffens/iStockphoto; 158, quintanilla/iStockphoto; 160, Wolter Peeters Wlp/*Sydney Morning Herald*/Fairfax Media via Getty Images; 161 (LE), Jared Travnicek; 161 (RT), Jared Travnicek; 162, mikedabell/iStockphoto; 163, asterix0597/iStockphoto; 164, nikkytok/iStockphoto; 165, kavram/Shutterstock; 166, U.S. Department of Agriculture; 167 (UP), carroteater/Shutterstock; 167 (LO), Denise Lett/Shutterstock; 168-169, ozgurdonmaz/iStockphoto; 170, Jeanne McRight/Shutterstock; 171, Casarsa/iStockphoto; 172, vallefrias/Shutterstock; 173, Aleksey Stemmer/Shutterstock; 174, Jared Travnicek; 175, Teradat Santivivut/iStockphoto; 176, digital94086/iStockphoto; 177 (UP), Ashish Srivastava/AFP/Getty Images; 177 (LO), robert_s/Shutterstock; 178, Cpl. Andrew S. Avitt/U.S. Marine Corps; 179, toddtaulman/iStockphoto; 180, EdStock/iStockphoto.com; 182, edelmar/iStockphoto; 183, cjp/iStockphoto; 184, DonNichols/iStockphoto; 185, Wasu Watcharadachaphong/Shutterstock; 187, cholder/Shutterstock; 188-189, kimeveruss/iStockphoto; 190, jonbeard/iStockphoto; 192, EricFerguson/iStockphoto; 193, Zurijeta/Shutterstock; 194, Mark Thiessen/National Geographic Creative; 195, LlCreate/iStockphoto; 196, VVCephei/iStockphoto; 197, erick4x4/iStockphoto.com; 198, RubyRain/iStockphoto; 199, erick4x4/iStockphoto; 200-201, Michael Melford/National Geographic Creative; 202, kevinmayer/iStockphoto; 203, AP Photo/Brennan Linsley; 204, Andrea Booher/FEMA; 205, ewg3D/iStockphoto; 206, Jared Travnicek; 207, Victoria Rak/Shutterstock; 208, Renphoto/iStockphoto.com; 209, Foonia/Shutterstock; 210, Christian Murdock/*Colorado Springs Gazette*/MCT via Getty Images; 211, Helen H. Richardson/*Denver Post* via Getty Images; 212, Mark Thiessen/National Geographic Creative; 213, Margo Harrison/Shutterstock; 215, Matthew Mawson/Alamy; 217, Joshua Lott/Reuters/Corbis; 218, magnetcreative/iStockphoto; 219, AP Photo/*Nevada Appeal,* Chad Lundquist; 220-221, International Space Station Imagery/NASA; 222-223, JulyVelchev/iStockphoto; 225, Daniel Bryant/National Geographic Your Shot; 226, uschools/iStockphoto; 228, StanRohrer/iStockphoto; 229, mbbirdy/iStockphoto; 230, ruvanboshoff/iStockphoto; 231, Artens/Shutterstock; 232, AFLO/Nippon News/Corbis; 233 (UP), Clint Spencer/iStockphoto; 233 (LO), abalcazar/iStockphoto.com; 234-235, Mark Thiessen/National Geographic Creative; 236, Ralph Lee Hopkins/National Geographic Creative; 237 (UP), TT/iStockphoto; 237 (LO), shuchunke/iStockphoto; 238, David Parsons/iStockphoto; 239, Andrea Pattaro/AFP/Getty Images; 240, Mordolff/iStockphoto; 241, MarkSwallow/iStockphoto; 242, Jason Lugo/iStockphoto; 243 (UP), M. Shcherbyna/Shutterstock; 243 (LO), B Brown/Shutterstock; 244, Jonas Bendiksen/National Geographic Creative; 245, diane39/iStockphoto; 246, travelpixpro/iStockphoto; 247, Frans Lanting/National Geographic Creative; 248, gpointstudio/iStockphoto; 250, Gilles Mingasson/Getty Images; 251, AP Photo/Diana Haecker; 252, AP Photo/John Minchillo; 253, Mariyana M/Shutterstock; 254, cynoclub/Shutterstock; 255, djgis/Shutterstock; 256, Ruslan Semichev/Shutterstock; 257, Ferenc Cegledi/Shutterstock; 258-259, Jim Richardson/National Geographic Creative; 260, sack/iStockphoto; 261, mediaphotos/iStockphoto; 262, AP Photo/Tom Gannam; 263, BONNINSTUDIO/iStockphoto; 264 (UP), LPETTET/iStockphoto; 264 (LO), Melinda Fawver/Shutterstock; 265, Bertrand Guay/AFP/Getty Images; 266, andipantz/iStockphoto.com; 268-269, moonmeister/iStockphoto; 270, danishkhan/iStockphoto.com; 271 (UP), RapidEye/iStockphoto; 271 (LO), Gayvoronskaya_Yana/Shutterstock; 272, National Oceanic and Atmospheric Administration; 273 (UP), ChameleonsEye/Shutterstock; 273 (LO), biosurf/iStockphoto; 274, Justin Sullivan/Getty Images; 275, EHStock/iStockphoto; 276, karin claus/Shutterstock; 277 (UP), Ceneri/iStockphoto; 277 (LO), groveb/iStockphoto; 278, AP Photo/Ann Johansson; 279, pancaketom/iStockphoto; 280, AP Photo/*Spokesman-Review,* Colin Mulvany; 281, AP Photo/Julio Cortez; 282, Charles Mann/iStockphoto; 283, Stanislav Fosenbauer/Shutterstock.com; 284, AP Photo/09/18/1989; 285, Craig Warga/*N.Y. Daily News* Archive via Getty Images; 286, Tsuji/iStockphoto.com; 287, Brian Balster/iStockphoto; 288, Roman Samokhin/Shutterstock; 289, davidf/iStockphoto; 290, ferlistockphoto/iStockphoto; 291, Rubberball/iStockphoto; 292-293, Chris Parypa Photography/Shutterstock.com; 294-295, Viorika/iStockphoto; 297, Stringer/Reuters/Corbis; 298, Tony Marsh/Reuters/Corbis; 300, Atsuhiro Muto/National Snow and Ice Data Center (NSIDC); 301, InkkStudios/iStockphoto.com; 302, destillat/iStockphoto; 303, DonNichols/iStockphoto; 304, Roob/iStockphoto; 305, Stringer/Reuters/Corbis; 306, KeithSzafranski/iStockphoto; 307, Chad Riley/Getty Images; 308-309, George F. Mobley/National Geographic Creative; 311, Michael Nichols, NGS; 312, Hasloo Group Production Studio/Shutterstock; 313, gabyjalbert/iStockphoto; 314, Jared Travnicek; 315, KWJPHOTOART/Shutterstock; 316, C. Richards Photography/National Geographic Creative; 317, AP Photo/*Bartlesville Examiner-Enterprise,* Becky Burch; 318, Miles Boyer/Shutterstock; 319, Stefan Sauer/dpa/Corbis; 320, janthonymartinez/iStockphoto; 321, Heath Korvola/Getty Images; 322, incamerastock/Alamy; 323, Kashtan/iStockphoto; 324, Albert Moldvay/National Geographic Creative; 325, Maria Stenzel/National Geographic Creative; 326, wwing/iStockphoto; 327, Johnrob/iStockphoto; 328, lorenzo_graph/Shutterstock; 329, Mark Edward Atkinson/Getty Images; 330, julichka/iStockphoto; 331, K. Miri Photography/Shutterstock; 332-333, neilkendall/iStockphoto; 334, GeorgePeters/iStockphoto; 336, Courtesy of Midland Radio; 337, r_drewek/iStockphoto; 338, Christopher Badzioch/iStockphoto.com; 340, zest_marina/iStockphoto; 341, beklaus/iStockphoto; 342, DenisTangneyJr/iStockphoto; 343, Bond138/iStockphoto; 344-345, Bruce Dale/National Geographic Creative; 346, bleex/iStockphoto; 347, Lane V. Erickson/Shutterstock; 348, Jared Travnicek; 349, Eugene Sergeev/Shutterstock.com; 350, Willowpix/iStockphoto; 351, Oleksandr Briagin/iStockphoto; 352, AP Photo/Worcester Telegram & Gazette, Paul Kapteyn; 353, garett_mosher/iStockphoto; 354, Kiichiro Sato/AP; 355, John Zich/zrImages/Corbis; 357, BanksPhotos/iStockphoto; 359, BeholdingEye/iStockphoto; 361, Suzanne Tucker/Shutterstock; 362-363, George F. Mobley/National Geographic Creative; 365, Darren Hauck/Reuters/Corbis; 366, Goran Bogicevic/Shutterstock; 367, leaf/iStockphoto.

索引

太字の数字は写真・図解です。

あ行

アイスジャム洪水　61, 62, 300
アイスストーム（氷雪嵐）　**342**, 346
遊び場
　　　洪水後の洗浄　73
暖かさを維持する　313
暑さ指数　273-274
雨戸　95, **95**, 115, 116
　　　防火　214
　　　暴風雨　95, **95**, 115, 116
雨どい
　　　掃除　214, 326, 327
　　　貯水タンク　167, **167**
　　　被害　88
アンテナ　60, **60**
EFスケール　127
生き残るために
　　　寒波　328-329
　　　干ばつ　184-185
　　　気温上昇　256-257
　　　洪水　80-81
　　　竜巻　148-149
　　　熱波　290-291
　　　ハリケーン・台風　116-117
　　　ブリザード　358-359
　　　山火事　216-217
　　　雷雨　44-45
異常気象の記録
　　　寒波　309, 333
　　　干ばつ　169, 189
　　　気温上昇　234, 259
　　　洪水　59, 85

竜巻　131, 153
熱波　269, 293
ハリケーン・台風　97, 121
ブリザード　345, 363
山火事　201, 221
雷雨　29, 49
井戸水　64
ウィンターリング、ジョージ　274
永久凍土層　243, 251
液体からの出火　196
エマニュエル、ケリー　112-113
エルニーニョ・南方振動（ENSO）サイクル
　　　161, 163-164, 174
沿岸洪水（高潮）　62-63
煙突　46, 214, **215**, 318, 326, 360
応急処置
　　　アプリ　249
　　　救急セット　10, 331
大雪　→「ヘビースノー」参照
温室効果　232, 238, 323
温室効果ガス　181, 224, 232, 237-241, 364
　　　一酸化二窒素　240
　　　二酸化炭素　239
　　　メタン　239-240
温帯低気圧　348
温度計　229
　　　液体　246, **246**
　　　水銀　229
　　　デジタル　229

か行

蚊 35, 167, 177
海水温の上昇 107-108, 163, 224, 230, 241, 305
海水の酸性度 242
海水面の上昇 63, 113, 232, 241-242, 253
海氷の減少 232, **236**, 242, 305
改良藤田スケール（EFスケール） 127
火災警報器 202, **202**, 214
重ね着 299, 307, 324, 326
ガスを止める 108
化石燃料 237, 238, 239, 366
風通し 245
家庭用発電機 106, **106**
壁雲 25, **142**, 146
雷
 異常気象の記録 259
 雷恐怖症 37
 危険 30, 32
 30/30安全ルール 42
 発生する仕組み 206, **206**
 被害 32-33, 41, 46, 47
 避雷設備 30, 43
 身を守る 20, 40-41, 44-45
 無雨落雷 206
 山火事 206
 雷鳴 23
 落雷の危険性が高い地域 33
体を守る姿勢
 竜巻 136, **136**
 冷たい水の中 317
がれき 139
カレン、ハイディ 252-253
換気 173, 175, 245
寒波 294-333
 生き残るために 328-329

 異常気象の記録 309, 333
 体を温める 321
 基礎知識 314
 緊急時に役立つアイデア 303, 315, 317, 331
 緊急時の心得 299, 313, 321
 自然からのシグナル 318
 室内での安全対策 312-313, 315
 水道管の断熱 303
 するべきこと・してはいけないこと 326-331
 専門家の見解 324-325
 専用アプリ 320-321
 備え 326-327
 注意報・警報 301, 303
 道具と装備 307
 復旧 330
 ペットを守る 316-318
 豆知識 300, 304, 318
 →「低体温症」「凍傷」も参照
干ばつ 158-189
 生き残るために 184-185
 異常気象の記録 169, 189
 基礎知識 174
 緊急時に役立つアイデア 167, 170, 187
 緊急時の心得 164, 177
 健康被害 172-173, 175
 自然からのシグナル 159
 するべきこと・してはいけないこと 182-186
 節水 163, 164, 170, 177
 ゼリスケープ 170, 182
 専門家の見解 180-181
 専用アプリ 175-176
 備え 182-183

地域ぐるみの協力　160
　　　道具と装備　163
　　　復旧　186
　　　ペットを守る　176-177
　　　豆地域　159, 160, 173
　　　予測　174
　　　→「砂じん嵐」も参照
寒冷時のドライブで注意すべきこと　331
気温
　　　高温の記録　227, 234, 269,
　　　　283, 293
　　　低温の記録　304, 309, 333, 336
気温上昇　224-259
　　　生き残るために　256-257
　　　異常気象の記録　234, 259
　　　基礎知識　238
　　　緊急時に役立つアイデア　245
　　　緊急時の心得　227, 233, 249
　　　健康被害　245-246, 248
　　　自然からのシグナル　230
　　　涼しさを保つ方法　243-245
　　　するべきこと・してはいけないこと
　　　　254-257
　　　専門家の見解　252-253
　　　専用アプリ　248-249
　　　備え　254-255
　　　地球へのダメージ　229-230,
　　　　232
　　　道具と装備　229, 237
　　　熱指数　227, 273-274
　　　ペット　256
　　　豆知識　230, 241, 246
気温と攻撃性　274, 276
気候変動の影響　241-243
生地　263
気象情報　134
極渦　9, 296, 299, 305, 306, 314

クーパー、メアリー・アン　40-41
クモ　318, **318**
車と運転
　　　アイドリング　366
　　　冠水した道路　20, **20**, 61, **63**,
　　　　80, 81
　　　豪雨　19
　　　氷と雪　297, 330, 343, 346,
　　　　349-350, 358, 359
　　　砂じん嵐　187, 279, **279**
　　　竜巻　148
　　　防寒対策　331, 356
　　　雷雨　44
クロゴケグモ　318, **318**
経口補水液　271
渓谷熱　165, 367
携帯型気象計　**229**
携帯用発電機　106, **106**
煙　191
煙警報器　202, **202**, 214
原野火災　192
　　　活用　193
豪雨　19, 20
　　　→「鉄砲水」も参照
洪水　50-85
　　　アイスジャム洪水　61, 63, 300
　　　生き残るために　80-81
　　　異常気象の記録　59, 85
　　　井戸水　64
　　　沿岸洪水（高潮）　62-63
　　　河川が氾濫して起こる洪水　57, 60
　　　基礎知識　60
　　　緊急時に役立つアイデア　53, 62,
　　　　64
　　　緊急時の心得　51, 55, 73
　　　原因　64, 66-67
　　　豪雨による洪水　66-67

洪水発生後の行動ルール　55
自然からのシグナル　56
種類　57，61-63
将来の予測　56-57
するべきこと・してはいけないこと　78-83
清掃　72-73
専門家の見解　76-77
専用アプリ　69-70
備え　78-79
地域の対策　68
注意報・警報　46，63，64
道具と装備　61，70
避難所　76-77
復旧　82-83
ペットの救助　70-71，**74**，74-75
ペットを守る　71-72
保険　51，67
豆知識　56，68
コオロギの鳴き声　264
護岸　101-102，104
古気候モデル　246
コシン、ポール　354-355
昆虫の行動　35，230
コンポスト　182，183，**183**，366

さ行

サイプル、ポール・アルマン　304
再利用
　　水　164，173，184
砂じん嵐　164-165，176，**176**，187，279，**279**
　　運転　187，279
　　黒いブリザード　159
　　するべきこと・してはいけないこと　187
　　ハブーブ　225

サマラス、ティム　123-124
シーガー、リチャード　180-181
シーリングファン　257
ジェット気流　132，145，272，297，299，314，339，354
紫外線　248，263，315
自然からのシグナル
　　寒波　318
　　干ばつ　159
　　気温上昇　230
　　洪水　56
　　竜巻　124
　　熱波　264
　　山火事　195
　　雷雨　35
湿度
　　雷雨　26，34
　　→「相対湿度」も参照
室内暖房器具　313，317，326，328
自動車　→「車と運転」参照
芝生
　　耐乾性植物　170
　　水やり　167，176，184，185
シャワースノー（しゅう雪）　341
住宅保険　51，67，146
消火
　　液体からの出火　196
　　服に火が付いた場合　192
　　有機物からの出火　196
　　漏電による出火　196
消火器　196，**196**
浄水方法　101
情報の伝え方　68
シングルセル（気団性雷雨）　23
浸水から家を守る　62
心的外傷後ストレス障害（PTSD）　136
シンプソン・スケール　88，92

水銀温度計　229
水質汚染　64, 101
水上竜巻　134-135, **137**
垂直換気　245
水道管
　　　　断熱方法　303, **303**
　　　　凍結　303, 328, 330, 358
　　　　熱波の影響　277
水道メーター　182
水分補給　179, 249, 261, 271
水量モニター　163, **163**
スーパーセル（スーパーセル型雷雨）　**24**, 25, 26-27
　　　　積乱雲　**125**
　　　　竜巻の発生　16, 25, 49, 123, 132
　　　　雹　19, 23, 24, 25, 36-37
　　　　ボウエコー　33, 35
スコールライン　19, 24-25, **25**, 27, 33, 35, 36
ストームチェイサー　123-124, **144**, 144-145
スノーストーム　341
スプリンクラー　176, 184, 185, 186, 216
スリート（凍雨）　341, 346, 348
積雪　159, 196, 213, 232, 243, **247**
石油ストーブ　315, 316, 328, 358, 361
雪塊氷原　243
ゼリスケープ　170, 182
剪定　91
扇風機　255
線路
　　　　高温による影響　276, 277
　　　　洪水　**54**
相対湿度　227, 271, 273-274

遭難信号　343, **343**
ソーラーパネル　254

た行

ターナー、アラスデア　324-325
体感温度　227, 273-274, 304, 310, 327
　　　　専用アプリ　320, 321
耐乾性植物　170, **170**, 182
待機電力　237
大西洋数十年規模振動　174, **174**
台風　86-121
　　　　→「ハリケーン」も参照
台風ハイエン　9, 367
ダウンバースト　25, 32-33, 35
高潮　62-64, 94, 99, 100-101
脱水状態　178-179, 261, 267
竜巻　122-153
　　　　安全確保の「ACES」　143
　　　　生き残るために　148-149
　　　　異常気象の記録　131, 153
　　　　改良藤田スケール（EFスケール）　127
　　　　がれき　139
　　　　基礎知識　132
　　　　緊急時に役立つアイデア　134, 136
　　　　緊急時の心得　123, 127, 140
　　　　高層ビル内での避難　127, 148
　　　　自然からのシグナル　124
　　　　ストームチェイサー　123-124, **144**, 144-145
　　　　するべきこと・してはいけないこと　146-151
　　　　前兆　133-134
　　　　専門家の見解　144-145
　　　　専用アプリ　138-139

備え　146-147
　　ダウンバースト　32-33, 35
　　注意報・警報　127, 140, 146
　　道具と装備　128
　　復旧　150-151
　　ペットを守る　139-141
　　豆知識　124,139
　　予測　132, 141
竜巻街道　123-124, 128
竜巻シェルター　128, **128**, 147
棚雲　24
ダニ　172, 176
炭疽菌　177
暖炉　216, 318, 320, 360
地域での備え　365
　　干ばつ　160
　　洪水　68
　　熱波　278
　　山火事　199, 202, 204
地球温暖化　228, 232-233, 238, 239-241, 253
貯水タンク　167, **167**
通気性の良い生地　263
手足の防寒　315
低温ショック　317
低水量シャワーヘッド　177, 182
低体温症　306-307, 310, 312, 317-318, 328, 346
停電　277, 285, 289, 367
デジタル式温度計　229
鉄砲水　61-62
　　原因　60, 61
　　するべきこと　20, 46, 80
　　予測　60
　　雷雨と　21, 29, 46, 47
手袋　299, 315, 325, 326
デレチョ　27, **32**, 33, 35

電圧の急激な上昇　45, 268, 367
電解質異常　179, 271
電線
　　するべきこと・してはいけないこと　275
　　垂れ下がった　47, 81, 83, 119, 141, 151, 207, 219, 275, 360
電力供給を止める　53
道具と装備
　　寒波　307
　　干ばつ　163
　　気温上昇　229, 237
　　洪水　61, 70
　　竜巻　128
　　熱波　263, 273
　　ハリケーン・台風　93, 95, 101, 106
　　ブリザード　336
　　山火事　202
　　雷雨　30
凍傷　304, 310, 312, 324-325, 328, 330
　　軽度　310, 316
　　症状　310, 312, 346
　　処置　310, 312
　　ペットの　318
　　予防　315, 325
動物の救護　70-72, 74-75
動物の行動
　　竜巻発生前　124
　　激しい荒天　139
　　雷雨　37, 46
道路用の塩　331, 353, **357**, 360
土砂災害　64
土石流　46, 47, 118
土のう　64, 101-102, 104
トルネード・アレー（竜巻街道）　123-

124, 128
トレーラーハウス　44, **45**, 123, 127, 147, 148

な行

ナトリウムの錠剤　280, 291
肉食動物　177
西ナイル熱　172
日射病　256
庭
    コンポスト　182, 183, **183**, 366
    砂利　99
    植生　241
    ゼリスケープ　170, 182
    剪定　91
    マルチ　182, 219, 255
    水やり　164, 183, 184, 186
    →「芝生」も参照
にわか雪　341
熱指数　227, 273-274
熱射病　246, 248, 256, 267, 287
    対処法　280
    ペット　282
熱性けいれん　245, 267, 286
    対処法　280
熱帯低気圧　64, 66, 92, 93, 128, 163
熱波　260-293
    生き残るために　290-291
    異常気象の記録　269, 293
    基礎知識　272
    緊急時に役立つアイデア　271
    緊急時の心得　261, 267, 279, 280
    経口補水液　271
    コオロギ　264
    するべきこと・してはいけないこと 288-291
    専門家の見解　286-287
    専用アプリ　279, 281
    備え　288-289
    対処方法　280
    地域の対策　278
    停電　275
    道具と装備　263, 273
    都市部　233, 266-267
    発生する仕組み　262
    避難所　278
    ペットを守る　281-282
    豆知識　264, 275, 276, 283
    予測　264, 266
    歴史　283
熱疲労　246, 248
    対処法　280
熱放出低減姿勢　317
燃料と着火剤　320
ノミ　176

は行

排水ポンプ　61
白熱電球　32, 244, 254, 364
パッセル、チャールズ　304
ハブーブ　225
ハリケーン　86-121
    生き残るために　116-117
    異常気象の記録　97, 121
    カテゴリー　88, 92-93
    緊急時に役立つアイデア　108
    緊急時の心得　87, 91, 99
    今後　107-108
    するべきこと・してはいけないこと 114-119
    世界的傾向　112-113
    専門家の見解　112-113
    専用アプリ　104-105

備え　114-115
　　　注意報・警報　94, 101
　　　道具と装備　93, 95, 101, 106
　　　避難所　94, **107**
　　　復旧　118-119
　　　ペット　118
　　　豆知識　88, 94, 102
　　　予測　98, 102
　　　→「高潮」も参照
ハリケーン・アイク　100
　　　被害　**104, 105**
ハリケーン・ウィルマ　**89**, 97, 106-107
ハリケーン・カトリーナ　85, 87, 89, 97, 100, 121
　　　衛星写真　**86**
　　　洪水　67, 85, **96-97**, 103
ハリケーン・サンディ　9, 85, 89, 110-111, 121, 367
　　　洪水　62, 85, **92**, 120
　　　被害　**110, 111, 112**, 118
ハリケーン・ヒューゴ　284-285
ハリケーン・フランセス　**113**
春の融雪　66
PTSD（心的外傷後ストレス障害）　136
ヒートアイランド現象　233, 266-267
避難訓練　202
避難所
　　　洪水　76-77
　　　熱波　279
　　　ハリケーン　107
避難部屋　114, 128, 140, 146, 148
ピパ、ジェニファー　76-77
日焼け　263, 267
日焼け止め　290
雹　19, 24-25, 35, 36-37, 134, 146
氷雪嵐　→「アイスストーム」参照
氷河の融解　230, 232, 242

避雷針　30, **30**, 43
フィラリア症　177, 275
服装
　　　重ね着　299, 307, 324, 328
　　　通気性のよい生地　263
　　　火が付いたときの消し方　192
　　　防寒用　299, 313, 315, **315**, 324-325, 351, **351**
藤田哲也　127
吹雪　→「ブリザード」参照
冬の注意報・警報　301, 303
フリージングレイン（着氷）　341, 346
ブリザード　334-363
　　　安全ルール　349-350
　　　生き残るために　358-359
　　　異常気象の記録　345, 363
　　　基礎知識　348
　　　救援の合図　343
　　　緊急時に役立つアイデア　340
　　　緊急時の心得　335, 346
　　　湖水効果による　337, 348, **348**
　　　するべきこと・してはいけないこと　356-361
　　　専門家の見解　354-355
　　　専用アプリ　351
　　　備え　356-357
　　　注意報・警報　357
　　　道具と装備　336
　　　復旧　360-361
　　　豆知識　339, 343, 351
　　　ペットを守る　359
　　　→「ホワイトアウト」も参照
フルーリー（にわか雪）　341
分電盤　53, 53
ペットの救助　74-75
ベッドファン　273
ペットを守る

干ばつ　176-177
　　　寒波　316-318
　　　気温上昇　256
　　　洪水　70-72
　　　竜巻　139-141
　　　熱波　281-282
　　　ハリケーン・台風　118
　　　ブリザード　359
　　　山火事　205, 207
　　　雷雨　37
ヘビ　71, 118
ヘビースノー（大雪）　341
ボウエコー　33, 35
防火帯　205
防災セット
　　　家庭用　10
　　　ペット用　318
防風窓　255, 288, 326
保険
　　　洪水　51, 67, 78
　　　住宅　67, 146
北極振動　305-306
ホワイトアウト　346, **347**, 349, 355, 358, **362-363**

ま行

マイクロバースト　31, 32-33
薪ストーブ　318, 320
マクロバースト　32, 33
窓
　　　風通し　245
　　　隙間テープ　288, 326, 356, 360
　　　反射材　288
　　　ブラインド　254, 255, **255**
　　　防風窓　255, 288, 326
　　　補強テープ　87
　　　→「雨戸」も参照

マルチ　182, 219, 255
マルチセル・クラスター（マルチセル型雷雨）　24, 34
マルチセル・ライン　24, 34, 36
水
　　　迂回させる　62
　　　再利用　164, 173, 184
　　　水不足　156, 157, 173
　　　輸送　173
ミトン　299, 315, 325, 326, 328
ミミズ　56
無線機　69
メソサイクロン　25, 26
目の保護　315

や行

焼き払い　192-193
屋根
　　　スプリンクラー　216
　　　積雪　326, 343, 356
　　　耐火性素材　199, 214
　　　反射率が高　254
　　　避雷針　30, **30**
　　　補強金具　93, **93**
屋根裏　255
山火事　190-221
　　　安全地帯　202
　　　生き残るために　216-217
　　　異常気象の記録　201, 221
　　　気象現象　206
　　　基礎知識　206
　　　緊急時に役立つアイデア　192, 196
　　　緊急時の心得　199, 209
　　　原因　193, 195
　　　心構え　204-205
　　　自然からのシグナル　195

するべきこと・してはいけないこと
　　　　　214-219
　　　専門家の見解　212-213
　　　専用アプリ　207, 209
　　　備え　214-215
　　　地域での備え　199, 202, 204
　　　定義　192-193
　　　道具と装備　202
　　　復旧　218-219
　　　ペットを守る　205, 207
　　　豆知識　191, 195, 205
　　　メリット　197-199
有機物からの出火　196
融雪剤　357
雪　→「ブリザード」参照
雪かき　340, 340, 342-343, 360, 361
予測
　　　寒波　314
　　　干ばつ　174
　　　気温上昇　238
　　　洪水　60
　　　竜巻　132
　　　熱波　272
　　　ハリケーン・台風　98, 102
　　　ブリザード　348
　　　山火事　206
　　　雷雨　34
　　　→「雷」「スーパーセル」も参照

ら行

雷雨　16-49
　　　生き残るために　44-45
　　　異常気象の記録　29, 49

　　　基礎知識　34
　　　緊急時の心得　19, 20, 27
　　　自然からのシグナル　35
　　　種類　23-25
　　　するべきこと・してはいけないこと
　　　　　42-47
　　　専門家の見解　40-41
　　　備え　42-43
　　　ダウンバーストと竜巻　32-33
　　　地球温暖化　26-27
　　　注意報・警報　34, 43
　　　デレチョ　27, 33, 35
　　　道具と装備　30
　　　発達　21, 23
　　　復旧　46-47
　　　ペットを守る　37
　　　豆知識　23, 24, 33, 35, 37
　　　ボウエコー　33, 35
雷雪　349
雷鳴に関する注意　23
ラジオ　10, 331, 336
ラニーニャ現象　161, 163-164, 174
ランニング、スティーブ　212-213
陸上竜巻　**122**
リサイクル　366
レビー、マシュー・J　286-287
漏電による出火　196
漏斗雲　133, 146, 147
ロール雲　24

わ行

ワーマン、ジョシュア　144-145

Extreme Weather Survival Guide

Published by the National Geographic Society
Gary E. Knell, *President and Chief Executive Officer*
John M. Fahey, *Chairman of the Board*
Declan Moore, *Executive Vice President;*
  President, Publishing and Travel
Melina Gerosa Bellows, *Executive Vice President; Publisher and*
  Chief Creative Officer, Books, Kids, and Family

Prepared by the Book Division
Hector Sierra, *Senior Vice President and General Manager*
Janet Goldstein, *Senior Vice President and Editorial Director*
Jonathan Halling, *Creative Director, Books and*
  Children's Publishing
Marianne Koszorus, *Design Director, Books*
Susan Tyler Hitchcock, *Senior Editor*
R. Gary Colbert, *Production Director*
Jennifer A. Thornton, *Director of Managing Editorial*
Susan S. Blair, *Director of Photography*
Meredith C. Wilcox, *Director, Administration and Rights Clearance*

Staff for This Book
Barbara Payne, *Editor*
Peter Miller, *Developmental Editor*
Michelle R. Harris, *Editorial Researcher*
Elisa Gibson, *Art Director*

Kristin Sladen, *Illustrations Editor*
Linda Makarov, Ruthie Thompson, *Designers*
Marshall Kiker, *Associate Managing Editor*
Judith Klein, *Production Editor*
Lisa A. Walker, *Production Manager*
Galen Young, *Illustrations Specialist*
Katie Olsen, *Production Design Assistant*
Michelle Cassidy, *Editorial Assistant*

Copyright © 2014 National Geographic Society.
Text copyright © 2014 Thomas M. Kostigen.
All rights reserved. Reproduction of the whole or any part of the contents without written permission from the publisher is prohibited.

The American Red Cross name and emblem are used with its permission, which in no way constitutes an endorsement, express or implied, of any product, service, company, opinion, or political position. The American Red Cross logo is a registered trademark owned by the American National Red Cross.

The mark "CDC" is owned by the US Dept. of Health and Human Services and is used with permission.
Use of this logo is not an endorsement by HHS or CDC of any particular product, service, or enterprise.

ナショナル ジオグラフィック協会は、米国ワシントンD.C.に本部を置く、世界有数の非営利の科学・教育団体です。
1888年に「地理知識の普及と振興」をめざして設立されて以来、1万件以上の研究調査・探検プロジェクトを支援し、「地球」の姿を世界の人々に紹介しています。
ナショナル ジオグラフィック協会は、世界の41言語で発行される月刊誌「ナショナル ジオグラフィック」のほか、雑誌や書籍、テレビ番組、インターネット、地図、さらにさまざまな教育・研究調査・探検プロジェクトを通じて、世界の人々の相互理解や地球環境の保全に取り組んでいます。日本では、日経ナショナル ジオグラフィック社を設立し、1995年4月に創刊した「ナショナル ジオグラフィック日本版」をはじめ、DVD、書籍などを発行しています。

ナショナル ジオグラフィック日本版のホームページ　nationalgeographic.jp
ナショナル ジオグラフィック日本版のホームページでは、音声、画像、映像など多彩なコンテンツによって、「地球の今」を皆様にお届けしています。

世界のどこでも生き残る　異常気象サバイバル術

2015年2月23日　第1版1刷

編　著	トーマス・M・コスティジェン
翻訳協力	日本映像翻訳アカデミー
編集協力	遠藤昇（Dance on the ground）
編　集	武内太一　葛西陽子
制　作	日経BPコンサルティング
発行者	伊藤達生
発　行	日経ナショナル ジオグラフィック社
	〒108-8266　東京都港区白金1-17-3
発　売	日経BPマーケティング
印刷・製本	シナノパブリッシングプレス

ISBN978-4-86313-302-0
Printed in Japan

© 2014 National Geographic Society
© 2015 Nikkei National Geographic
© 2015 日経ナショナル ジオグラフィック社

本書の無断複写・複製（コピー等）は著作権法上の例外を除き、禁じられています。購入者以外の第三者による電子データ化及び電子書籍化は、私的使用を含め一切認められておりません。